国家出版基金项目
NATIONAL PUBLICATION FOUNDATION

"十三五"国家重点出版物出版规划项目

中国生态环境演变与评估

矿产资源开发区生态系统
遥感动态监测与评估

何国金　张兆明　程　博　等　著

科学出版社
北京

内 容 简 介

本书在总结分析矿产开发区生态环境遥感监测与评价的研究现状与发展趋势的基础上，以中国金属、非金属矿产资源和能源资源开发的典型区域为研究对象，基于多源多分辨率卫星遥感数据，并结合其他基础数据，调查矿产开发区 2000～2010 年 10 年的生态破坏与生态恢复状况，研究典型区域矿产开发对周边生态环境的影响，分析矿产开发区存在的生态环境问题与风险等。

本书注重遥感监测与评估方法的系统性和实用性，可作为矿产资源和生态环境管理部门相关专业技术人员的参考用书，亦可作为资源环境、遥感和 GIS 应用等领域的研究、教学和学习的参考用书。

图书在版编目(CIP)数据

矿产资源开发区生态系统遥感动态监测与评估／何国金等著 . —北京：科学出版社，2017.1

（中国生态环境演变与评估）

"十三五"国家重点出版物出版规划项目

ISBN 978-7-03-050411-1

Ⅰ.①矿… Ⅱ.①何… Ⅲ.①矿产资源开发–区域生态环境–环境遥感–环境监测–研究–中国 Ⅳ.①F426.1②X87

中国版本图书馆 CIP 数据核字（2016）第 262746 号

责任编辑：李 敏 张 菊 李晓娟／责任校对：钟 洋
责任印制：肖 兴／封面设计：黄华斌

科学出版社 出版
北京东黄城根北街 16 号
邮政编码：100717
http://www.sciencep.com

中国科学院印刷厂 印刷
科学出版社发行 各地新华书店经销
*
2017 年 1 月第 一 版 开本：787×1092 1/16
2017 年 1 月第一次印刷 印张：17 3/4
字数：450 000
定价：160.00 元
（如有印装质量问题，我社负责调换）

《中国生态环境演变与评估》编委会

总　　序

我国国土辽阔,地形复杂,生物多样性丰富,拥有森林、草地、湿地、荒漠、海洋、农田和城市等各类生态系统,为中华民族繁衍、华夏文明昌盛与传承提供了支撑。但长期的开发历史、巨大的人口压力和脆弱的生态环境条件,导致我国生态系统退化严重,生态服务功能下降,生态安全受到严重威胁。尤其 2000 年以来,我国经济与城镇化快速的发展、高强度的资源开发、严重的自然灾害等给生态环境带来前所未有的冲击:2010 年提前 10 年实现 GDP 比 2000 年翻两番的目标;实施了三峡工程、青藏铁路、南水北调等一大批大型建设工程;发生了南方冰雪冻害、汶川大地震、西南大旱、玉树地震、南方洪涝、松花江洪水、舟曲特大山洪泥石流等一系列重大自然灾害事件,对我国生态系统造成巨大的影响。同时,2000 年以来,我国生态保护与建设力度加大,规模巨大,先后启动了天然林保护、退耕还林还草、退田还湖等一系列生态保护与建设工程。进入 21 世纪以来,我国生态环境状况与趋势如何以及生态安全面临怎样的挑战,是建设生态文明与经济社会发展所迫切需要明确的重要科学问题。经国务院批准,环境保护部、中国科学院于 2012 年 1 月联合启动了"全国生态环境十年变化(2000—2010 年)调查评估"工作,旨在全面认识我国生态环境状况,揭示我国生态系统格局、生态系统质量、生态系统服务功能、生态环境问题及其变化趋势和原因,研究提出新时期我国生态环境保护的对策,为我国生态文明建设与生态保护工作提供系统、可靠的科学依据。简言之,就是"摸清家底,发现问题,找出原因,提出对策"。

"全国生态环境十年变化(2000—2010 年)调查评估"工作历时 3 年,经过 139 个单位、3000 余名专业科技人员的共同努力,取得了丰硕成果:建立了"天地一体化"生态系统调查技术体系,获取了高精度的全国生态系统类型数据;建立了基于遥感数据的生态系统分类体系,为全国和区域生态系统评估奠定了基础;构建了生态系统"格局–质量–功能–问题–胁迫"评估框架与技术体系,推动了我国区域生态系统评估工作;揭示了全国生态环境十年变化时空特征,为我国生态保护与建设提供了科学支撑。项目成果已应用于国家与地方生态文明建设规划、全国生态功能区划修编、重点生态功能区调整、国家生态保护红线框架规划,以及国家与地方生态保护、城市与区域发展规划和生态保护政策的制定,并为国家与各地区社会经济发展"十三五"规划、京津冀交通一体化发展生态保护规划、京津冀协同发展生态环境保护规划等重要区域发展规划提供了重要技术支撑。此外，项目建立的多尺度大规模生态环境遥感调查技术体系等成果，直接推动了国家级和省级自然保护区人类活动监管、生物多样性保护优先区监管、全国生态资产核算、矿产资源开发监管、海岸带变化遥感监测等十余项新型遥感监测业务的发展，显著提升了我国生态环境保护管理决策的能力和水平。

《中国生态环境演变与评估》丛书系统地展示了"全国生态环境十年变化（2000—2010年）调查评估"的主要成果，包括：全国生态系统格局、生态系统服务功能、生态环境问题特征及其变化，以及长江、黄河、海河、辽河、珠江等重点流域，国家生态屏障区，典型城市群，五大经济区等主要区域的生态环境状况及变化评估。丛书的出版，将为全面认识国家和典型区域的生态环境现状及其变化趋势、推动我国生态文明建设提供科学支撑。

因丛书覆盖面广、涉及学科领域多，加上作者水平有限等原因，丛书中可能存在许多不足和谬误，敬请读者批评指正。

《中国生态环境演变与评估》丛书编委会

2016年9月

前　　言

矿产资源是不可或缺的重要生产资料，随着我国经济、社会的持续快速发展，对各类矿产资源的需求也日益增长。然而，矿产资源开发和利用在产生巨大经济和社会效益的同时，也对所在地区的生态环境造成重大影响。长期以来，由于种种原因，我国的资源开发存在利用方式粗放、生产效率低下、资源浪费严重等现象，这不仅造成了资源的巨大浪费，而且引发了一系列严重的生态环境问题，制约我国资源与环境的可持续发展。矿山生态环境问题主要有：采矿活动占用了大量的土地资源，破坏了耕地和植被，影响水环境；矿山开采带来的"三废"排放，造成大气、水和土壤污染；采矿活动破坏了自然地貌景观，影响整个区域环境的完整性，并可能诱发各种地质灾害，如泥石流、山体滑坡、地面塌陷等。

国家对矿产资源开发状况的掌握长期以来一直采用逐级统计上报的模式，缺乏实时、客观的数据，难以对矿产资源的开发利用实行更有效的管理。随着卫星遥感技术的不断发展，商业化的资源卫星数据的空间分辨率和光谱分辨率越来越高，特别是国产卫星（环境卫星和高分卫星）的陆续升空，信息处理技术的不断进步，GIS 技术的不断普及与应用，利用空间信息技术对因矿产开发引发的生态环境问题进行长期、动态监测已成为现实。

本书依托"全国生态环境十年变化（2000～2010 年）遥感调查与评估"专项课题"矿产资源开发典型区域生态环境十年变化调查与评估"的研究成果，在总结分析矿产资源开发区生态环境遥感监测与评价的研究现状与发展趋势的基础上，以我国金属、非金属矿产资源和能源资源开发的典型区域为研究对象，基于多源多分辨率卫星遥感数据，并结合其他基础数据，调查矿产开发区 2000～2010 年 10 年的生态破坏与生态恢复状况，研究典型区域矿产开发对周边生态环境的影响，分析矿产资源开发区存在的生态环境问题与风险，为全国矿产资源开发生态环境综合评估提供信息支持。

本书以遥感技术方法为前提，动态监测为目标，生态环境问题为核心，编撰的基本原则是注重遥感监测与评估方法的系统性和实用性。通过客观真实的遥感数据翔实地反映出各典型矿产资源开发区 10 年的变化以及矿山开采活动对生态环境的影响。全书图、表、文、实例兼顾并举。

全书正文共分为 9 章。何国金全面负责书稿的设计、统编工作。其他编写的主要分工如下：第 1 章由何国金、张兆明和彭燕编写；第 2 章由何国金、张兆明和张晓美编写；第 3 章由彭燕编写；第 4 章由张兆明编写；第 5 章由张晓美编写；第 6 章由王桂周编写；第 7 章由程博编写；第 8 章由何国金编写；第 9 章由宋小璐、何国金和张兆明编写。

本书在编写过程中，得到了中国科学院生态环境研究中心欧阳志云研究员的指导和帮助，中国科学院遥感与数字地球研究所卫星数据深加工部的其他科研人员和研究生也付出了辛勤的劳动，在此一并表示感谢。

矿产资源开发活动引发的生态环境监测与评估涉及多学科的交叉，囿于写作时间、资料掌握和编撰水平，书中或存在表述不充分、不准确或不恰当之处，敬请同仁和读者不吝赐教。

作　者

2016 年 6 月

目　　录

总序

前言

第1章　矿产资源开发区生态环境遥感监测与评估的研究现状和发展趋势 ……………… 1

　　1.1　国内外主要遥感卫星数据源 ……………………………………………………… 1

　　1.2　遥感技术在矿产资源开发区环境监测中的研究现状 ……………………………… 19

　　1.3　矿区环境遥感监测技术发展趋势 …………………………………………………… 26

　　1.4　基于遥感技术的生态环境质量评价技术 …………………………………………… 29

第2章　研究对象与方法 ……………………………………………………………………… 32

　　2.1　研究区范围 …………………………………………………………………………… 32

　　2.2　数据源 ………………………………………………………………………………… 33

　　2.3　数据处理与信息提取 ………………………………………………………………… 34

　　2.4　评估方法 ……………………………………………………………………………… 54

第3章　江西赣南稀土矿开发区生态环境遥感监测与评估 ………………………………… 61

　　3.1　江西赣南稀土矿开发区概况 ………………………………………………………… 61

　　3.2　生态系统现状及动态 ………………………………………………………………… 64

　　3.3　赣南稀土矿开发区分布及时空变化分析 …………………………………………… 87

　　3.4　赣南稀土矿开发对周边环境的影响 ………………………………………………… 93

　　3.5　生态系统质量十年变化 ……………………………………………………………… 102

　　3.6　赣南稀土矿开发区存在的生态环境问题与风险 …………………………………… 111

第4章　福建罗源石材矿开发区生态环境遥感监测与评估 ………………………………… 114

　　4.1　罗源石材矿开发区概况 ……………………………………………………………… 114

　　4.2　生态系统现状及动态 ………………………………………………………………… 115

　　4.3　罗源石材矿开发区分布及时空变化分析 …………………………………………… 130

　　4.4　石材矿开发对周边环境的影响 ……………………………………………………… 131

　　4.5　生态系统质量十年变化 ……………………………………………………………… 135

　　4.6　罗源石材矿开发区存在的生态环境问题与风险 …………………………………… 140

第5章　湖北大冶多金属矿开发区生态环境遥感监测与评估 ⋯⋯⋯⋯⋯ 142

　5.1　湖北大冶多金属矿开发区概况 ⋯⋯⋯⋯⋯⋯ 142

　5.2　生态系统现状及动态 ⋯⋯⋯⋯⋯⋯ 143

　5.3　湖北大冶多金属矿开发区分布及时空变化分析 ⋯⋯⋯⋯⋯ 155

　5.4　多金属矿开发对周边环境的影响 ⋯⋯⋯⋯⋯⋯ 158

　5.5　生态系统质量十年变化 ⋯⋯⋯⋯⋯⋯ 162

　5.6　大冶多金属矿开发区存在的生态环境问题与风险 ⋯⋯⋯⋯⋯ 173

第6章　辽宁鞍山铁矿开发区生态环境遥感监测与评估 ⋯⋯⋯⋯⋯ 176

　6.1　辽宁鞍山铁矿开发区概况 ⋯⋯⋯⋯⋯⋯ 176

　6.2　生态系统现状及动态 ⋯⋯⋯⋯⋯⋯ 178

　6.3　鞍山铁矿开发区分布及时空变化分析 ⋯⋯⋯⋯⋯⋯ 191

　6.4　鞍山铁矿开采对周边环境的影响 ⋯⋯⋯⋯⋯⋯ 197

　6.5　生态系统质量十年变化 ⋯⋯⋯⋯⋯⋯ 199

　6.6　鞍山铁矿开发区存在的生态环境问题与风险 ⋯⋯⋯⋯⋯ 208

第7章　山西平朔煤矿开发区生态环境遥感监测与评估 ⋯⋯⋯⋯⋯ 210

　7.1　平朔煤矿开发区概况 ⋯⋯⋯⋯⋯⋯ 210

　7.2　生态系统现状及动态 ⋯⋯⋯⋯⋯⋯ 210

　7.3　平朔煤矿开发区分布及时空变化分析 ⋯⋯⋯⋯⋯⋯ 226

　7.4　平朔煤矿开发对周边环境的影响 ⋯⋯⋯⋯⋯⋯ 230

　7.5　生态系统质量十年变化 ⋯⋯⋯⋯⋯⋯ 235

　7.6　平朔煤矿开发区存在的生态环境问题与风险 ⋯⋯⋯⋯⋯ 245

第8章　不同矿产开发遥感监测与评估对比分析 ⋯⋯⋯⋯⋯⋯ 248

　8.1　五种典型矿产资源开发区的卫星影像特征 ⋯⋯⋯⋯⋯⋯ 248

　8.2　不同矿产开发对生态环境的影响存在较大差异 ⋯⋯⋯⋯⋯ 249

　8.3　五种典型矿产开发区存在的生态环境问题及建议 ⋯⋯⋯⋯⋯ 251

第9章　展望：人类视觉注意模型在高分辨率矿山遥感监测中的应用 ⋯⋯⋯ 254

　9.1　大数据时代的遥感信息提取 ⋯⋯⋯⋯⋯⋯ 254

　9.2　人类视觉感知 ⋯⋯⋯⋯⋯⋯ 255

　9.3　视觉注意模型及其在遥感影像矿山提取中的应用 ⋯⋯⋯⋯⋯ 256

　9.4　高分遥感图像矿区目标认知技术路线框架 ⋯⋯⋯⋯⋯⋯ 262

参考文献 ⋯⋯⋯⋯⋯⋯ 264

索引 ⋯⋯⋯⋯⋯⋯ 270

|第1章| 矿产资源开发区生态环境遥感监测与评估的研究现状和发展趋势

传统的矿山环境监测一般采取国土资源动态巡查的方式来发现问题，矿区占地面积较大，对矿区开发及其所产生的生态环境问题进行全面调查，传统方法时效性差、周期长、效率低，显得力不从心。随着卫星对地观测技术的发展，尤其是高分辨率卫星遥感数据的不断出现，遥感技术已成为研究地表资源环境有效的手段之一。

目前，遥感技术已经广泛应用于陆地水资源调查、土地资源调查、植被资源调查、地质、能源调查等学科与领域，发挥了独特的作用。同时，越来越多的卫星遥感数据应用于矿区生态环境调查与评价中，遥感技术成为矿区生态环境监测与评估的重要手段，与传统方法相比，其优势体现在：

（1）各种常规技术手段只能够获取点源信息，而遥感技术可以从高空进行大面积同步观测，获取研究区面域信息，能够帮助人们克服视野的限制和交通的阻隔，获取地面调查死角和禁区的数据，这不仅提高了研究成果的效率和精度，而且从根本上改变了人们长久以来从点到线、从线到面的推演模式。利用 GIS 工具还可以解决传统的环境分析评价方法很难完成的空间模拟问题，如大气污染的扩散、开采沉陷规律的空间模拟等。

（2）利用遥感技术可以客观地获取矿区地表覆盖数据，数据可比性和综合性强。遥感技术结合 GIS 的空间分析功能，对所获取数据进行分析，能够有效地发现矿产资源开发引起的土地覆盖类型变化，还可分析研究矿产资源开采对周围地区的影响。

（3）采用卫星遥感技术可进行周期性观测，数据更新快、信息量大，有助于对矿产资源开发区进行周期性的动态监测。实现对矿产资源开发区生态环境数据的快速、动态更新。

1.1 国内外主要遥感卫星数据源

随着人类对开展对地观测需求的日益增长，对地观测研究已由单一领域调查逐渐转向服务于人类社会发展的多学科、多空间层次、长时间序列的综合研究。空间遥感信息的获取技术正日趋完善，一个立体、多角度、全方位、全天候的对地观测网络正在形成。根据国际卫星对地观测委员会（CEOS）的全球卫星任务 2012 年统计数据，1962 年至今全球共发射 320 余颗对地观测卫星，涵盖大气、海洋以及陆地等地球系统的全面观测。针对露天矿区的生态环境监测，通常采用光学陆地观测卫星。因此，本节重点介绍国内外常用的比较经典的光学陆地遥感卫星的发展现状。

1.1.1　国内光学陆地遥感卫星

1.1.1.1　中巴地球资源卫星

中巴地球资源卫星（CBERS）是由中国和巴西两国共同投资、联合研制的卫星，投入运行后由两国共同使用。CBERS-01 卫星于 1999 年 10 月 14 日发射成功，是中国第一代传输型地球资源卫星，在轨运行 3 年 10 个月。CBERS-02 卫星是 CBERS-01 卫星的接替星，于 2003 年 10 月 21 日发射成功。CBERS-02 卫星的功能、组成、平台、有效载荷和性能指标的标称参数等与 CBERS-01 卫星相同（表 1-1）。CBERS-02B 卫星于 2007 年 9 月 19 日成功发射，其卫星传感器参数见表 1-2。CBERS-02B 卫星具有高、中、低 3 种空间分辨率，改变了国外高分辨率卫星数据在国内市场长期垄断的局面，该卫星在国土资源、城市规划、环境监测、减灾防灾等领域发挥重要作用。

表 1-1　CBERS-01/02 卫星传感器参数

传感器类型	波段号	波长范围/μm	分辨率/m	幅宽/km	高度/km	重访周期/天
CCD 相机	B1	0.45~0.52	20	113	778	26
	B2	0.52~0.59	20			
	B3	0.63~0.69	20			
	B4	0.77~0.89	20			
	B5	0.51~0.73	20			
红外多光谱扫描仪（IRMSS）	B6	0.50~0.90	78	119.5		
	B7	1.55~1.75	78			
	B8	2.08~2.35	78			
	B9	10.04~12.5	156			
宽视场成像仪（WFI）	B10	0.63~0.69	258	890		
	B11	0.77~0.89	258			

表 1-2　CBERS-02B 卫星传感器参数

传感器类型	波段号	波长范围/μm	分辨率/m	幅宽/km	高度/km	重访周期/天
全色多光谱相机	B1	0.45~0.52	20	113	778	26
	B2	0.52~0.59	20			
	B3	0.63~0.69	20			
	B4	0.77~0.89	20			
	B5	0.51~0.73	20			
高分辨率相机	B6	0.5~0.8	2.36	119.5		104
宽覆盖相机	B10	0.63~0.69	258	890		5
	B11	0.77~0.89	258			

1.1.1.2 天绘卫星

天绘卫星由中国航天科技集团公司所属航天东方红卫星有限公司研制，是中国第一代传输型立体测绘卫星，2010 年 8 月 24 日在酒泉卫星发射中心发射天绘一号 01 星（Mapping Satellite-1），2012 年 5 月 6 日发射了天绘一号 02 星（Mapping Satellite-2）。天绘卫星搭载了自主创新的线面混合三线阵 CCD 相机、多光谱相机和 2m 分辨率全色相机。天绘卫星的传感器参数见表 1-3。

表 1-3　天绘卫星传感器参数

项目	具体参数
发射时间	2010 年 8 月 24 日
运载火箭	长征二号丁
卫星质量	约 1000kg
搭载相机	线面混合三线阵 CCD 相机
	多光谱相机
	2m 分辨率全色相机
轨道	太阳同步近圆轨道
	重复周期为 58 天
	高度为 500km
	倾角为 97°
	覆盖范围为南北纬不小于 80° 之间
空间分辨率	多光谱 10m
	全色 2m
	三线阵 5m
多光谱波谱范围（四波段）	蓝为 430～520nm
	绿为 520～610nm
	红为 610～690nm
	近红外为 760～960nm

1.1.1.3 资源一号 02C 和资源三号卫星

资源一号 02C 卫星（ZY-1 02C）于 2011 年 12 月 22 日成功发射，搭载 10m 分辨率 P/MS 多光谱相机和两台 2.36m 分辨率 HR 相机，设计寿命为 3 年，其卫星传感器的基本参数见表 1-4。资源三号卫星（ZY-3）于 2012 年 1 月 9 日发射成功，搭载了 1 台多光谱相机以及前视、后视、正视相机，是中国首颗民用高分辨率光学传输型立体测绘卫星，并集测绘和资源调查功能于一体。该卫星影像的控制定位精度优于 1 个像素，可满足 1:5 万比例尺立体测图需求，填补了中国立体测图这一领域的空白，具有里程碑意义。ZY-3 卫星传感器参数见表 1-5。ZY-1 02C 和 ZY-3 卫星数据能够广泛应用于国土资源调查与管理、测绘、农林水利、生态环境、城市规划以及国家重大工程等领域。

表 1-4 ZY-1 02C 卫星传感器参数

传感器类型	波段号	波长范围/μm	分辨率/m	幅宽/km	高度/km	重访周期/天
P/MS 相机	B1（全色）	0.51~0.85	5	60	778	26
	B2	0.52~0.59	10			
	B3	0.63~0.69	10			
	B4	0.77~0.89	10			
HR 相机	—	0.50~0.80	2.36	60	780	3~5

表 1-5 ZY-3 卫星传感器参数

传感器类型	波段号	波长范围/μm	分辨率/m	幅宽/km	高度/km	重访周期/天
前视相机	—	0.50~0.80	3.5	52		3~5
后视相机	—	0.50~0.80	3.5	52		3~5
正视相机	—	0.50~0.80	2.1	51		3~5
多光谱相机	B1	0.45~0.52	6	51	505.984	5
	B2	0.52~0.59				
	B3	0.63~0.69				
	B4	0.77~0.89				

1.1.1.4 环境减灾卫星

中国环境与灾害监测预报小卫星星座，简称环境减灾卫星，由 HJ-1A 卫星、HJ-1B 卫星、HJ-1C 卫星组成，其中 HJ-1A 卫星和 HJ-1B 卫星是光学卫星，HJ-1C 卫星是 S 波段合成孔径雷达小卫星。HJ-1A 和 HJ-1B 卫星于 2008 年 9 月 6 日以一箭双星的方式成功发射，HJ-1A 卫星搭载了 CCD 相机和超光谱成像仪（HSI），其卫星传感器参数如表 1-6 所示。HJ-1B 卫星搭载了 CCD 相机和红外相机（IRS），其卫星传感器参数见表 1-7。HJ-1A 和 HJ-1B 卫星发射后，国家减灾中心和环境保护卫星应用中心将环境减灾卫星应用于西藏雪灾监测、汶川地震灾区生态恢复监测、火灾监测、北京城市热岛监测等领域。

表 1-6 HJ-1A 卫星传感器参数

传感器类型	波段号	波长范围/μm	分辨率/m	幅宽/km	高度/km	重访周期/天
CCD 相机	B1	0.43~0.52	30	360（单台）700（两台）	649.093	4
	B2	0.52~0.60	30			
	B3	0.63~0.69	30			
	B4	0.76~0.90	30			
HSI	—	0.45~0.95（110~128 个谱段）	100	50	649.093	4

表 1-7   HJ-1B 卫星传感器参数

传感器类型	波段号	波长范围/μm	分辨率/m	幅宽/km	高度/km	重访周期/天
CCD 相机	B1	0.43~0.52	30	360（单台）700（两台）	649.093	4
	B2	0.52~0.60	30			
	B3	0.63~0.69	30			
	B4	0.76~0.90	30			
IRS	B5	0.75~1.10	150（近红外）	720	649.093	4
	B6	1.55~1.75				
	B7	3.50~3.90				
	B8	10.5~12.5	300			

1.1.1.5   高分辨率对地观测专项卫星

高分辨率对地观测系统重大专项是《国家中长期科学和技术发展规划纲要（2006—2020 年）》确定的 16 个重大专项之一，计划"十二五"期间发射 5~6 颗观测卫星，建成高空间分辨率、高时间分辨率、高光谱分辨率的对地观测系统，于 2010 年 5 月全面启动。该专项工程全面提升了中国自主获取高分辨率观测数据能力，推动卫星及应用技术的跨越发展，保障现代农业、防灾减灾、资源环境以及国家安全的重大战略需求，广泛应用于水利和林业资源监测、国土调查与应用、城市和交通精细化管理以及海洋和气候气象观测等重点领域。专项至少包含 7 颗卫星和其他观测平台，编号为"高分一号"至"高分七号"，它们都将在 2020 年前发射并投入使用，具体见表 1-8。至今，已发射了高分一号（GF-1）、高分二号（GF-2）、高分四号（GF-4）共 3 颗卫星。GF-1 卫星是国家高分辨率对地观测专项的首发星，于 2013 年 4 月 26 日成功发射。GF-1 卫星搭载了两台 2m 分辨率全色和 8m 分辨率多光谱相机，4 台 16m 分辨率多光谱相机。该卫星突破了高空间分辨率、多光谱与高时间分辨率结合的光学遥感技术，多载荷图像拼接融合技术以及高精度高稳定度姿态控制等技术，其卫星传感器参数见表 1-9。GF-2 卫星于 2014 年 8 月 19 日成功发射，是由中国自主研制的首颗空间分辨率优于 1m 的民用光学遥感卫星，搭载两台 1m 全色、4m 多光谱相机，星下点空间分辨率可达 0.8m，具有亚米级空间分辨率、高定位精度和快速姿态机动能力等特点，有效地提升了卫星综合观测效能，达到了国际先进水平，其卫星传感器参数见表 1-10。GF-4 卫星于 2015 年 12 月 29 日成功发射，是中国首颗地球同步轨道高分辨率遥感卫星。GF-4 卫星在距地面约 36 000km 的地球同步轨道运行，分辨率在 50m 以内，观测面积大并且能长期对某一地区持续观测，搭载 1 台可见光 50m、中波红外 400m 分辨率的面阵相机，设计使用寿命为 8 年。GF-4 卫星利用长期驻留固定区域上空的优势，能高时效地实现地球静止轨道 50m 分辨率可见光、400m 分辨率中波红外遥感数据获取，这是中国国内地球静止轨道遥感卫星最高水平，在国际上也处于先进行列。GF-4 卫星在监测森林火灾、洪涝灾害等方面发挥重要作用。

表 1-8　高分辨率专项卫星列表

卫星名	传感器
GF-1	2m 全色，8m 多光谱，16m 宽幅多光谱
GF-2	1m 全色，4m 多光谱
GF-3	1m C-SAR 合成孔径雷达
GF-4	50m 地球同步轨道凝视相机
GF-5	可见短波红外高光谱相机
	全谱段光谱成像仪
	大气气溶胶多角度偏振探测仪
	大气痕量气体差分吸收光谱仪
	大气主要温室气体监测仪
	大气环境红外甚高分辨率探测仪
GF-6	2m 全色，8m 多光谱，16m 宽幅多光谱
GF-7	高空间立体测绘

表 1-9　GF-1 卫星传感器参数

传感器类型	波段号	波长范围/μm	分辨率/m	幅宽/km	高度/km	重访周期/天
全色相机	PAN	0.45～0.90	2	60 (两台相机组合)	645	4
8m 多光谱相机	B1	0.45～0.52	4			
	B2	0.52～0.59				
	B3	0.63～0.69				
	B4	0.77～0.89				
16m 多光谱相机	B1	0.45～0.52	16	800		2
	B2	0.52～0.59				
	B3	0.63～0.69				
	B4	0.77～0.89				

表 1-10　GF-2 卫星传感器参数

传感器类型	波段号	波长范围/μm	分辨率/m	幅宽/km	高度/km	重访周期/天
全色相机	PAN	0.45～0.90	1	45 (两台相机组合)	631	5
多光谱相机	B1	0.45～0.52	4			
	B2	0.52～0.59				
	B3	0.63～0.69				
	B4	0.77～0.89				

1.1.2 国外光学陆地遥感卫星

1.1.2.1 Landsat 系列卫星

美国 NASA 的陆地卫星 (Landsat) 系列, 自 1972 年 7 月 23 日以来, 已发射 8 颗卫星 (第 6 颗发射失败)。Landsat 5 于 1984 年 3 月 1 日发射, Landsat 7 在 1999 年 4 月 15 日升空, 2013 年 2 月 11 日 NASA 成功发射了 Landsat 8 卫星, 为走过了 40 年辉煌岁月的 Landsat 计划重新注入新鲜血液。Landsat 系列卫星数据很好地满足了相关的全球或区域性地学问题的研究需要, 成为人类进行长期陆地表层状态及其变化监测研究中最为有效的遥感数据之一, 是目前世界范围内应用最广泛的陆地观测卫星。表 1-11 为 Landsat 系列卫星基本参数。

表 1-11 Landsat 系列卫星基本参数

卫星参数	Landsat 1	Landsat 2	Landsat 3	Landsat 4	Landsat 5	Landsat 7	Landsat 8
发射时间	1972 年 7 月 23 日	1975 年 1 月 22 日	1978 年 3 月 5 日	1982 年 7 月 16 日	1984 年 3 月 1 日	1994 年 4 月 15 日	2013 年 2 月 11 日
卫星高度/km	920	920	920	705	705	705	705
倾角/(°)	99.2	99.2	99.1	98.2	98.2	98.2	98.2
重复周期/天	18	18	18	16	16	16	16
扫幅宽度/km	185	185	185	185	185	185	185
载荷	MSS	MSS	MSS	MSS, TM	MSS, TM	ETM+	OLI, TIRS
波段数	4	4	5	4, 7	4, 7	8	9, 2

Landsat 5 搭载了专题成像仪 (TM) 传感器, 该传感器包含 7 个波段, 波段 1~5 和波段 7 的空间分辨率为 30m, 波段 6 (热红外波段) 的空间分辨率为 120m, 其参数如表 1-12 所示。

表 1-12 TM 传感器参数

波段	波长范围/μm	分辨率/m	波段	波长范围/μm	分辨率/m
1	0.45~0.52	30	5	1.55~1.75	30
2	0.52~0.60	30	6	10.40~12.50	120
3	0.63~0.69	30	7	2.08~2.35	30
4	0.76~0.90	30			

Landsat 7 搭载的增强型专题成像仪 (ETM+) 是对主题成像仪 (TM) 的进一步提升, 其包含 8 个波段, 其中全色波段的空间分辨率可以达到 15m, 该传感器参数如表 1-13 所示。

表 1-13　ETM+传感器参数

波段	波长范围/μm	分辨率/m	波段	波长范围/μm	分辨率/m
1	0.45~0.52	30	5	1.55~1.75	30
2	0.52~0.60	30	6	10.40~12.50	60
3	0.63~0.69	30	7	2.08~2.35	30
4	0.76~0.90	30	8	0.52~0.90	15

Landsat 8 搭载了运行性陆地成像仪（OLI）和热红外传感器（TIRS），其中 OLI 包含 9 个波段，OLI 传感器的参数见表 1-14。TIRS 包含两个热红外波段，波长分别为 10.60~11.19μm 和 11.50~12.51μm，分辨率为 100m。

表 1-14　OLI 传感器参数

波段	波长范围/μm	分辨率/m	波段	波长范围/μm	分辨率/m
1	0.43~0.45	30	6	1.57~1.65	30
2	0.45~0.51	30	7	2.11~2.29	30
3	0.53~0.59	30	8	0.50~0.68	15
4	0.64~0.67	30	9	1.36~1.38	30
5	0.85~0.88	30			

1.1.2.2　ALOS 卫星

ALOS（Advanced Land Observing Satellite，先进陆地观测卫星），也称"大地"号，由日本宇宙航空研究开发机构（JAXA）于 2006 年 1 月 24 日发射，是 JERS-1 与 ADEOS 的后继星。ALOS 卫星载有 3 个传感器：全色遥感立体测绘仪（PRISM）、先进可见光与近红外辐射计-2（AVNIR-2）和相控阵型 L 波段合成孔径雷达（PALSAR）。表 1-15 为 ALOS 卫星的基本参数。

表 1-15　ALOS 卫星的基本参数

卫星参数	参数值
发射时间	2006 年 1 月 24 日
运载火箭	H-IIA
卫星质量	约 4000kg
设计寿命	3~5 年
轨道	太阳同步轨道
	重复周期为 46 天
	重访时间为 2 天
	高度为 691.65km
	倾角为 98.160°

续表

卫星参数	参数值
发射时间	2006 年 1 月 24 日
姿态控制精度	2.0×10^{-4}°（配合地面控制点）
定位精度	1m
数据速率	240Mbps（通过数据中继卫星）
	120Mbps（直接下传）
星载数据存储器	固态数据记录仪（90GB）

（1）PRISM 传感器

PRISM 具有 3 个独立的观测相机，分别用于星下点、前视和后视观测，沿轨道方向获取立体像对，星下点的空间分辨率为 2.5m。表 1-16 为 PRISM 传感器的基本参数。

表 1-16 PRISM 传感器的基本参数

PRISM 参数	参数值
波段数	1（全色）
波长	$0.52 \sim 0.77 \ \mu m$
观测镜	3（星下点成像、前视成像、后视成像）
基高比	1.0（在前视成像与后视成像之间）
空间分辨率	2.5m（星下点成像）
幅宽	70km（星下点成像模式）
	35km（联合成像模式）
信噪比	>70
MTF	>0.2
探测器数量	28 000/波段（70km 幅宽）
	14 000/波段（35km 幅宽）
指向角	$-1.5° \sim +1.5°$
量化长度	8 位

（2）AVNIR-2 传感器

新型的 AVNIR-2 传感器比 ADEOS 卫星所携带的 AVNIR 传感器具有更高的空间分辨率，主要用于陆地和沿海地区观测。表 1-17 为 AVNIR-2 传感器的基本参数。

表 1-17 AVNIR-2 传感器的基本参数

AVNIR-2 参数	参数值
波段数	4
波长	波段 1 为 $0.42 \sim 0.50 \mu m$
	波段 2 为 $0.52 \sim 0.60 \mu m$
	波段 3 为 $0.61 \sim 0.69 \mu m$
	波段 4 为 $0.76 \sim 0.89 \mu m$

续表

AVNIR-2 参数	参数值
波段数	4
空间分辨率	10m（星下点）
幅宽	70km（星下点）
信噪比	>200
MTF	波段 1 ~ 3 均>0.25
	波段 4>0.20
探测器数量	7000/波段
侧摆指向角	−44° ~ +44°
量化长度	8 位

1.1.2.3 SPOT 系列卫星

SPOT（Systeme Probatoire d'Observation de-la Terre，地球观测系统），是法国空间研究中心（CNES）研制的一种地球观测卫星系统。1986 年发射第一颗，到目前为止已发射 7 颗卫星，构成了 SPOT 卫星 1 ~ 7 号。表 1-18 为 SPOT 系列卫星的基本参数。

表 1-18　SPOT 系列卫星的基本参数

卫星	发射时间	高分遥感器	运行时间	幅宽/km	高度/km
SPOT 1	1986 年 2 月 22 日	两台 HRV（high resolution visible）传感器	1986 ~ 2003 年	60	822
SPOT 2	1990 年 1 月 22 日	两台 HRV 传感器	1990 ~ 2009 年	60	822
SPOT 3	1993 年 9 月 26 日	两台 HRV 传感器	1993 ~ 1996 年	60	822
SPOT 4	1998 年 3 月 24 日	两台 HRVIR（high resolution visible infra-red）传感器	1998 ~ 2013 年	60	822
SPOT 5	2002 年 5 月 3 日	两台 HRG（high resolution geometric）传感器	在运行	60	822
SPOT 6	2012 年 9 月 9 日	两台 NAOMI 空间相机	在运行	60	694
SPOT 7	2014 年 6 月 30 日	两台 NAOMI 空间相机	在运行	60	694

SPOT 1 ~ SPOT 3 卫星的性能基本上是相同的，均携带两台采用 CCD 推扫式成像技术的 HRV，HRV 技术参数见表 1-19。

表 1-19　SPOT 1 ~ 3 系列 HRV 技术参数

波段序号	波长范围/μm	分辨率/m
B1	0.50 ~ 0.59	20
B2	0.61 ~ 0.68	20
B3	0.79 ~ 0.89	20
PAN	0.51 ~ 0.73	10

SPOT 4 携带的遥感器一个是代替 HRV 的 HRVIR（高分辨率可见光和红外相机），增加了 $1.58 \sim 1.75 \mu m$ 的红外波段，红光波段的分辨率改进为 10m，其余多光谱波段的分辨率仍为 20m。其 HRVIR 传感器的参数见表 1-20。

表 1-20　SPOT 4 HRVIR 传感器参数

传感器类型	波段	波长范围/μm	分辨率/m	幅宽/km
HRVIR	多光谱	0.50~0.59	20	60
		0.61~0.68	20	60
		0.78~0.89	20	60
		1.58~1.75	20	60
	全色	0.61~0.68	10	60

SPOT 5 较之前的 SPOT 1~4 系列卫星性能有很大提升，其高分辨率几何装置 HRG 将其空间分辨率提高到 2.5m，并可融合为 10m 彩色。SPOT 5 的 HRG 传感器参数见表 1-21。

表 1-21　SPOT 5 HRG 传感器参数

传感器类型	波段	波长范围/μm	分辨率/m	幅宽/km
高分辨率几何装置 HRG	多光谱	0.50~0.59	10	60
		0.61~0.68	10	60
		0.78~0.89	10	60
		1.58~1.75	20	60
	全色	0.48~0.71	2.5 或 5	60

SPOT 6 和 SPOT 7 的性能指标相同，保留了 SPOT 5 的标志性优势，其多光谱和全色波段的分辨率分别提高到 6m 和 1.5m，并具有沿轨和跨轨大视角侧视成像等特点，成像宽幅达 60km。这两颗卫星每天的图像获取能力达到 600 万 km^2，预计将 SPOT 数据服务延续到至少 2024 年。SPOT 6/7 在生态环境、地质矿产、农业、林业等领域具有较高的应用价值。这两颗卫星与 Pleiades-1 和 Pleiadas-2 一起构成完整的 Astrium Services 光学卫星星座，该星座具备每日两次的重访能力，由 SPOT 卫星提供大幅宽普查图像，Pleiades 针对特定目标区域提供 0.5m 分辨率图像。SPOT 6 和 SPOT 7 卫星具体的传感器参数见表 1-22。

表 1-22　SPOT 6/7 卫星传感器参数

传感器类型	波段	波长范围/μm	分辨率/m	幅宽/km
高分辨率几何装置 HRG	多光谱	0.455~0.745	6	60
		0.530~0.590	6	60
		0.625~0.695	6	60
		0.760~0.890	6	60
	全色	0.455~0.745	1.5	60

Pleiades 星座由两颗完全相同的卫星 Pleiades-1 和 Pleiades-2 组成，这两颗卫星呈 180°夹角在相同的轨道运行。Pleiades-1 于 2011 年 12 月 17 日成功发射并开始商业运营，Pleiades-2 于 2012 年 12 月 1 日成功发射。双星配合可实现全球任意地区的每日重访，最快速满足用户对任何地区的超高分辨率数据获取的需求。具有高采集能力，单星最高日采集能力为 100 万 km²，单星日采集景数约 600 景，幅宽达 20km，在 0.5m 高分辨率卫星中幅宽最大。有 4 个控制力矩陀螺仪，接收模式可分为对点采集、条带采集、立体数据采集、线性采集以及持续监测采集，具有高灵活度。Pleiades 的卫星传感器参数见表 1-23。

表 1-23 Pleiades 卫星传感器参数

波段	波长范围/μm	分辨率/m	重访周期/天	幅宽/km
多光谱	0.430 ~ 0.550	2	1（双星）	20（星下点）
	0.500 ~ 0.620			
	0.590 ~ 0.710			
	0.740 ~ 0.940			
全色	0.470 ~ 0.830	0.5		

1.1.2.4 IKONOS 卫星

IKONOS 卫星由 Space Imaging 公司于 1999 年 9 月 24 日成功发射，开启了商业高分辨率遥感卫星的新时代，同时也创立了全新的商业化卫星影像的标准。IKONOS 卫星是一颗可采集 1m 分辨率全色和 4m 分辨率多光谱影像的商业卫星，从 681km 高度的轨道上，IKONOS 的重访周期为 3 天，并且可从卫星直接向全球 12 个地面站传输数据。基于 IKONOS 卫星大范围图像采集的高分辨率特性、同轨立体影像采集特性以及大量合格存档数据等技术优势，IKONOS 卫星自 2000 年进入中国市场。该卫星被广泛应用于国防、地图更新、国土资源勘查、农业、环保、城市规划、运输、保险、电讯、灾害、应急指挥等众多行业和领域。IKONOS 卫星的传感器参数见表 1-24。

表 1-24 IKONOS 卫星传感器参数

波段	波长范围/μm	分辨率/m	制图精度	轨道高度/km
多光谱	0.450 ~ 0.530	4	无地面控制点：水平精度为 12m，垂直精度为 10m	681
	0.520 ~ 0.610			
	0.640 ~ 0.720			
	0.770 ~ 0.880			
全色	0.450 ~ 0.900	1		

1.1.2.5 QuickBird 卫星

QuickBird 卫星于 2001 年 10 月 18 日由美国 DigitalGlobe 公司在美国范登堡空军基地发

射〔DigitalGlobe 和其空间技术战略合作伙伴 Ball Aerospace & Technologies Corp., Kodak, Fokker Space（柯达）等合作设计并发射〕，是世界上第一颗提供亚米级分辨率的商业卫星，卫星影像分辨率为 0.61m，重访周期为 1~6 天。它具有高地理定位精度、海量星上存储、历史存档影像丰富等特点。QuickBird 卫星系统每年能采集 7500 万 km² 的卫星影像数据。在中国境内每天至少有 2~3 个过境轨道，对编程拍摄的需求可以及时响应，并且中国境内的卫星影像存档数据超过 700 万 km²。QuickBird 卫星传感器参数见表 1-25。

表 1-25 QuickBird 卫星传感器参数

波段	波长范围/μm	分辨率/m	幅宽/km	轨道高度/km
多光谱	0.450~0.520	2.44	16.5	450~600
	0.520~0.660			
	0.630~0.690			
	0.774~0.900			
全色	0.450~0.900	0.61	16.5	

QuickBird 多光谱影像拥有红、绿、蓝以及近红外 4 个波段。红光波段主要用于测量植被叶绿素吸收率、进行植被分类，在城市人工地物和植被混杂的区域，可以很好地区分建筑物与植被；绿光波段主要用于森林普查以及水温和污水监测等；蓝光波段主要用于识别土壤和常绿落叶植被，具有很好的边界信息，因此常用于绘图；近红外波段在区分水陆交接线和作物分布区域及长势、分类、农作物估产、病虫灾害监测等方面有不可替代的作用。

1.1.2.6 WorldView 系列卫星

WorldView 是 DigitalGlobe 公司的下一代商业成像卫星系统。它由两颗（WorldView-Ⅰ和 WorldView-Ⅱ）卫星组成，其中 WorldView-Ⅰ已于 2007 年发射，WorldView-Ⅱ也在 2009年 10 月发射升空。WorldView-Ⅰ卫星发射后在很长一段时间内被认为是全球分辨率最高、响应速度最敏捷的商业卫星。该卫星的轨道高度为 450km，倾角为 98°，平均重访周期为 1.7 天，星载大容量全色成像系统每天能够拍摄多达 75 万 km²。具有高地理定位精度和极佳的响应能力，成像的周转时间仅为几个小时，能够快速瞄准拍摄的目标和有效地进行同轨立体成像。WorldView-Ⅱ卫星的轨道高度为 770km，能够提供 0.5m 全色图像和 1.8m 分辨率的多光谱图像。WorldView-Ⅱ卫星延续了 WorldView-Ⅰ灵活运转、高容量、快速回访、精确拍摄等特点，同时其星载多光谱遥感器除了具有 4 个业内标准谱段（红、绿、蓝、近红外），还包括 4 个额外谱段（海岸、黄、红边和近红外 2）。多样性的谱段将为用户提供进行精确变化检测和制图的能力。其中，海岸波段主要用于植物鉴定和分析以及基于叶绿素和渗水的规格参数表的深海探测研究，由于该波段常受到大气散射的影响，已经用于大气层纠正技术；黄色波段在过去经常被说成是 yellowness 特征指标，是重要的植物应用波段；红色边缘波段用于辅助分析有关植物生长情况，可以直接反映出植物健康状况有关的信息；近红外 2 波段部分重叠在原有的近红外波段上，较少受到大气层的影响，用于植物分析和单位面积内生物数量的研究。WorldView 系列卫星的传感器参数见表 1-26。

表 1-26　WorldView 系列卫星传感器参数

平台	波段	波长范围/μm	分辨率/m	幅宽/km
WorldView- I	多光谱	0.450 ~ 0.510	1.8	17.5
		0.510 ~ 0.580		
		0.630 ~ 0.690		
		0.770 ~ 0.895		
	全色	0.400 ~ 0.900	0.5	17.5
WorldView- II	多光谱	蓝：0.450 ~ 0.510	1.8	16.4
		绿：0.510 ~ 0.580		
		红：0.630 ~ 0.690		
		近红外：0.770 ~ 0.895		
		黄：0.585 ~ 0.625		
		海岸：0.400 ~ 0.450		
		红边：0.705 ~ 0.745		
		近红外 2：0.860 ~ 1.040		
	全色	0.400 ~ 1.040	0.5	16.4

1.1.2.7　GeoEye-1 卫星

GeoEye-1 卫星由美国地球眼公司 GeoEye 于 2008 年 9 月 6 日成功发射，该卫星具有分辨率最高、测图能力极强、重访周期极短的特点。每天采集近 70 万 km² 的全色影像数据或近 35 万 km² 的全色融合影像数据，GeoEye 系列影像星下点最高分辨率为 0.41m，最大成图比例可达 1：2000。GeoEye-1 卫星的影像数据产品可广泛用于国防、国家和国土安全、空运和海运、石油和天然气、能源、采矿、制图和基于位置的服务、国家和地方政府、保险与风险管理、农业、自然资源和环境监测等领域。GeoEye-1 卫星的参数见表 1-27。

表 1-27　GeoEye-1 卫星传感器参数

波段	波长范围/μm	分辨率/m	制图精度	轨道高度/km
多光谱	0.450 ~ 0.510	1.65	无地面控制点：3m	684
	0.510 ~ 0.580			
	0.655 ~ 0.690			
	0.780 ~ 0.920			
全色	0.450 ~ 0.800	0.41		

1.1.2.8 Sentinel 系列卫星

Sentinel（哨兵）系列卫星是欧洲"哥白尼"计划空间部分的专用卫星系列，由欧洲委员会（EC）投资，欧洲航天局研制，包括两颗 Sentinel-1、两颗 Sentinel-2、两颗 Sentinel-3 卫星、两个 Sentinel-4 载荷、两个 Sentinel-5 载荷、1 颗 Sentinel-5 的先导星（Sentinel-5P）以及 1 颗 Sentinel-6 卫星（龚燃，2014a）。

Sentinel-1 卫星是高分辨率合成孔径雷达卫星，于 2014 年 4 月 3 日在法属圭亚那发射场由联盟-ST 火箭发射升空，由两颗完全相同的 Sentinel-1A 和 Sentinel-1B 卫星组成，卫星装载 C 频段合成孔径雷达，以接替欧洲刚刚失效的"环境卫星（Envisat）"，保持高分辨率雷达成像观测数据的连续性。该卫星的主要参数见表 1-28，成像模式见表 1-29。Sentinel-1 卫星优先服务于海上核心服务、陆地监测以及紧急服务 3 个领域，主要包括海冰区和北极环境监测、海洋环境监测、陆地表面运动风险监测、森林、水和土壤、农业等陆地表面制图以及危机事件中人道主义救援服务等应用领域（龚燃，2014b）。

表 1-28　Sentinel-1 卫星参数

卫星平台	卫星轨道	星体尺寸	设计寿命/年	雷达中心频率	带宽/MHz	数据压缩算法
意大利多用途可重构卫星平台	693km 太阳同步轨道，倾角 98.18°，降交点地方时 6:00	3900mm×2600mm×2500mm	7.25（卫星）12（燃料）	5.405（C 频段，相应波长 18cm）	0～100	熵约束分块自适应量化（ECBAQ）或弹性动力分块自适应量化（FDBAQ）

表 1-29　Sentinel-1 合成孔径雷达成像模式

模式	极化方式	幅宽/km	单视分辨率/（距离向 m×方位向 m）	入射角范围/（°）
条带模式		>80	5×5	20～45
干涉宽幅模式	HH-HV，VV-VH	>250	5×20	29～46
超宽幅模式		>400	20×40	19～47
波模式	HH，VV	20×20（100km 间距）	5×5	22～35 35～38

Sentinel-2 卫星由 Sentinel-2A 和 Sentinel-2B 卫星组成，其中 Sentinel-2A 卫星于 2015 年 6 月 23 日由织女星运载火箭成功发射。Sentinel-2 卫星是高分辨率多光谱成像卫星，用于全球高分辨率和高重访能力的陆地观测、生物物理变化制图、监测海岸和内陆水域以及风险和灾害制图，以支持 SPOT 5、Landsat 7 卫星数据的连续性（龚燃，2015）。Sentinel-2 卫星的主要参数见表 1-30，其多光谱成像仪的 13 个谱段的应用领域见表 1-31。

表 1-30　Sentinel-2 卫星参数

有效载荷	成像仪类型	光谱范围 （13 个）/μm	空间分辨率/m	幅宽 /km	轨道高度 /km	重访周期 /天
多光谱 成像仪	推扫式	0.4～2.4	10：B2，B3，B4， B8	290	786	5
			20：B5，B6，B7，B8b， B11，B12			
			60：B1，B9，B10			

表 1-31　Sentinel-2 多光谱成像仪的 13 个谱段的应用领域

光谱谱段（中心波长/nm）	任务目标	测量或定标
B1（443） B2（490） B12（2190）	气溶胶校正	定标谱段
B8（842） B8a（865） B9（940）	水蒸气校正	
B10（443）	洋流探测	
B2（490） B3（560） B4（665） B5（705） B6（740） B7（775） B8（842） B8b（865） B11（1610） B12（2190）	陆地覆盖分类 叶绿素含量 叶片水含量 叶面积指数 积雪/冰/云/矿物探测	陆地测量谱段

1.1.3　SAR 卫星

1.1.3.1　ERS 卫星

随着欧洲遥感卫星（ERS）和美国防卫气象卫星计划（DMSP）的全球观测，星载微波遥感数据获取有了很大的进展。欧洲太空局分别于 1991 年和 1995 年发射了 ERS-1 和 ERS-2 卫星。ERS 卫星携带了多种有效载荷，包括侧视合成孔径雷达（SAR）和风向散射计等装置，ERS-1/2 采用了先进的微波遥感技术获取全天候与全天时的图像，比传统的光学遥感图像更具有独特的优点。ERS-1/2 上载有 C 波段（5.3GHz）垂直极化主动散射计。ERS 的卫星参数见表 1-32。ERS 卫星广泛应用于洪水、森林火灾以及地震等环境灾害监测，以及农业活动、污染、热带雨林破坏等人为变化探测，在广泛范围内为世界各地政府解决区域和全球环境问题提供了帮助（Gottwald et al.，2011）。

表 1-32　ERS 卫星参数

卫星轨道	轨道倾角/(°)	降交点的当地太阳时	飞行周期/min	空间分辨率	幅宽/km	工作波段	工作频率/GHz	入射角/(°)
780km 椭圆形太阳同步轨道	98.2	10：30	100	方位向<30m 距离向<26.3m	100	C	5.2	23

1.1.3.2　Envisat 卫星

Envisat 卫星是欧洲迄今建造的最大的环境卫星，也是费用最高的地球观测卫星（总研制成本约 25 亿美元），该卫星于 2002 年 3 月 1 日成功发射。卫星上载有 10 种探测设备，其中 4 种是 ERS-1/2 所载设备的改进型，所载最大设备是先进的合成孔径雷达（advanced synthetic aperture radar，ASAR），可生成海洋、海岸、极地冰冠和陆地的高质量图像，为科学家提供更高分辨率的图像来研究海洋的变化。其他设备将提供更高精度的数据，用于研究地球大气层及大气密度。作为 ERS-1/2 合成孔径雷达卫星的延续，Envisat-1 数据主要用于监视环境，即对地球表面和大气层进行连续的观测，供制图、资源勘查、气象及灾害判断之用。Envisat 卫星的主要参数见表 1-33。在 Envisat-1 卫星上载有多个传感器，分别对陆地、海洋、大气进行观测，其中最主要的就是名为 ASAR 的合成孔径雷达传感器。ASAR 传感器工作在 C 波段，波长为 5.6cm，具有许多独特的性质，如多极化、可变观测角度、宽幅成像等。ASAR 传感器有 Image 模式、Alternating Polarisation 模式、Wide Swath 模式、Global Monitoring 模式以及 Wave 模式 5 种工作模式，其工作模式的具体信息如表 1-34 所示。这 5 种工作模式中，高数据率的 3 种，即 Image 模式、Alternating Polarisation 模式和 Wide Swath 模式，供国际地面站接收，低数据率的 Global Monitoring 模式和 Wave 模式仅供欧空局的地面站接收。

表 1-33　Envisat 卫星参数

卫星轨道	轨道倾角	设计寿命	星上仪器数量/个	单圈时间	重复周期
800km 太阳同步轨道	98°	5～10 年	10	101min	35 天

表 1-34　ASAR 工作模式

工作模式	成像宽度/km	下行数据率/（Mbit/s）	极化方式	分辨率/m
Image	最大 100	100	VV 或 HH	30
Alternating Polarisation	最大 100	100	VV/HH 或 VV/VH 或 HH/HV	30

续表

工作模式	成像宽度/km	下行数据率/（Mbit/s）	极化方式	分辨率/m
Wide Swath	约400	100	VV 或 HH	150
Global Monitoring	约400	0.9	VV 或 HH	1000
Wave	约5	0.9	VV 或 HH	10

1.1.3.3 Radarsat 系列卫星

Radarsat 系列卫星由加拿大空间署（CSA）研制与管理，用于向商业和科研用户提供卫星雷达遥感数据，包括 Radarsat-1 和 Radarsat-2 两颗卫星。Radarsat-1 和 Radarsat-2 卫星的主要参数信息见表 1-35。

表 1-35　Radarsat 系列卫星参数

卫星	轨道类型	轨道高度/km	轨道倾角/（°）	设计寿命/年	传感器数量	降交点地方时	运行周期/min	轨道重复周期/天
Radarsat-1	近极地太阳同步轨道	793	98.6	5	1	6：00	100.7	24
Radarsat-2	近极地太阳同步轨道	798	98.6	7 ~ 12	1	6：00	100.7	24

Radarsat-1 卫星于 1995 年 11 月发射升空，载有功能强大的合成孔径雷达，可以全天时、全天候成像，为加拿大及世界其他国家提供了大量数据。Radarsat-1 卫星与其他卫星有所不同，它在地方时早晚 6：00 左右成像。它装载的 SAR 传感器使用 C 波段进行对地观测，具有精细模式、标准模式、宽模式、宽幅扫描、窄幅扫描、超高入射角、超低入射角 7 种成像模式，25 种不同的波束，这些不同的波束模式具有不同入射角，因而具有多种分辨率、不同幅宽，其具体的工作模式信息如表 1-36 所示。

表 1-36　Radarsat-1 搭载的 SAR 传感器工作模式

工作波段	工作频率/GHz	极化方式	带宽/MHz	工作模式	波束位置	入射角/（°）	分辨率/m	覆盖范围/（km×km）
C	5.3	HH	30	精细模式	F1 ~ F5	37 ~ 48	8	50×50
				标准模式	S1 ~ S7	20 ~ 49	30	100×100
				宽模式	W1 ~ W3	20 ~ 45	30	150×150
				窄幅扫描	SN1	20 ~ 40	50	300×300
				窄幅扫描	SN2	31 ~ 46	50	300×300
				宽幅扫描	SW1	20 ~ 49	100	500×500
				超高入射角模式	H1 ~ H6	49 ~ 59	25	75×75
				超低入射角模式	L1	10 ~ 23	25	170×170

Radarsat-2 卫星是 Radarsat-1 的后继星，它是加拿大第二代商业雷达卫星。Radarsat-2 卫星于 2007 年 12 月 14 日发射。与 Radarsat-1 相比，Radarsat-2 卫星具有更强大的功能：

第一，Radarsat-2 卫星可根据指令在右视和左视之间切换，所有波束都可以右视或左视，这一特点缩短了重访时间、增加了获取立体图像的能力。第二，Radarsat-2 保留了 Radarsat-1 的所有成像模式，并增加了 Spot light 模式、超精细模式、四极化（精细、标准）模式、多视精细模式，使用户在成像模式选择方面更为灵活。第三，Radarsat-2 卫星改变了 Radarsat-1 卫星单一的极化方式，Radarsat-1 卫星只提供 HH 极化方式，Radarsat-2 卫星可以提供 VV、HH、HV、VH 等多种极化方式。Radarsat-2 搭载的 SAR 传感器工作模式的具体信息如表 1-37 所示。

表 1-37　Radarsat-2 搭载的 SAR 传感器工作模式

工作波段	工作频率 /GHz	极化方式	带宽 /MHz	工作模式	波束位置	入射角 / (°)	分辨率 /m	覆盖范围 / (km×km)
C	5.405	HH VV HV VH	100	SpotlightA	—	20 ~ 49	<1	18×18
				超精细	UF1 ~ F27	30 ~ 40	3	20×20
				宽幅超精细	—	—	3	50×50
				多视精细	MF1 ~ MF5	30 ~ 50	8	50×50
				宽幅多视精细	—	—	8	90×50
				精细	F1 ~ F5	30 ~ 50	8	50×50
				宽幅精细	—	—	8	150×170
				标准	S1 ~ S7	20 ~ 45	25	100×100
				宽	W1 ~ W3	20 ~ 45	30	150×150
				窄幅扫描	SN1	20 ~ 40	50	300×300
				宽幅扫描	SW1	20 ~ 49	100	500×500
				高入射角	H1 ~ H6	49 ~ 59	25	75×75
				低入射角	L1	10 ~ 23	25	170×170
				四极化精细	QF1 ~ QF5	20 ~ 41	8	25×25
				宽幅四极化精细	—	—	8	50×25
				四极化标准	QS ~ QS7	20 ~ 41	25	25×25
				宽幅四极化标准	—	—	25	50×25

Radarsat 系列卫星数据广泛应用于防灾减灾、雷达干涉、农业、制图、水资源、林业、海洋、海冰和海岸线监测等领域。

1.2　遥感技术在矿产资源开发区环境监测中的研究现状

1.2.1　国内外典型矿产资源开发区环境遥感监测概况

国际上矿业发达的国家十分重视矿区环境保护和治理。美国早在 1969 年就开展了矿山环境与灾害监测项目，利用机载热红外传感器对煤火情况进行监测；同时利用遥感技术对煤矿区土地复垦效果进行动态监测，为土地复垦管理提供了客观可靠的基础数据，有利于资源环境管理部门开展执法检查工作（Greene et al.，1969；何原荣，2011）。在欧洲，欧共体实施的 MINEO（assessing and monitoring the environmental impact of mining activities in Europe using advanced earth observation techniques）工程，以法国地质调查局为代表的多个欧洲公司和研究单位利用最先进的地球观测技术评价和监测采矿活动对环境造成的影响，MINEO 工程是国际上综合应用遥感、地理信息系统等技术监测和评价采矿环境影响最有代表性的研究。项目组选择了分布在不同自然地理和气候条件下的 6 个不同类型矿山，应用高光谱和多光谱遥感图像来监测矿山环境，取得了许多研究成果，表 1-38 列举了 MINEO 项目概况[①]（郝利娜，2013）。

利用遥感技术进行矿山开采状况监测在国内起步晚，但是发展很快。近年来，国内相继启动了一系列国家级矿区遥感监测项目，取得了显著的生态和社会效益。1999 年以来，国土资源部在全国范围开展了土地利用动态遥感监测，其形成的技术规范和经验为矿产资源开发状况遥感动态监测提供了很好的借鉴（钱丽萍，2008）。2002～2003 年中国国土资源航空物探遥感中心对山西晋城、江西崇义等试验区矿产资源的开发状况进行遥感监测研究，为在全国范围进一步开展矿山遥感监测提供了参考（聂洪峰等，2007）。从 2006 年开始，国土资源部中国地质调查局启动了"矿产资源开发多目标遥感调查与监测"项目，把全国 163 个重点矿区纳入遥感监测当中，做到"一年一张图""以图管矿"。通过矿山遥感监测，取得了大量客观的基础数据，为矿产资源开发秩序整顿、矿区环境恢复治理、矿产资源规划执行情况监管提供了强有力的支撑（杨金中等，2015）。2013 年，环境保护部和中国科学院联合开展全国生态环境十年变化（2000～2010 年）遥感调查与评估项目，该项目包含了"矿产资源开发典型区域生态环境十年变化遥感调查与评估"专题，基于 2000～2010 年多源遥感数据研究了中国矿产资源开发典型区域生态环境现状和 2000～2010 年 10 年间的变化情况。

表 1-38　MINEO 项目概况

项目	英国	奥地利	芬兰	格陵兰	葡萄牙	德国
矿山名称	Redruth-Camborne	Erzberg	Lahnaslampi	Mestersvig	Sao Domingos	Kirchheller Heide
主要矿物	铁、锰、铜、砷、铅、锌等多金属矿	铁矿	滑石云母矿	铅锌矿	金、银、铜多金属矿	煤炭
地层及岩性	泥盆纪，热液蚀变岩	泥盆纪，菱铁矿，铁、亚铁白云石为主，其次黄铁矿	早元古代，超基性岩如含石墨的云母片岩和页岩等	上石炭到下三叠砂岩和砾岩	古生代泥盆纪，含铜黄铁矿与硫化锌、硫化铅伴生，火山沉积岩为主	上白垩纪到第三纪，泥岩

---

①　http：//www2. brgm. fr/mineo/final. htm

项目	英国	奥地利	芬兰	格陵兰	葡萄牙	德国
主要环境问题	土壤、植被重金属污染，水体污染	景观破坏，生态退化，地质灾害	粉尘污染，水体重金属污染等	固体废弃物等引起水体污染	酸性矿山废水，地面景观破坏	塌陷，植被水分胁迫，植被活力降低
植被研究目标	矿山废弃物影响下植被胁迫	植被恢复状况	粉尘及水污染影响下主要树种胁迫	菱镁矿及闪锌矿对绿色植被的胁迫	植被地球化学元素与污染关系	水位改变影响下的主要树种及生物型胁迫

1.2.2 矿产资源开发区环境多光谱遥感监测技术发展概况

国内外矿区环境遥感监测的研究经历了从目视解译到计算机自动分类、定性到定量、从低分辨率宏观监测到高分辨率精细监测、从单一数据源到多源数据的协同观测的发展过程，在理论研究及应用方法上均有了长足发展。

矿区环境遥感监测始于 20 世纪 60 年代，初期是利用航空遥感数据进行监测。美国密歇根大学和加州理工学院首先利用航空热红外影像数据对地下煤火进行监测（Slavecki，1964）。20 世纪七八十年代后，随着卫星对地观测技术的发展，卫星遥感数据开始应用于矿区环境监测研究中。受卫星数据源的限制，早期的矿区环境卫星遥感监测主要利用中低分辨率遥感数据，如 Landsat，NOAA- AVHRR 等。1994 年，苏格兰邓迪大学 Mansor 等利用 Landsat 和 AVHRR 卫星数据对当时印度燃煤主产区贾里亚的地下煤火开展监测试验，并且与航空数据以及实地测量的温度进行对比研究（Mansor et al.，1994）。1999 年 Prakash 等利用 3 个时相（1989 年、1995 年和 1997 年）的夜间 Lansat 5 TM 热红外数据对中国宁夏汝箕沟煤矿开展煤火动态监测（Prakash et al.，1999）。

在矿区遥感信息提取方法上，针对 Landsat 等中低分辨率遥感影像的矿区信息提取大部分是采用监督分类法等传统的基于像素的分类方法，如陈华丽等人以湖北大冶为研究区，利用 TM 数据以及最大似然法进行监督分类，定量分析了矿区生态环境的动态变化（陈华丽等，2004）。中低分辨率卫星数据对于大型矿区目标（大型尾矿库、大型固体废弃物等）有较好的识别能力，然而，较小的矿区目标在中低分辨率遥感图像上多为弱目标信息，解译识别能力差，基于中低分辨率卫星数据难以实施矿区环境的精准监测。

21 世纪，高分辨率商业遥感卫星进入大发展时期，米级–亚米级高分辨率卫星数据日益增多，高分辨率卫星数据价格不断降低。随着高分辨率遥感数据的不断涌现，越来越多的高分辨率数据被应用于矿区环境监测研究中，同时在应用实践中也更加注重多源数据的融合，以发挥不同数据的优势。Demirel 等基于 2008 年的 IKONOS 和 2004 年的 QuickBird 高分辨率数据研究了土耳其格伊尼克煤矿由于采矿活动导致的土地利用/土地覆盖变化（Demirel et al.，2011）。杜培军（2001）提出高分辨率卫星遥感图像在矿区监测中的应用具有广阔的前景，为解决传统遥感技术面临的空间分辨率低、难以监测微小变化等问题提供了技术手段的支持；王少华（2011）采用 GeoEye 1、RapidEye、Landsat 5 三种卫星数据对北京市密云县境内部分露天开采矿区开展矿山开发占地信息提取方法的研究。王海庆等（2016）以山东省济宁市东部煤矿矿集区为研究区，采用多期不同分辨率的光学遥感数据（QuickBird，GeoEye 1，SPOT 5，Landsat 8，ZY-1 02C 等）开展采矿沉陷调查与危害性研究。Wu 等（2009）基于 Landsat TM/ETM+和 SPOT 5 遥感数据，利用 BP 人工神经网络提取采矿沉陷区地表景观信息，研究了山东省龙口地区煤矿开采引起的地面沉陷及其对环境的影响。

针对高分辨率遥感影像，传统的基于像素的信息提取方法的效果并不令人满意。于是，面向矿区信息提取这一特定的目标，很多解译工作者选择人机交互或目视解译等方法。蔡冬梅等（2011）利用 SPOT 5 数据对山西某区域的矿产资源开发进行动态监测，根据影像特征建立矿产资源开发要素以及地质灾害要素的解译标志，采用人机交互解译的方式，提取矿区遥感信息。这些方法虽然能够取得较高的精度，但是费时费力，效率低下。近年来，一些学者将新的高分辨率遥感信息提取技术应用于矿区信息提取，以提高信息提取的效率和自动化水平。Demirel 等（2011）利用支持向量机的方法对高分辨率影像（IKONOS 和 QuickBird）进行地表覆盖分类，分析了矿区土地覆盖变化，结果表明，支持向量机方法能够有效地用于矿区高分辨率地表覆盖分类。Zhang 等（2015）基于 2001 年和 2010 年的中高分辨率遥感数据（ALSO、SPOT 2 及 Landsat），利用面向对象和多尺度分割的方法，实现福建罗源县石材矿区地表覆盖信息提取，同时利用时间回溯技术分析了 10 年间矿区地表覆盖变化。

随着中国对地观测技术的迅速发展，越来越多的国产卫星数据，尤其是国产高分辨率卫星数据，应用于中国矿区环境监测中并取得了较好的监测效果。安志宏等（2015）利用资源一号（ ZY-1）02C 卫星数据，以河北承德多金属矿区和江西寻乌稀土矿区为实验区，开展了 1∶5 万矿山遥感监测应用研究，结果表明，02C 卫星数据能够达到 1∶5 万矿山遥感监测的要求，对 02C 卫星数据在矿山遥感监测中的规模化应用起到了示范效果。路云阁等（2015）利用优于 1m 分辨率的 GF-2 卫星影像进行西藏墨竹工卡重点矿集区 1∶1 万比例尺矿山遥感监测工作，通过与国际多源、多尺度卫星影像的对比分析，GF-2 卫星影像能够满足 1∶1 万尺度矿山遥感监测技术要求，能够替代国际同等分辨率商业卫星数据。国产高分辨率卫星的成功发射及应用打破了国外商业卫星数据对 1∶1 万尺度的矿山遥感监测工作垄断数据源的地位。

1.2.3 高光谱遥感技术在矿区环境监测中的应用研究进展

高光谱分辨率遥感（简称为高光谱遥感）起源于 20 世纪 80 年代，是利用成像光谱仪所获得的感兴趣的物体狭窄（通常波段宽度小于 10nm）、完整而连续的光谱数据，又称为成像光谱。高光谱遥感与常规多光谱遥感的主要区别在于：成像光谱仪为每个像元提供数十个至数百个窄波段的光谱信息，每个像元都能产生一条完整而连续的光谱曲线，将空间、辐射和光谱信息集于一体，成像光谱技术的出现使遥感定量识别地物的能力进一步提升，实现了从外在形状、颜色等特征的判断向矿物成分等内在属性的认知。极高的光谱分辨率为矿区目标光谱信息分析提供了非常有效的手段，在利用波谱精细特征来提取矿区环境污染信息方面有很好的效果，能够有效地识别矿区污染的类型及其分布、提取污染源的种类等。高光谱遥感技术既具备多光谱遥感技术的优势，又能弥补多光谱遥感技术的不足，对于快速、全面、细致地调查矿区环境状况具有重大的意义。目前，高光谱遥感技术在国内外矿区环境监测研究中已经获得了较多成功的应用。

在欧洲，Reinhaeckel 等于 1998 年利用航空高光谱分辨率遥感技术监测德国鲁尔煤矿区因采矿造成的植被光谱变异特征，研究受污染植被光谱变异参量信息，并初步识别出受污染植被的种类（Reinhaeckel et al.，1998）；1999 年，美国环保局（EPA）联合美国地质调查局（USGS）利用航空成像光谱仪，研究宾夕法尼亚州 Chesapeak Bay 煤矿区矸石山酸性析出液的光谱反射率特征，确定污染物的主要成分，圈定了受污染水域的空间分布范围，为该地区水质评价和土地复垦提供了基础（Robbins，1999）；美国地质调查局开展了基于 AVIRIS 机载高光谱传感器的矿山酸性废弃物的制图研究工作，并于 2000 年公布研究成果，提取了各种铁矿的地面光谱特征，应用 Tetracorder 算法得到铁矿物的分布，从而得到酸性废弃物评价图。Kemper 和 Sommer 利用西班牙阿斯纳科利亚尔矿区的高光谱数据，采用多元线性回归与人工神经网络方法，成功预测了矿区内的砷、镉、铜、铁、汞、铅、硫、锑、锌等重含量，其中精度最高的汞与铅的相关系数超过 0.7（Kemper and Sommer，2002）。Riaza 等利用机载 Hymap 高光谱影像实现了西班牙韦尔瓦矿山废弃物污染的监测（Riaza et al.，2011）。Zabcic 等利用高光谱遥感技术，对西班牙 Sotiel-Migollas 矿区黄铁矿废液的 pH 进行了研究，结果表明，基于高光谱遥感数据得到的 pH 图像具有较高的可靠性（Zabcic et al.，2014）。

在国内，刘圣伟等在分析德兴铜矿矿区植被光谱特征的基础上，利用美国 EO-1 卫星 Hyperion 高光谱数据，通过反演表征植物生理状态的光谱特征参数（红边位置和最大吸收深度）变异，提取与污染相关的信息，获取了矿山植被污染生态效应情况，为矿山污染的诊断和监测提供技术支撑（刘圣伟等，2004）。谭琨等以矿区复垦农田土壤为研究对象，利用土壤可见光近红外高光谱数据建立重金属元素含量的定量估算模型，结果表明，利用高光谱遥感技术定量估算矿区复垦农田土壤重金属含量是可行的（谭琨等，2014）。夏军以新疆准东煤田五彩湾露天矿区为研究区，以煤炭资源开发利用过程中引发的土壤环境污染问题作为切入点，揭示矿区土壤重金属污染的规律，识别重金属污染的来源，探讨利用高光谱遥感技术实现对矿区土壤重金属含量定量估算的可行性，并开展土壤重金属含量预测研究。研究工作为矿区土壤重金属污染大面积、低成本、实时监测及预警提供技术方法的借鉴（夏军，2014）。黄宝华利用 ETM+热红外和 Hyperion 高光谱影像研究了德兴铜矿矿区的热污染分布和地物（植被、水、土壤）污染分布范围以及污染强度信息，为矿山污染分析和监测提供了有效的技术手段（黄宝华，2007）。

目前可用的星载高光谱数据源非常有限，在某种程度上限制了高光谱遥感技术在矿区环境监测中的应用。

1.2.4　微波遥感技术在矿区环境监测中的应用研究进展

地面沉陷是采矿活动造成的一种严重的地质灾害。煤炭等矿产资源的大量开采造成了大面积的地面沉陷，影响了矿区生态环境，危及矿区附近的生活、生产设施。因此，加强对矿区地表沉陷规律的研究和分析，可以为解决安全开采和矿区地表沉陷区生态环境综合治理提供科学依据。传统的水准测量和 GPS 测量，尽管其观测精度高，但是，这种基于点的观测无法实现大面积的沉陷监测，观测周期长、成本高，达不到及时、准确和快速监测的目的，尤其是在历史数据的获取、动态监测的时间以及数据的更新等方面无法满足要求。相对于传统方法，多光谱遥感技术监测矿区地面沉陷虽然具有观测范围广、成本低、观测周期短的特点，但是在光学遥感图像中难以直接识别采矿沉陷区，通常可以根据采矿沉陷形成的积水坑间接识别，在高精度提取矿区地面沉陷信息方面具有一定的局限性。与多光谱遥感技术相比，微波遥感技术在矿区地面沉陷监测方面更有优势。利用微波遥感技术监测矿区地面沉陷是微波遥感在矿区环境监测中的最重要应用。

微波遥感成像与光学遥感成像有本质的不同，合成孔径雷达（synthetic aperture radar，SAR）是一种使用微波探测地表目标的主动式成像传感器，获取的微波遥感图像除了具有高空间分辨率特征外，每个像元还记录有地表目标的相位信息，这些信息优势为微波遥感技术高精度监测矿区沉陷提供了可能。近年来，迅速发展的合成孔径雷达差分干涉测量（differential interferometricSAR，D-InSAR）技术为矿区沉陷监测提供了一种全新的手段。D-InSAR 是通过两幅干涉图差分处理来获取地表微量形变的测量技术，该技术在地表形变的自动化和高精度监测方面具有显著的优势，其监测精度已经达到了毫米级（Fujiwara and Rosen，1998），远远高于光学遥感技术，并且可以全天时、全天候观测，数据更新周期短，成本低。SAR 图像一次能覆盖几百至上千平方千米，利用监测区不同时期复雷达图像中任意时间间隔的两张图像进行干涉处理，可以获得整个覆盖范围内与成像时期相对应的沉陷位移数据，使矿区地表沉陷数据的获取十分迅速，甚至可以接近准实时动态监测（吴立新等，2004）。目前，D-InSAR 技术在矿区沉陷监测中已有不少成功的应用。Carnec 和Delacourt 利用欧洲太空局 ERS-1/ERS-2 卫星雷达数据和 D-InSAR 技术监测了法国Gardanne 附近煤矿的沉陷情况，与实测数据的对比表明 D-InSAR 技术的有效性（Carnec and Delacourt，2000）。2003 年，Raucoules 等利用 ERS 数据和 D-InSAR 技术对法国 Vauvert地区的一个盐矿进行地表沉陷监测，最终发现了一个直径 8km 的沉陷漏斗，与地面实测数据的对比分析表明，采用 D-InSAR 技术进行长期地表沉陷监测是可行的（Raucoules et al.，2003）。杨亚莉等基于高分辨率雷达数据 RADARSAT-2 利用 D-InSAR 技术获得了神东矿区 2012 年 1~2 月的地表沉陷结果（杨亚莉等，2016）。薛跃明等利用 Envisat 数据，分别采用 "2 轨法" 和 "3 轨法" 雷达差分干涉测量，对河北邯郸峰峰煤矿地区地表沉陷进行监测，研究矿区内地表沉陷发生的位置及范围（薛跃明等，2008）。

虽然研究表明 D-InSAR 技术在矿区沉陷监测中有很好的应用潜力，但是，该方法也存在一些不足之处，如 D-InSAR 技术应用于长时间、缓慢地表形变的监测时，存在时/空基线失相干问题；另外，矿区大气状况、地表植被覆盖及变化等也会影响雷达干涉测量的效果，结果的可靠性较差。为扩展 D-InSAR 技术的应用范围，研究者们又提出了多项改进技术，如时间序列 D-InSAR 技术（PS-InSAR）（Ferretti, et al., 2001）、小基线集算法（small baselines subsets, SBAS）（Berardino et al., 2002）以及干涉数据堆叠分析方法（SqueeSAR 算法）（Ferretti et al., 2011）等。

1.2.5 数字矿山建设发展现状

矿区环境遥感监测技术的发展不是孤立的，高效的矿区环境监测需要 RS 技术与 GIS 技术、GPS 技术、矿山信息化技术等相关技术的融合和集成，以实现遥感数据、派生数据、地学辅助数据与生态环境领域专题应用模型等的有机结合，从而能够对矿区生态环境进行监测分析、多维显示以及模拟预测等，这一综合性的技术体系需要依托目前快速发展的数字矿山技术，数字矿山技术为矿区环境监测提供综合性的系统平台。近年来，国内外高度重视数字矿山建设，数字矿山是"3S"技术和采矿科学、信息科学、人工智能、计算机技术高度结合的产物，它将深刻改变传统采矿生产活动和人们的生活方式。1999 年首届"国际数字地球"大会上提出了"数字矿山"（digital mine，DM）概念，随后被许多专家学者引用。许多国家结合各自实际，进一步提出了数字矿山的发展规划和建设目标。数字矿山是一个复杂巨系统，由数据获取系统、数据处理系统、数据管理系统、集成调度系统和工程应用系统组成，矿山空间数据基础设施是数字矿山的基础（吴立新，2008）。数字矿山的最终目标是综合考虑矿山生产、经营、管理、环境、资源、安全和效益等各种因素，构建一体化的数字化平台，使矿山企业实现整体优化协调，在保障矿山企业可持续发展的前提下，提高其整体效益、市场竞争力和适应能力。矿业发达国家非常重视矿山信息化和数字矿山的建设。美国已成功开发出大范围采矿调度系统，采用计算机、无线数据通讯、调度优化以及全球卫星定位系统技术进行露天矿生产的计算机实时控制与管理，并已成功使露天矿近乎实现无人采矿。加拿大已制订出一项拟在 2050 年实现的远景规划，即在加拿大北部边远地区建设一个无人化矿山，通过卫星操控矿山的所有设备，实现机械破碎和自动采矿。目前比较有代表性的数字矿山软件有英国 Datamine 公司开发的 Datamine 采矿软件，澳大利亚 Maptek 公司开发的 Vulcan 软件，美国 Intergraph 公司开发的 Intergraph 交互式图形处理系统等。

中国在推动矿山信息化和数字矿山建设方面也做了大量工作。2001 年以来，国内有关学术组织相继召开了一系列以数字矿山为主题的学术会议。中国矿业联合会 2001 年组织召开了首届国际矿业博览会，其中包括一个以"数字矿山"为主题的分组会。2002 年以"数字矿山战略及未来发展"为主题的中国科协第 86 次青年科学家论坛召开。为促进煤炭行业数字化矿山的发展，煤炭工业技术委员会与煤矿信息与自动化专业委员会于 2006 年8 月在新疆乌鲁木齐召开了"数字化矿山技术研讨会"。2014 年 5 月，由中国金属学会采矿分会和丹东东方测控技术股份有限公司联合举办的"第三届全国数字矿山高新技术成果交流会"在丹东召开，与会专家就中国矿山自动化、信息化和智能化建设进行了探讨。

2000 年以来，国内多所高等院校、科研院所、企事业单位相继设立了与数字矿山有关的研究所、研究中心、实验室或工程中心，如中国矿业大学（北京）资源与安全工程学院于 2000 年设立的 3S 与沉陷工程研究所、东北大学资源与土木工程学院于 2004 年设立的 3S 与数字矿山研究中心、中南大学资源与安全工程学院于 2005 年成立的数字矿山实验室、北京大学地球空间信息学院与龙软科技集团于 2007 年成立的数字矿山联合实验室、河南理工大学与河南省测绘局 2007 年联合成立的矿山空间信息技术国家测绘地理信息局重点实验室等。目前中国数字矿山建设方面已经取得了不少重要的成果。如：山东新汶矿业集团泰山能源股份有限公司翟镇煤矿的数字化矿井技术应用、神华集团神东公司的综合自动化采煤系统、开滦集团的企业信息化与电子矿图系统等。

1.3 矿区环境遥感监测技术发展趋势

近年来，遥感系统技术和应用技术的发展推动了矿产资源开发区生态环境遥感监测技术的不断进步，并呈现出如下的发展趋势和发展方向。

1.3.1 从单一数据源到多源数据的协同观测

由于矿区环境具有多层、多空间尺度的特征，大尺度遥感数据利于揭示矿区环境的宏观特征，在小尺度高分辨率影像上，矿山开采场、固体废弃物等小目标能够被快速精确识别，并获取其面积，若有高精度的 DEM，可估算固体废弃物体积，多源多尺度数据的结合能够对矿区环境这一复杂目标进行更有效的监测。受遥感数据源的限制，传统的矿区环境监测使用的数据源比较单一，难以揭示矿区环境的复杂性。当前，全球对地观测卫星遥感已经发展为光学与微波结合，大、中、小、微型卫星协同，粗、中、细、精分辨率卫星互补的全天候、多层次的综合对地观测体系，空间、光谱、辐射、时间分辨率持续增加，已经具有大范围、多时空尺度监测矿区环境的数据获取能力。研究和发展协同多源、多时空尺度遥感数据的矿区环境监测技术对于深入揭示矿区环境特征、提高矿区环境监测水平具有重要的意义。

虽然多卫星的综合数据获取能力大幅提高，但是多源遥感立体协同观测数据处理技术的发展相对滞后，针对多源遥感观测数据，需要开展地理矿情多源监测信息协同处理理论与方法的研究，重点突破多传感器、多时相、多尺度、多平台、主被动遥感数据同化、协同处理和综合认知等关键技术的研究。

1.3.2 从常规观测到应急响应

面向矿区突发环境事故应急指挥对空间信息快速、精准获取的需求，研究突发情况下空间信息实时化获取与快速处理技术。无人机航空遥感技术作为一项空间数据获取的新手段，具有高机动、低成本、自动化、快速获取地理资源环境等空间遥感信息的能力，是卫星遥感与常规航空遥感的有力补充，尤其是在常规航空遥感以及卫星遥感难以拍摄的多云、多雾情况，或者非常紧急地需要遥感数据情形下，无人机遥感正逐渐成为获取局部区域大比例尺航空摄影和遥感数据的一种经济、实用的解决方案。此外，围绕典型矿区环境安全，构建天空地一体化协同观测体系，建立突发事件与多种有效载荷平台的多维、多尺度互补和协同关系模型，从而形成以天基观测为主、空基与地基观测为辅的天、空、地一体化矿区应急协同观测机制；对不同轨道类型、不同载荷类型的卫星进行统一规划，建立特定突发事件与卫星有效载荷成像模式的关系模型，形成多卫星对突发事件地面区域的协同成像观测方案；在此基础上，采用新型的基于位置的即时卫星影像服务模式，利用虚拟地面站技术，近实时地为用户提供主动、定点的卫星数据服务，并在第一时间将卫星数据和地表要素提取结果推送给用户，为矿区突发事件遥感应急响应及快速数据获取提供技术支持。

矿区环境灾害应急，应加强无人机航空遥感矿区空间信息实时化获取与快速处理关键技术研究，加强多卫星协同观测，天空地协同观测、虚拟地面站技术等的研究，为矿区应急救灾及时提供高质量空间地理信息，满足应急决策需求，提高矿区突发灾害应急保障能力和空间信息服务水平。

1.3.3 从静态分析到动态监测

卫星遥感技术具有周期性重复观测的特点，可以对矿产开发区环境进行变化监测。目前，矿产资源开发区环境遥感变化监测主要基于两个或者多个时相遥感数据，进行不同时间点间的对比分析，是一种静态分析，难以揭示矿产资源开发区生态环境长时间的动态变化过程。随着时间序列卫星数据源的增多和时间序列分析技术的发展，矿产资源开发区生态环境监测从多时相静态分析向长时序动态监测过渡，从简单的土地覆盖类型变化到定量化指标分析方向发展。

时间序列分析方法可提供高时间分辨率的典型矿产资源开发区生态环境动态监测技术框架，监测和定量矿产资源开发区生态环境长时间持续变化过程，如生态环境重建、生态演化过程模拟与分析等。通过建立矿产资源开发区生态敏感因子和土地覆被变化轨迹数据集，开展生态敏感因子的时序信息分析以及针对土地覆被时序的频繁序列模式、伴随序列模式和聚集序列模式的时序信息挖掘，从而得到矿产资源开发区生态敏感因子和地表覆被变化的动态特征，深入理解矿区生态环境的变化过程和生态土地覆被的时空分布格局和演化特点。

综合考虑矿产资源开发区对生态环境的影响特点以及遥感数据的特性，结合土地利用与覆盖数据，构建时间序列矿产资源开发区生态环境定量化动态监测指标体系，实现从定性分析向定量表达的转变，主要包括矿产资源开发区开采区空间分布及面积、尾矿空间分布、矿产资源开发区斑块数及平均斑块面积、地表破损率、露天开矿占用生态系统类型的面积与比例、开矿固体废弃物压占生态系统类型的面积与比例、复垦的生态系统类型面积与比例等的定量化监测指标。

矿产资源开发区动态监测有利于长期、系统、动态地监测生态环境，为国家和决策者提供科学的决策依据。未来应着重研究基于长时间序列遥感数据和时间序列分析技术的矿区环境的连续动态监测，厘清矿区环境变化的长期趋势、季节性变化模式以及短期突发的噪声干扰，分析矿区环境变化发生的时间、地点和诱因，从而实现对矿区环境进行更好的监测和预测，这对矿产资源的可持续发展以及合理保护、规划治理矿产开发区的生态环境具有重要的现实意义。

1.3.4 从遥感图像的目视解译到信息提取的自动化与智能化

随着多源多传感器数据，尤其是高分辨率数据在矿区环境监测中使用的日益广泛，矿区环境遥感监测技术进入了大数据时代，遥感数据量的急剧增加对矿区遥感信息提取技术提出了更高的要求。而目前矿区遥感影像信息提取基本处于人工解译或半自动解译状态，效率低、普适性不高，为满足矿区复杂、海量、异质、动态、多源、多时相和多尺度空间数据快速处理的需求，自动化和智能化的矿区遥感信息提取技术是未来要开展的一项重要研究工作。

当前，随着遥感技术的发展，迅速膨胀的数据和日益增长的需求对遥感图像信息提取技术的效率和精度提出了越来越高的要求。但是，目前却没有一种有效的、适用于各类目标的遥感图像全自动信息提取方法。而人类视觉系统在认知场景时却表现出巨大的优势。人类视觉系统每时每刻都在接收大量的视觉信息，却能实时地做出反应，并准确地定位所搜索的目标（Treisman and Sato，1990）。这种实时的反应能力来自视觉信息处理过程的高速度和并行化。同时，面对一个复杂的场景，人类总会选择少数几个显著区域或者对象进行优先处理，而忽略或者舍弃其他的非显著区域或者对象，具有异常突出的数据筛选能力。这一过程被称为视觉注意。人类的视觉感知系统具有非常优秀的数据筛选能力。面对时刻都在变化的各种信息，人类能从进入人眼的海量信息中，选择部分重要的视觉信息做出响应，这种具有选择性和主动性的生理和心理活动被称为视觉注意机制。在矿区遥感信息提取处理中引入并研究这种注意机制，对于更好地解决海量遥感数据筛选问题、提高矿区遥感信息提取的智能性具有重大意义。

针对海量遥感数据，我们可以从总结、分析当前现有的人类视觉注意模型入手，选取合适的视觉注意模型算法进行详细探究，在分析高分辨率遥感图像及特定矿山目标特性的基础上，研究改进新的针对高分辨率遥感影像的视觉注意模型，从而提高高分辨率遥感影像矿山目标认知的自动化与智能化水平。

1.3.5 新型对地观测技术应用于矿区环境监测

近年来，为了获得地球系统（大气、海洋和陆地）的知识并了解其变化规律，世界各国都努力地发展新型的信息获取技术。在空间对地观测技术领域，涌现了诸多新型的对地观测仪器和信息获取技术。这些新型对地观测技术为矿区环境监测提供了新的方法。

机载激光雷达三维扫描（light detection and ranging，LiDAR）系统是集成了激光测距仪、全球定位系统和惯性导航单元的新型航空遥感对地观测技术，为快速获取高精度地形地貌数据提供了一种前所未有的解决方案。机载 LiDAR 系统在飞行中每秒可以获取几十万个点数据，侧向扫描角度大，在短时间内实现大范围三维地貌、地物和植被扫描，数据在水平和垂直方向上可达到厘米级精度。LiDAR 技术以其便利性、可重复性、绝对定位以及数据的真三维性和前所未有的精度等优势，已得到不同行业的一致认同。2008 年汶川地震后，曾在北川唐家山堰塞湖区附近开展了应急性机载 LiDAR 扫描，为灾区应急管理提供了数据支持。作为一种精确、快速地获取地面三维数据的技术手段，LiDAR 技术在矿区环境监测中有广阔的应用前景，可以用于矿区目标信息提取、矿区 DEM 构建、矿区应急快速数据获取、高植被覆盖矿区沉陷监测、数字矿山建设等领域。

视频卫星是一种新型对地观测卫星，与传统的对地观测卫星相比，其最大的特点是可以对某一区域进行"凝视"观测，以"视频录像"的方式获取动态信息。国际上正在积极研制的米级分辨率静止轨道光学成像卫星具备长时间视频拍摄能力，在矿区环境监视领域有着广阔的应用前景。

新型对地观测技术的发展为矿区环境监测提供了新的技术手段，应加强激光雷达、视频卫星等新型对地观测技术在矿区环境监测中的研究和应用。

1.4 基于遥感技术的生态环境质量评价技术

生态环境质量评价是将生态环境调查和生态分析得到的重要信息进行量化，定量或比较精细地描述生态环境的质量状况和存在的问题。在进行生态环境质量评价时需要一定的判别基准。由于生态系统是一种地域性特别强、类型和结构多样性很高的复杂系统，其影响变化包括内在本质（生态结构）和外在表征（状态与环境功能）的变化，既有数量变化，也有质量变化问题，并且存在着由量变到质变的发展变化规律，加上系统修复、重建、系统改变、生态功能补偿等复杂问题，因而评价标准体系不仅复杂，而且要因地制宜。

1.4.1 生态环境质量评价指标体系的选择原则

生态环境质量评价指标应能够直接或间接地反映矿产开采对周边生态环境的影响，同时，这些指标本身还应具有有效性与合理性。因此，评价指标体系的构建应遵循以下 3 个原则（刘元慧和李钢，2010；郭建平和李凤霞，2007；戴瑞，2009）：

1）目标导向原则。即所选的指标应目标明确、选取精炼、针对性强，能够切实反映矿区生态环境的状况。因为矿区生态环境的评价涉及面较广，不可能面面俱到，同时也要考虑到数据收集的可行性，因此，应当选取对目标有较强影响的指标。

2）全面性原则。评价指标的选取需要考虑多个方面，如有些评价重点考虑环境要素，对生态要素考虑较少，将直接影响评价效果。

3）实用性原则。实用性原则其实是指评价指标的可操作性原则，这就需要评价指标和评价方法简单，在保证全面性的原则上，指标要尽可能简化。同时，也要考虑到指标数据的可获取性，针对目前矿区监测资料少、系统性不强的现状，建立指标前要充分调研研究区域的实际情况。

近几年来，结合新一轮的国土资源综合调查，各省、直辖市、自治区正在陆续展开区域土地生态环境综合评价工作。国家环境保护总局于 2006 年发布了《生态环境状况评价技术规范（试行）》（HJ/T 192—2006），为利用遥感和 GIS 数据评价生态环境状况提供了一定的指导。该规范提出的区域环境质量评价指数主要包括：生物丰度指数、植被覆盖度、水网密度指数、土地退化指数以及环境质量指数。

1.4.2　生态环境质量评价的常见方法

在生态环境质量评价工作中，评价方法作为其必不可少的手段具有重要意义。国内外目前应用的生态环境质量评价方法，主要有以下 3 种：

1）层次分析法。它是模拟人脑对客观事物的分析与综合过程，将定量分析与定性分析有机结合起来的一种系统分析方法。它将一个复杂的多目标决策问题作为一个系统，将目标分解为多个要素，进而将要素分解为多指标的若干层次，通过定性指标量化方法算出各层次权重，进而可以利用定量的方法解决定性的问题。

2）指数评价法。指数评价法首先在监测点获得原始数据，然后将原始数据的统计值与评价标准之比作为分指数，最后通过数学综合得出环境质量评定的尺度。近几十年来，这一方法在环境质量评价中得到了广泛的应用，并得到长足发展。早期在国外应用较多的有美国的"NWF 环境质量指数"和加拿大的"总环境质量指数（EQI）"等，目前最常用的是综合指数法，应用综合指数法能体现生态环境评价的综合性、整体性和层次性。

3）模糊评价法。环境质量具有精确与模糊、确定与不确定的特性，所以环境质量评价中又引入了模糊评价方法。常用的模糊评价法有模糊综合评价法、模糊聚类评价法等。

1.4.3　生态环境质量评价单元的选择

生态环境质量评价的单元通常有以下 3 种：影像像元、行政区域和其他评价单元。这 3 种评价单元可以同时使用，也可以分开，从不同层面反映生态环境的评价结果，互为补充。

基于影像像元的评价，这种评价方法可以获得研究区内各像元点的生态环境质量，更适合县级及县级以下区域生态环境质量评价。这种方法可从评价结果图上直观看出研究区内生态环境状况的好坏。

基于行政区域的评价单元主要是基于县级行政单元的评价，它是从研究区域整体上分析生态环境的好坏，适合评价区域为县级以上区域生态环境状况及动态趋势的年度综合评价。该方法可以综合反映研究区的整体生态环境状况。《生态环境状况评价技术规范（试行）》（HJ/T 192—2006）采用的即是这种评价方法。

基于缓冲区的评价则可以随着缓冲区的变化，分析矿产开发区及周边环境的影响强弱，从而确定矿区的影响范围。适合针对某矿区的生态环境评价，从而确定不同矿种、不同开采区大小和不同周边环境的矿产开发的影响范围。

1.4.4　生态环境质量评价分级

根据计算的生态环境质量评价结果还可以对生态环境状况进行分级，一般分为 5 级，即优（EI≥75）、良（55≤EI<75）、一般（35≤EI<55）、较差（20≤EI<35）和差（EI<20）。

此外，在具有多年生态环境质量评价结果的情况下，还可以对年度生态环境状况变化幅度进行对比，一般分为显著变差、明显变差、略微变差、无明显变化、略微变好、明显变好、显著变好 7 个等级，具体见表 1-39。

表 1-39　生态环境状况变化度分级

变化值	｜△EI｜≤2	2<｜△EI｜≤5	5<｜△EI｜≤10	｜△EI｜>10
描述	生态环境状况无明显变化	若 2<△EI≤5，则生态环境状况略微变好； 若-2>△EI≥-5，则生态环境状况略微变差	若 5<△EI≤10，则生态环境状况明显变好； 若-5>△EI≥-10，则生态环境状况明显变差	若△EI>10，则生态环境状况显著变好； 若△EI<-10，则生态环境状况显著变差

第 2 章   研究对象与方法

　　对本书的研究区范围、使用到的数据源、遥感数据处理与信息提取的方法，以及典型矿产资源开发区生态环境遥感动态监测与评估的方法进行了系统而详细的介绍，本章内容是第 3 章到第 7 章有关研究内容和研究方法的总体介绍，有助于更好地理解后面章节的内容。

2.1   研究区范围

　　中国矿产资源重点开发区是指查明的重要矿产资源资源丰富、储量巨大、保障程度较高、对支撑区域乃至全国经济社会发展具有重大作用，尤其是矿业开发优势较大的地区。按资源类型，分为金属、非金属矿产资源和能源资源，根据各资源的分布情况，确定调查与评价对象为三大矿产资源的 5 个典型区域，即福建罗源县石材矿开发区、江西赣南稀土矿开发区、湖北大冶多金属矿开发区、山西平朔露天煤矿开发区以及辽宁鞍山铁矿开发区。其调查范围见图 2-1 和表 2-1。

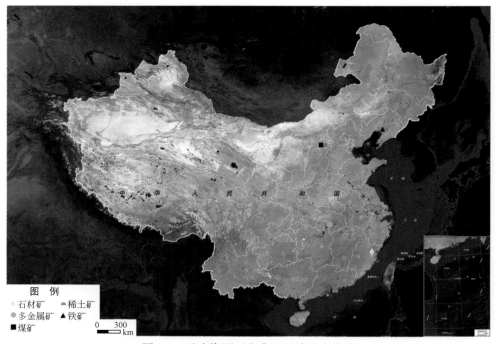

图 2-1   矿产资源开发典型区域调查范围

1. 福建罗源石材矿；2. 江西赣南稀土矿；3. 湖北大冶多金属矿；4. 山西平朔露天煤矿；5. 辽宁鞍山铁矿

表 2-1　矿产开发典型区域范围

调查区域	区域范围
福建罗源石材矿区	罗源县石材矿开采无序、分布零散、植被破坏严重，是福建省国土资源厅的重点整治区域，区域调查范围为整个罗源县
江西赣南稀土矿区	江西赣南稀土矿分布零散，其调查范围选择了涉及国内离子型稀土资源分布集中的江西赣州稀土规划区中 7 个县中的定南县、龙南县、全南县、安远县以及信丰县 5 个破坏较为严重的县，位于赣州南部
湖北大冶多金属矿区	区域调查范围为整个湖北大冶市，总面积 1566.3km^2
山西平朔露天煤矿区	调查范围包括山西省朔州市的平鲁区和朔城区，平鲁区面积 2314km^2、朔城区面积 1793km^2
辽宁鞍山铁矿区	鞍山铁矿是中国最大的铁矿，储量达数十亿吨。矿体大而集中，埋藏浅，区域调查范围为整个鞍山市

2.2　数　据　源

本书中所涉及的数据包括各典型矿区的遥感数据、高程数据及行政区划边界等基础地理数据，以及各典型矿产资源开采方式、人口数、矿年产量等矿区其他相关数据。

在遥感数据选取的时候遵循以下 4 个原则：①对于数据时相，若同一年同一地区存在多景遥感卫星数据，北方地区优先采用 6～9 月的数据，南方地区则可适当放宽。②若评价地区在待评价年份中没有数据，则选择相邻年份的数据作为补充。③对于不同时相的遥感数据，尽量选择同一月份，或相近月份的数据。④对于数据质量，采用纹理特征明显，云量<10% 的数据，重要区域应无云覆盖。

遥感数据主要包括两类：中分辨率卫星遥感数据和中高分辨率卫星遥感数据。中分辨率卫星遥感数据主要用于区域范围的调查与评估，中高分辨率遥感数据则用于重点核心区域生态环境破坏及恢复情况的监测。中分辨率卫星遥感数据包括 2000 年、2005 年和 2010 年 3 个时相各个典型矿产资源开发区的 Landsat TM/ETM 数据。中高分辨率数据包括 2010 年的 ALOS、SPOT 5、天绘卫星等分辨率为 2.5m 左右的数据；以及 2005 年的 SPOT 5 数据；由于 2000 年在轨的高分辨率卫星较少，研究采用的是 SPOT 1/2/4 卫星数据。表 2-2 是 5 个典型矿区遥感数据。

表 2-2　5 个典型矿产资源开发区生态环境调查所用的遥感数据

卫星种类	分辨率	时相	处理要求	备注
ALOS	10m，2.5m	2010 年	正射校正、融合、镶嵌、按需分幅	罗源石材矿开发区 赣南稀土矿开发区 大冶多金属矿开发区 鞍山铁矿开发区

卫星种类	分辨率	时相	处理要求	备注
天绘卫星	2m	2010 年	正射校正、融合、镶嵌、按需分幅	山西平朔煤矿开发区
SPOT 5	10m，2.5m	2005 年	正射校正、融合、镶嵌、按需分幅	罗源石材矿开发区 赣南稀土矿开发区 大冶多金属矿开发区 鞍山铁矿开发区 平朔煤矿开发区
SPOT 1/2/4	10m	2000 年	正射校正、融合、镶嵌、按需分幅	罗源石材矿开发区 赣南稀土矿开发区 大冶多金属矿开发区 鞍山铁矿开发区 平朔煤矿开发区
Landsat 5/7	30m	2000 年，2005 年，2010 年	正射校正、融合、镶嵌、按需分幅	罗源石材矿开发区 赣南稀土矿开发区 大冶多金属矿开发区 鞍山铁矿开发区 平朔煤矿开发区

矿区其他相关数据中的矿产资源开采方式、矿年产量等数据来源于各行政区的矿管局，人口数等数据来源于各行政区各年份的统计年鉴。

2.3　数据处理与信息提取

2.3.1　数据处理

在实际的遥感数据分析和信息提取之前，需要对遥感数据进行正射校正、融合、镶嵌、裁剪等一系列的处理工作，数据处理的技术流程如图 2-2 所示。其中，正射校正精度的高低以及融合效果的好坏将直接影响后续遥感信息提取及环境监测与评估的精度。

2.3.1.1　正射校正

在实际的遥感成像过程中，遥感影像中的像素会受到遥感平台位置和运动状态变化、地形起伏、地球表面曲率等因素的影响，从而发生平移、缩放、旋转、扭曲等几何畸变（梅安新，2001）。直接使用这些畸变图像往往不能满足实际应用的要求，给定量分析及位置配准等造成困难。因此，需要消除遥感影像的几何误差，这种针对几何畸变进行的误差

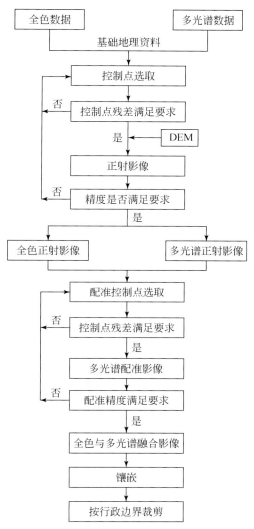

图 2-2　中高分遥感影像数据处理流程图

校正称为几何校正。图像的正射校正是借助于地形高程模型（DEM），对图像中每个像元进行地形变形的校正，使图像符合正射投影的要求。卫星影像正射纠正过程中的控制资料可采用实测控制点、正射影像库或地形图等，中分辨率卫星影像和中高分辨率卫星影像正射纠正所采用的控制资料的定位精度不低于待纠正影像的空间分辨率。

在控制点选取过程中，应遵循控制点的选取原则（赵英时，2003）：①地面控制点一般选择在图像和地形图上都容易识别定位的明显地物点，如道路、河流等交叉点及田块拐角、桥头等；②地面控制点的地物应不随时间的变化而变化，且地面控制点要有一定的数量，要求分布比较均匀；③在影像放大 2～3 倍的条件下完成控制点选取；④根据纠正模型和地形情况等条件确定控制点个数。

常用的正射纠正模型有物理成像模型和有理函数模型。物理成像模型考虑成像时造成影像变形的物理因素如地表起伏、大气折射、卫星的位置、姿态变化等，然后利用这些物理条件建立成像几何模型。该模型需要较为完整的传感器信息，因而模型定位精度较高。而有理函数模型不需要传感器成像的物理模型信息，具有与传感器无关的特性，因而该模型能适用于各类传感器。由于模型引入了较多的定向参数，模拟精度很高。但是该模型解算复杂，运算量大。

（1）物理模型

物理模型数学形式较为复杂，且需要完整的传感器信息，但由于其在理论上是严密的，故其定位精度较高，因此也称为严密传感器模型。主要使用的传感器类型有框幅式成像传感器、旋转扫描镜传感器、扫帚式成像传感器、SAR 传感器等。针对不同类型的传感器，已经建立多种类型的传感器成像物理模型，主要有低、中分辨率光学卫星影像物理模型及高分辨率光学卫星影像物理模型、SAR 影像物理模型、航空光学卫星影像物理模型和航空 SLAR/SAR 影像物理模型等。

SPOT 卫星采用的是 CCD 线阵列推扫式传感器。此传感器的行传感器与飞行方向垂直。它在一个固定的时间间隔内读出从各个单个传感器的元素中测得的光强度而获得数字影像，因此，每行的影像可以认为是基于共线方程的透视投影结果，而行与行之间是平行投影，具有不同的外方位元素。设第 i 行的 6 个外方位元素为 X_{Si}、Y_{Si}、Z_{Si}、φ_i、ω_i、κ_i，则其构像方程为

$$\begin{bmatrix} x_i \\ 0 \\ -f \end{bmatrix} = \lambda \cdot R_i^{\mathrm{T}} \begin{bmatrix} X_i - X_{Si} \\ Y_i - Y_{Si} \\ Z_i - Z_{Si} \end{bmatrix} \tag{2-1}$$

将式（2-1）写成相应的共线方程为

$$x = (-f) \frac{m_{11}(X-X_0) + m_{12}(Y-Y_0) + m_{13}(Z-Z_0)}{m_{31}(X-X_0) + m_{32}(Y-Y_0) + m_{33}(Z-Z_0)}$$

$$0 = (-f) \frac{m_{21}(X-X_0) + m_{22}(Y-Y_0) + m_{23}(Z-Z_0)}{m_{31}(X-X_0) + m_{32}(Y-Y_0) + m_{33}(Z-Z_0)} \tag{2-2}$$

其中，$(x_i, 0)$ 是像素坐标，(X_i, Y_i, Z_i) 是地面坐标，(X_{Si}, Y_{Si}, Z_{Si}) 是投影中心的地面坐标，$-f$ 是传感器的焦距，$[m_{ij}]$ 是 3 维旋转正交矩阵的 9 个元素，由传感器成像瞬间的外方位元素 $(\varphi_i, \omega_i, \kappa_i)$ 确定。

要确定所有各行影像点的外方位元素是比较困难的。但在高轨道空间遥感中，空间环境大气干扰甚小，线性阵列摄影无部件运动，采用了惯性平台、跟踪恒星的姿控系统及地面跟踪观测等先进技术，姿态变化率很小。因此，在一张像片的范围内可以认为外方位元素的变化随时间线性变化，即

$$\phi_i = \phi_0 + \dot{\phi}_y$$

$$\omega_i = \omega_0 + \dot{\omega}y$$

$$\kappa_i = \kappa_0 + \dot{\kappa}y$$

$$X_{Si} = X_{S0} + \dot{X}_S y$$

$$Y_{Si} = Y_{S0} + \dot{Y}_S y$$
$$Z_{Si} = Z_{S0} + \dot{Z}_S y \tag{2-3}$$

其中，$(\varphi_i, \omega_i, \kappa_i, X_{Si}, Y_{Si}, Z_{Si})$ 为第 i 扫描行的外方位元素，y 为该扫描行沿飞行方向的像平面坐标，$(\varphi_0, \omega_0, \kappa_0, X_{S0}, Y_{S0}, Z_{S0})$ 为中心扫描行的外方位元素，$(\dot{\phi}, \dot{\omega}, \dot{\kappa}, \dot{X}_S, \dot{Y}_S, \dot{Z}_S)$ 为外方位元素的一阶变率。

物理模型适合于地形起伏大或影像侧视角大的地区，需提供轨道参数、传感器参数和DEM 数据。要求控制点均匀分布、控制整景影像，控制点个数不少于 12 个。

（2）有理多项式 RPC 校正模型

有理函数模型是使用两个有理函数的比值关系，描述三维地面坐标与二维影像坐标之间的关系，是一种完全的数学模型，其多项式系数称为有理多项式系数（rational polynomial coefficients，RPC）。基于 RPC 参数的几何模型与传感器的严格几何模型相比，具有简单性、通用性、保密性、高效性等优点，同时也具有更高的拟合精度。从地面点到像平面点的正算有理函数模型可以表示为

$$x_n = \frac{P_1(X_n, Y_n, Z_n)}{P_2(X_n, Y_n, Z_n)}$$
$$y_n = \frac{P_3(X_n, Y_n, Z_n)}{P_4(X_n, Y_n, Z_n)} \tag{2-4}$$

其中，(x_n, y_n) 是经过标准化后的像平面坐标，(X_n, Y_n, Z_n) 是标准化后的地面点坐标，P_1、P_2、P_3、P_4 为 X_n、Y_n 和 Z_n 的 4 个多项式函数。

有理函数模型有两种使用方式，一种是利用 39 个以上的控制点直接计算得到 RPC 并完成影像的校正，另一种是在影像数据自带 RPC 的基础上利用少量控制点进行精化。ALOS 数据带有 RPC 文件，因此可以通过少量控制点精化的方法进行影像的纠正。

对 RPC 的精化可以用像平面坐标的多项式模型来描述

$$\Delta x = a_0 + a_x x' + a_y y' + a_{xy} x' y'$$
$$+ a_{x2} x'^2 + a_{y2} y'^2 + \cdots$$
$$\Delta y = b_0 + b_x x' + b_y y' + b_{xy} x' y'$$
$$+ b_{x2} x'^2 + b_{y2} y'^2 + \cdots \tag{2-5}$$

其中，Δx 和 Δy 是像平面坐标计算值与实际值之间的偏差，x' 和 y' 是平面坐标的计算值，a_0，a_x，a_y，$\cdots$ 和 b_0，b_x，b_y，$\cdots$ 是多项式模型的系数。

对 ALOS 数据的正射校正采用有理函数加像方改正的方法，根据多项式次数的不同，可以定义相应的精化模型：①无控制点模型，$\Delta x = 0$ 且 $\Delta y = 0$，无需控制点；②零次平移变换，$\Delta x = a_0$ 且 $\Delta y = b_0$，至少需要 1 个控制点；③一次仿射变换，$\Delta x = a_0 + a_x \cdot x' + a_y \cdot y'$，且 $\Delta y = b_0 + b_x x' + b_y y'$，至少需要 3 个控制点。

应用该方法需提供产品有理多项式系数 RPC 和高程数据。日本 RESTEC 公司于 2009年 10 月 24 日，即 ALOS 数据正式分发三周年之际推出 L1B2+RPC 新产品。多光谱和全色数据均可订购相应的 RPC 文件。由于影像 RPC 系数已经给定，但是给定的 RPC 系数求得的有理函数模型往往存在系统性偏差，因此需要进一步优化。控制点数量低于几何多项式

模型。一般需要寻找 7~12 个高质量控制点参与 RPC 系数的补偿优化。

为确定校正后图像上每点的亮度值，通常有最邻近法、双线性内插法和三次卷积内插法 3 种方法，对遥感影像进行灰度重采样。最邻近法简单易用、计算量小，处理后图像的亮度具有不连续性，从而影响了精度；双线性内插法计算量和精度适中，对图像边缘起到一定的平滑作用；三次卷积内插法精度高且带有边缘增强的效果，但是运算量大（梅安新等，2001）。在实际应用中，当几何畸变不太严重时，常使用双线性内插或者最邻近法；若畸变较为严重时，则需采用三次卷积内插法，以保证精度。

在正射过程中，控制点残差应满足以下的要求（表 2-3）。

表 2-3　控制点残差

数据类型	控制点残差（影像分辨率）		
	平原和丘陵	山地	高山
待纠正影像	≤1 倍	≤2 倍	≤3 倍

注：对明显地物点稀疏的山区、沙漠、沼泽等，误差可放宽至 2 倍。

2010 年的 ALOS 数据产品级别为 level 1 B1，提供了绝对定标系数，采用 RPC 模型进行正射校正，采用双线性内插重采样的方法，精度在 1 个像元内，满足精度要求。以正射校正后的 2.5m ALOS 作为参考影像，采用物理成像模型对 SPOT 1/2/4/5 影像进行正射校正，采用双线性内插重采样的方法，校正精度小于 1 个像元，满足精度要求。而对于 2010 年平朔地区的天绘影像则采用野外测点作为参考控制点进行正射校正，精度小于 1 个像元，满足精度要求。

2.3.1.2　影像融合

遥感影像数据融合是为了消除冗余、互补优势、提高遥感影像数据的空间分辨率和光谱分辨率，增强遥感影像判读的准确性，提高数据的使用效率，其实质是在对统一地理坐标系中将对统一目标检测的多幅遥感图像数据采用一定的算法，生成一幅能有效表示该目标信息的新图像（柳文祎等，2008）。目前，比较常用的融合方法有 IHS 变换、主成分变换、Brovey（颜色归一化）变换、小波变换以及 pansharp 变换等。针对不同的卫星数据源，这些融合方法的融合效果往往差别很大，应根据具体的情况进行选择。

（1）IHS 变换

IHS 表示明度（intensity）、色度（hue）和饱和度（saturation），是人们认识颜色的 3 个特征。明度是光作用在人眼所引起的明亮程度的感觉，色度反映了色彩的类别，饱和度反映了彩色光所呈现彩色的深浅程度。这 3 个分量具有相对的独立性，可以分别对其进行控制。对于色彩属性易于识别和量化的，有利于色彩调整，因此在影像融合中，RGB 空间和 IHS 空间的转换被广泛应用。在 IHS 模型中，I 分量与影像的色彩分量无关；H 分量与 S 分量与人感受彩色的方式紧密相连，使 IHS 模型适用于借助人的视觉系统来感知彩色特性的影像处理算法，大大简化影像分析的工作量。

彩色影像的空间分辨率主要由明度影像的空间分辨率决定，人眼对明度的分辨率比对色度和饱和度的分辨率高。因此，根据 IHS 变换的功能和人眼视觉特性，对不同分辨率的遥感影像利用 IHS 进行复合效果较好。将已经配准的具有最高分辨率的影像数据当作明度分量 I，与由光谱分辨率高、空间分辨率低的影像做 IHS 变换得到的 H、S 进行反变换，即可得到既具有高光谱分辨率又具有高空间分辨率的彩色复合影像。

具体变换过程是将 RGB 空间的图像分解成空间信息 I 和光谱信息 H、S 3 个分量，属于色度空间变换。RGB 与 IHS 之间的数学变换公式有多种，尽管在运算速度、复杂性上各不相同，但最后得到的 H 与 S 分量是基本相似的。目前较为常用的 IHS 模型主要有球体、圆柱体、三角形、单六角锥变换，对应 4 种 IHS 变换。应根据数据源的具体特点来选择相应的变换公式。下面介绍较为常用的一种（朱述龙和张占睦，2000）：

$$\begin{bmatrix} I \\ V_1 \\ V_2 \end{bmatrix} = \begin{pmatrix} 1/\sqrt{3} & 1/\sqrt{3} & 1/\sqrt{3} \\ 1/\sqrt{6} & 1/\sqrt{6} & -2/\sqrt{6} \\ 1/\sqrt{2} & -1/\sqrt{2} & 0 \end{pmatrix} \times \begin{bmatrix} R \\ G \\ B \end{bmatrix} \tag{2-6}$$

$$S = \sqrt{V_1^2 + V_2^2} \tag{2-7}$$

$$H = \arctan\ (V_2/V_1) \tag{2-8}$$

$$\begin{bmatrix} R \\ G \\ B \end{bmatrix} = \begin{pmatrix} 1/\sqrt{3} & 1/\sqrt{6} & 1/\sqrt{2} \\ 1/\sqrt{3} & 1/\sqrt{6} & -/\sqrt{2} \\ 1/\sqrt{3} & -2/\sqrt{6} & 0 \end{pmatrix} \times \begin{bmatrix} I \\ V_1 \\ V_2 \end{bmatrix} \tag{2-9}$$

利用 IHS 变换进行融合通常将多光谱图像 RGB 3 个通道按式（2-6）进行 IHS 变换，用高分辨率全色图像与变换后的 I 分量进行直方图匹配，然后用匹配后的图像替换多光谱图像的 I 分量，再由式（2-9）进行 IHS 逆变换返回到 RGB 空间生成融合结果图像。

明度分量 I 主要反映地物辐射总的能量以及空间分布，突出的是几何特征，而 H、S 则主要反映地物的光谱信息。因此，这样的融合结果既保留了原始图像的光谱特性，又引入了新图像的几何特征。通过对比度拉伸的高分辨率影像，不仅要同明度分量高度相关，而且光谱范围也应当同多光谱影像的相应范围接近一致，这是保证融合后影像同原多光谱影像的光谱特征相似的前提。IHS 变换融合后的影像空间分辨率和清晰度得到很大改善，但有时会出现光谱扭曲较大的情况。

（2）主成分变换

主成分变换是在统计特征基础上进行的一种多波段正交线性变换。它能将一组相关变量转化为一组原始变量的不相关线性组合，可以将多波段的图像信息压缩综合在一幅图像上。对于遥感图像数据进行主成分变换首先要计算出一个标准变换矩阵，该矩阵将图像数据转换成一组新的图像数据，具体算法可以表示成 $Y = AX$（柳文祎等，2008；Ehlers，1991）。其中，X 为原始多波段数据标准化后得到的矩阵，A 为由 X 的协方差矩阵的特征向量按特征值由大到小排列组成的正交矩阵，Y 为变换后的图像数据矩阵。Y 的各个行向量依次被称为第 1 主成分、第 2 主成分。Y 的第 i 分量实际上是 X 各分量以第 i 个特征向量的各分量为权的加权和，新向量 Y 综合了原有 X 向量各特征的信息而不是简单地取舍，从而能很好地反映原有事物的特征。

利用主成分变换进行数据融合的过程一般为：选取 n 波段的多光谱数据形成 n 维向量并求出其均值向量、协方差矩阵及其特征值和特征向量；根据主成分变换公式得到新的图像数据，将全色图像与得到的图像数据的第一主成分分量图像进行直方图匹配；再将匹配后的高分辨率全色图像代替第一主成分分量并与其他分量进行主成分反变换得到融合后的图像（柳文祎等，2008）。

主成分变换融合法融合后的影像在清晰度和空间分辨率方面都比原来改善了很多，并且在光谱特征保留方面优于 IHS 融合法，光谱特征扭曲程度小，增强了多光谱影像的判读和量测能力，另外，主成分变换法克服了 IHS 变换只能作用于 3 个波段影像融合的局限性，更具有实用价值。

（3）Brovey 变换

Brovey 融合法也称色彩标准化（color normalized）变换融合，其思想是将多光谱图像的像方空间分解为色彩和亮度成分并进行计算。它是针对 SPOT 和 TM 的波段特点设计的，常用于多光谱图像增强，也是属于比值变换。比值变换能够消除空间或者时间变换后产生的增益和偏置因子，Brovey 方法主要应用于假设高分辨率全色图像的光谱响应范围与低分辨率多光谱图像相同或者相近的情况。根据 SPOT 全色波段与多光谱波段的波谱范围，SPOT PAN 波段范围相当于多光谱 2、3、4 波段之和，3 个多光谱波段范围又分别相当于 TM 的 2、3、4 波段。Brovey 算法是对多光谱图像的 3 个波段进行归一化处理，然后将归一化后的 3 个波段与全色图像相乘。计算公式可以用下式表示（Pellemans et al.，1993）：

$$DN_f = \frac{DN_1}{DN_1 + DN_2 + DN_3} \times DN_h \qquad (2\text{-}10)$$

式中，DN_f 为融合图像数据值；$DN_{1\sim3}$ 指多波段图像数据值；DN_h 指高分辨率图像数据值。

最后，还必须对融合图像的各个波段数据进行灰度拉伸，使其灰度范围与原多光谱图像各个波段的灰度值范围一致，这种算法不仅简化了图像转换过程的系数，而且在增强影像的同时保持了原多光谱影像的光谱信息。对于波谱范围不一致的全色影像和多光谱图像融合，将发生失真现象，限制了此种方法的应用。此外，多光谱图像必须是含有 3 个波段的真彩色或伪彩色图像。

（4）小波变换

小波变换方法是在 20 世纪 80 年代中期发展起来的崭新的时域/频域信号分析工具，因为它的数学完美性和应用的广泛性，使其在理论上得到不断完善，在应用上迅速发展。小波变换的主要思想是基于傅里叶变换，具有"数学显微镜"聚焦的功能，能够实现时间域和频率域的步调统一，可以对空间域进行正交分解，把图像从空间域变换到频率域处理，化解空间域上的复杂性，频域中的不同分量反映了图像在空间域中某些难以定义的特征。小波变换很好地解决了傅里叶分析无法同时表述信号的时频局域性质的问题，在频域与空间域中能够同时具有良好的局部化特性，被称作泛函分析、傅里叶分析、样条分析和数值分析最完美的结合，广泛应用于影像压缩、增强、匹配、边缘检测和纹理分析等图像处理和分析中，目前较为常用的是二进制小波。

小波变换融合法的基本思想是对多源影像进行小波分解，分别得到影像的低频分量、水平高频分量、垂直高频分量和对角分量，分别对各个分量的细节信息在小波变换域内进行比较，实现不同尺度上的影像融合，生成各层的小波系数，最后进行小波逆变换得到融合影像。

融合影像的光谱扭曲决定于高分辨率影像与多光谱影像的光谱范围和时相差异，一般先对高分辨率影像和多光谱影像进行直方图匹配，再进行小波分解。直接用多光谱影像的各个波段代替小波分解后的高分辨率影像的低频图像，可以最大程度地保留低分辨率图像的光谱信息，随着小波分解层数的增加，融合影像的空间特征增强，光谱特征减弱，要实现空间分辨率和光谱质量的平衡，需要找到一个合适的分解层，一般分解层数取 2（霍宏涛，2001）。

随着小波基长度的增加，融合影像的光谱质量和空间质量也得到改善，同时也带来了复杂的运算量，因此应当结合具体应用目标的特征来选择合适的小波基，一般取 8 或者 10。综合对比，小波变换融合方法的融合效果明显，大大提高了影像的空间分辨率，同时光谱信息保持良好，与其他融合方法相比，可以最大程度综合各种光谱和空间信息。小波融合法采用了遥感影像中的高频信息，而光谱变换只是由高频分量引起，并且是对各光谱通道分别进行融合，所以光谱损失小，具有更好的光谱保持性。但是，由于一些融合规则直接舍弃了高分辨率影像的低频分量，在融合结果中，地物的纹理可能出现分块和模糊的现象。

（5）Pansharp 算法

Pansharp 方法是针对现有融合算法存在的融合结果的颜色畸变与操作方法和数据集的依赖关系两个问题提出来的一种改进的融合方法。该算法是通过合并高分辨率的全波段影像（PAN）增强多波段影像的空间分辨率的一种影像融合技术。此方法合并传感器特性模拟了全波段和多波段影像的观测过程，利用先验知识估计高分辨率多光谱影像的期望值（Li et al.，1995；董广军，2004；Zhang et al.，1999）。

假设多光谱影像的值为 y，我们在理想条件下观测的高分辨率传感器包括 B 个波段，每个波段大小为 $p=m \times n$ 个像素，影像波段作为列向量，即 $\boldsymbol{y} = \left[y^{1t}, y^{2t}, \cdots, y^{Bt} \right]^{T}$，$T$ 表示向量或矩阵的转置，多光谱影像的每个波段可以写为一个按升序排列的列向量，以像素的形式表示为：$\boldsymbol{y} = \left[y^{b}(1,1), y^{b}(1,2), \cdots, y^{b}(m,n) \right]^{t}, b=1,2,\cdots,B$。在现实应用中，这个用 y 表示的影像是不存在的，相反，我们观测到的是低分辨率多光谱影像，用 Y 表示，B 个波段，每个波段像素数为 $p=M \times N$（$M<m, N<n$）。使用先前的描述顺序，$\boldsymbol{y} = \left[Y^{1t}, Y^{2t}, \cdots, Y^{Bt} \right]^{T}$，低分辨率观测波段表述为列向量的形式：$Y = \left[Y^{b}(1,1), Y^{b}(1,2), \cdots Y^{b}(M,N) \right]^{t}, b=1,2,\cdots,B$。另外，假设观测到的高分辨率全波段影像用 x 表示，它的大小为 $p=m \times n$，则其列向量的表达形式为：$\boldsymbol{x} = \left[x(1,1), x(1,2), \cdots, x(m,n) \right]^{t}$。最后采用线性合并的思想，将相应的低分辨率多波段影像 Y 和高分辨率全波段影像 x 重建影像 y，其数学模型为（姜红艳等，2008）

$$x = \sum_{b} \lambda^{b} \lambda^{b} + \rho \tag{2-11}$$

式中，x 表示高分辨率全波段影像；b 表示波段号；$\lambda^{b} \geq 0$ 是已知量，为每个高分辨率多波段影像对全波段影像的权重贡献率；ρ 是观测噪声，假设为零均值高斯噪声，方差为 $1/\gamma$。

每个高分辨率波段强制保留了相关低分辨率观测波段的光谱保真信息，数学模型为

（姜红艳等，2008）

$$Y^B = H^b + \eta^b \qquad\qquad (2\text{-}12)$$

式中，Y 表示低分辨率多光谱影像；矩阵 H^b 是一个综合复杂的运算过程，通过重建高分辨率波段设计原低分辨率波段获得；η^b 是观测噪声，假定是零均值的高斯噪声，方差为 $1/\beta^b$。

在此过程中，需对贝叶斯模型进行优化。其优化过程是一个循环并列下降的优化过程（Luenberger，1984），也是最小化全局成本函数的过程。每个波段的最小化成本函数是一个循环过程，算法的每次循环就是对 y^b 的优化，同时又保留了剩下波段的信息。

从研究区域 2010 年的 ALOS 数据截取一个子区，尽量包含多种地物类别，如图 2-3 和图 2-4 所示。分别采用 Brovey、IHS、主成分变换、Pansharp 4 种融合方法进行实验，得到 4 幅融合影像，如图 2-5 ~ 图 2-8 所示。

 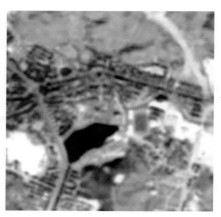

图 2-3　ALOS 全色影像　　　　　　　图 2-4　ALOS 多光谱影像

图 2-5　Brovey 融合结果图　　　　　图 2-6　IHS 变换融合结果图

图 2-7 Pansharp 融合结果图   图 2-8 主成分变换融合结果图

通过对图 2-5～图 2-8 所示的实验结果进行目视分析，可以看出，由不同融合方法得到的影像相对原始多光谱影像（图 2-4）对地物的分辨识别能力均有很大的提高，居民点、道路、林地等目标的影像细节进一步得到增强。同时通过对比这 4 种融合效果，发现采用 Pansharp 变换进行融合后的影像的颜色保持最好，最接近自然色。同时对这 4 种算法的融合结果的纹理细节进行观察和对比，发现采用 Pansharp 变换进行融合后的影像的效果是最好的，这是因为该算法利用统计法估计所有融合波段的灰度值关系，较好地解决了数据差异的问题。较好的纹理和细节表现，可为之后的分类和信息提取工作搭建很好的平台（孙月峰，2002）。

综合上述的实验与分析，ALOS 数据的融合采用 Pansharp 融合方法。同时，SPOT 数据与 ETM 数据之间的融合通过类似的实验进行对比分析，最终也采用 Pansharp 方法进行融合。通过实验发现融合中选取的 ETM 数据波段与 SPOT 卫星传感器的波段相近的融合效果相对要好些。

2.3.2 遥感数据信息提取

2.3.2.1 国内外土地利用/土地覆盖分类体系

国内外现有的土地利用/土地覆盖分类系统主要有美国 USGS（Anderson）分类、欧盟的 CORINE 分类、FAO（国际粮农组织）分类、LUCC 的土地分类、中国科学院的土地分类、国土资源部的土地分类，环境保护部的土地分类等（王文杰等，2011）。美国 USGS（Anderson）土地利用/土地覆盖分类系统是目前应用最广的土地分类系统。一级类有城市、农业用地、森林、水体、湿地、牧场、苔原、裸地和冰雪覆盖区 9 大类，二级分类共 37 类。该分类是根据美国的自然特点设计的，因此在中国的土地生态类型分类时可以借鉴，但不能完全照搬该分类系统。CORINE 分类系统比较适合欧洲这种土地范围大、植被覆盖较高的区域。FAO 分类系统是按照人类活动的影响程度及其活动目的进行划分的，是 LUCC 土地分类体系中针对世界农业生产问题的土地分类系统（何宇华等，2005），主要服务于农业活动。LUCC 土地分类系统重点关注土地利用/土地覆盖的动态变化，包括土地退化、土地沙漠化等动态变化，该分类系统对农业、森林生态系统都有对应的分类，因其更为宏观，全球变化的研究常常采用此种分类体系。中国科学院土地利用/土地覆盖分类系统是中国科学院进行资源调查所采用的土地利用/土地覆盖分类，采用三级分类体系，其中一级类主要是根据土地的自然生态和利用属性，将其分为耕地、林地、草地、水体、城乡用地、工矿用地和居民用地及未利用地 8 类。该土地分类法具有明显的资源调查特色，为中国的资源调查发挥了较大的作用。国土资源部土地利用现状分类标准《土地利用现状分类》（GB/T 21010—2007），主要用于摸清土地资源利用状况，总结土地利用的经验和存在的主要问题，提出合理的土地利用目标、途径和潜力，强化土地管理。其分类体系共有两个层次，一级类主要包括耕地、园地、林地、草地、商服用地、工矿仓储用地、住宅用地、公共管理与公共服务用地、特殊用地、交通运输用地、水域及水利设施用地和其他用地等 12 类。该分类体系中多数用地类型必须依靠大量的地面调查等辅助资料，利用遥感手段自动分类难度大。环境保护部土地生态分类系统是针对宏观生态监测、生态恢复与管理建立的三级土地生态分类系统。一级分类包括城镇及工矿用地、农田、森林（地）、灌木林（地）、人工种植林（地）、草地、人工种植草地、水体、湿地、裸地及其他难利用土地等 10 种类型。该分类体系侧重于生态系统服务功能的特点。

考虑到矿产资源开发典型区域生态环境十年变化调查与评估的实际，生态系统分类采用项目制定的分类体系，将生态系统类别分为森林、草地、农田、水域、裸地、建设用地和工矿用地等 7 个大类别。同时根据各典型开发区的特点，必要时可将矿区细分为采矿区、尾矿库、排土场等；对于废弃矿区复垦情况较好的地区，可在农田下将复垦用地单独分为一类（表 2-4）。

表 2-4 全国生态环境十年变化（2000~2010 年）遥感调查与评估项目影像土地覆被分类系统

一级分类		二级分类
名称	编号及介绍	编号及名称
农田	1 为人类提供食物及化工原料等种植农作物的半人工生态系统，包括熟耕地、新开荒地、休闲地、轮歇地；以种植农作物为主的农果、农桑、农林用地；耕种 3 年以上的滩地和海涂。包括水田、旱地以及中国土地利用/覆盖 1∶10 万制图中可辨别的内部防护林、水利设施、乡村道路以及零星居民地等	11 耕地：包括水田、旱地等类型 12 复垦用地：指废弃矿区恢复成耕地的地区
林地	2 指生长热带雨林、常绿阔叶林、落叶阔叶林、针叶林等乔木、灌木和草本植物为主的生态系统，在类型划分上包括郁闭度>30% 的天然林和人工林，郁闭度>40%、高度在 2m 以下的矮林地和灌丛林地以及郁闭度为 10%~30% 的疏林地等	无

一级分类		二级分类
名称	编号及介绍	编号及名称
草地	3 指以生长草本植物为主、覆盖度在 5% 以上的各类草地，包括以牧为主的灌丛草地和郁闭度在 10% 以下的疏林草地	无
水域	4 指海滨之外的永久水体，以及生态条件和利用状况受永久性、季节性或间断性洪水控制的区域	无
建设用地	5 指城乡居民点及交通等用地	51 城镇用地 53 其他建设用地 52 农村居民点
未利用土地	6 指干旱条件下植被稀疏、土地贫瘠的裸岩、石砾、沙漠等组成的生态系统。主要包括土地利用/土地覆盖遥感分类系统中的沙地、戈壁、盐碱地、裸土地、裸岩石质地等	无
工矿用地	7 指用于工矿和采石场的场地	71 开采区：指露天开采所形成的采坑、台阶和露天沟道 72 尾矿库：指筑坝拦截谷口或围地构成的，用以堆存金属或非金属矿上进行矿选后排出尾矿或其他工业废渣的场所 73 排土场：露天开采要剥离大量覆盖在矿体上部的表土和周围岩石，用来专门堆放剥离物的场地

2.3.2.2 面向对象分类方法

针对中高分辨率遥感影像空间细节信息丰富的特点，宜采用面向对象的分类方法。面向对象的分类法是基于面向对象的分割算法产生的，该分类法是通过对图像进行分割，将具有相同的光谱信息和空间特征的同质像元归并成大小不同的影像对象的过程。影像对象内部像素具有一定的光谱均匀性，同时具有大小、形状、紧密型及纹理等空间特性。针对不同的影像提取目标对影像大小的要求是不同的，影像对象的大小可以通过分割的尺度来确定。该方法能够充分挖掘影像自身的光谱信息、空间特征及上下文关系，在不增加额外辅助信息的情况下增加分类的依据，使分类结果与地物的实际情况更加吻合。该方法的关键技术是对图像进行多尺度的分割。该技术通过对同一空间分辨率的遥感影像进行多种尺度的分割，不同地物类型由其最佳的分割尺度进行描述，从而形成了多种尺度对象层次的分割网络体系（黄慧萍和吴炳方，2006）。不同地物均在其最佳的分割尺度上进行分类提取，针对遥感影像实现了地物信息的全方位提取，使分类结果更接近于目视解译效果，提取精度得到了提高。面向对象的分类法主要包括分割、建立分类规则以及信息提取等过程，主要技术流程如图2-9所示。

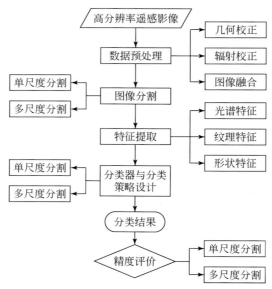

图 2-9　面向对象分类基本流程和关键技术

　　由图2-9可知，面向对象分类的技术流程主要涉及5个部分：①图像的预处理；②面向对象的图像分割；③对象的特征提取；④分类器与分类策略的设计；⑤精度评价与分析。

　　影像分割是将整幅影像区域依据像元的颜色和形状分割成若干个互不交叠的非空子区域，即对象的过程。每个区域的内部都是连通的，同一区域内部具有相同或相似的灰度、色彩或纹理等特性（陈云浩等，2005；Qi and Wu，1996；周春燕，2006）。影像分割的好坏直接影响后续的遥感影像分析和信息提取。当前针对高空间分辨率遥感影像常采用的分割方法是多尺度分割。多尺度影像分割使影像信息提取可以在多个尺度的图层中进行切换，并可以在不同尺度的对象层上提取不同的信息。例如，对空间尺度大的类别可以在分割尺度较大的图层中建立训练样区进行分析，相反，对于地物类型复杂的区域，可以在小尺度图层中进行各种信息提取，这种方法的优点是克服了数据源的固定尺度，考虑景观中格局或过程的多层次，采用多尺度结构来揭示层次关系，这样，就能充分利用对象的各种特征以及类与类之间的信息（王春泉，2005）。多尺度影像分割的原理是基于异质性最小原则的区域合并，即从任一像元开始，采用自下而上的区域合并法形成对象，小的对象可以经过若干步骤合并成大的对象，每一对象大小的调整都必须确保合并后对象的异质性小于给定的阈值。其异质性是由对象的光谱和形状差异确定的，形状的异质性是由其光滑度和紧凑度来衡量的（Benz et al.，2004）。光谱标准是合并两个影像对象时产生的光谱异质性变化，用光谱值权重的加权标准差的改变来描述。形状标准是描述形状改变的一个值，它通过两个不同的描述理想形状的模型来实现（周佳，2007）。在多尺度分割过程中，需要理解多尺度这一过程，多尺度分割并不能产生不同尺度的数据集，所有数据都来自于统一地理参考下同一空间分辨率的遥感影像数据源。多尺度分割实质上是局部最优化的过程。

目前，比较流行的多尺度分割算法是由 Baatz M 和 Schape A 于 2000 年提出的分形网络演化算法（fractal net evolution approach）。该算法已嵌入到 eCognition 软件中，成为其核心多尺度分割算法，得到广泛的应用。分形网络演化算法从像元层开始，采用"自下而上"的区域合并原则与思想实现多尺度分割，根据相邻单元或者对象的异质性测度最小原则，将特征相似的临近单元合并为更大的单元。合并的依据是两个相邻对象合并前后的异质性测度变化是否小于某个阈值，而该阈值控制着面向对象分割的尺度，即所谓的"尺度参数"。与其他的多尺度分割算法相比，基于区域合并的分形网络演化多尺度分割算法的分割结果，其分割层与层之间具有严格的空间继承与对应关系，更利于后续多尺度分割结果的应用。

分形网络演化算法的关键是异质性准则的定义，在进行区域合并的过程中，新生成的区域的异质性是逐渐增加的，通过虚拟合并后异质性的变化阈值来控制分割的尺度，使合并之后异质性增加的相对更小。异质性准则决定了分割的尺度和形状特性，总体异质性判别准则如式 2-13 所示（Blaschke et al.，2008）：

$$f = wh_{\text{color}} + (1-w) \, h_{\text{shape}} \tag{2-13}$$

式中，h_{color} 和 h_{shape} 为光谱异质性参数和形状异质性参数；w 为光谱异质性在总的异质性判别准则中所占的权重；$(1-w)$ 为形状异质性在总的判别准则中的权重。

光谱异质性参数计算公式（Blaschke et al.，2008）为

$$h_{\text{color}} = \sum_{i=1}^{n} w_i \sigma_i \tag{2-14}$$

式中，n 代表波段数；σ_i 是波段的方差；w_i 表示波段权重。对同一幅图像的不同波段，也可以设置不同的权重。某些具有重要特征的波段，分割的时候可以增加其在光谱异质性中的贡献比例，使分割更加有效。

判定相邻两区域是否合并的准则是指先假定当前两个区域合并，合并之后的光谱异质性和合并前两个单独区域的加权异质性的差值，可表示为（Blaschke et al.，2008）

$$h_{\text{color}} = \sum_{i=1}^{n} w_i \left(n^{\text{merge}} \sigma_i^{\text{merge}} - (n^{\text{obj1}} \sigma_i^{\text{obj1}} + n^{\text{obj2}} \sigma_i^{\text{obj2}}) \right) \tag{2-15}$$

式中，n^{obj1}，σ_i^{obj1}，n^{obj2}，σ_i^{obj2} 分别为相邻两区域的面积和方差；n^{merge}，σ_i^{merge} 为合并后的区域面积和方差。

形状异质性参数可表示为（Blaschke, et al.，2008）

$$h_{\text{shape}} = w_{\text{compact}} h_{\text{compact}} + (1-w_{\text{compact}}) \, h_{\text{smooth}} \tag{2-16}$$

式中，h_{compact} 和 h_{smooth} 分别为紧凑度参数和光滑度参数；w_{compact} 为紧凑度参数在形状异质性参数中所占的比重。紧凑度和光滑度参数的表示形式如式（2-17）和式（2-18）所示（Blaschke et al.，2008）：

$$h_{\text{compact}} = \frac{l}{\sqrt{n}} \tag{2-17}$$

$$h_{\text{smooth}} = \frac{l}{b} \tag{2-18}$$

式（2-17）和式（2-18）中，l 为区域周长；b 为区域最小外接矩形的最短边长；n 为区域面积。判定两相邻区域是否合并的形状异质性准则中的紧凑度准则和光滑度准则可用式（2-19）和式（2-20）表示（Blaschke et al.，2008）：

$$h_{\text{compact}} = n^{\text{merge}} \frac{l^{\text{merge}}}{\sqrt{n^{\text{merge}}}} - \left(n^{\text{obj1}} \frac{l^{\text{obj1}}}{\sqrt{n^{\text{obj1}}}} - n^{\text{obj2}} \frac{l^{\text{obj2}}}{\sqrt{n^{\text{obj2}}}} \right) \tag{2-19}$$

$$h_{\text{smooth}} = n^{\text{merge}} \frac{l^{\text{merge}}}{b^{\text{merge}}} - \left(n^{\text{obj1}} \frac{l^{\text{obj1}}}{b^{\text{obj1}}} - n^{\text{obj2}} \frac{l^{\text{obj2}}}{b^{\text{obj2}}} \right) \tag{2-20}$$

式（2-19）和式（2-20）中，l^{obj1}，n^{obj1}，b^{obj1} 和 l^{obj2}，n^{obj2}，b^{obj2} 分别为相邻两区域的区域周长、区域最小外接矩形的最短边长以及区域面积。l^{merge}，n^{merge}，b^{merge} 分别代表合并后的区域周长，区域最小外接矩形的最短边长和区域面积。

在进行多尺度分割之后，影像的基本单元已经从单个像元变成了由同质像元组成的多边形对象。分类基本单元的变化，也使基本单元的特征空间同步发生演化，从单一的像元空间发展到像元及其邻域空间，再到区域空间，空间演化过程如图 2-10 所示。特征提取是对图像分割形成的对象，提取多元统计特征，形成代表各个对象的特征向量，进而生成对象的特征空间，从而使这些对象不仅具有光谱特征，还有纹理信息、位置信息、形状信息、拓扑信息等。理论上讲，这些信息可分为 3 类：内在特征、拓扑特征和上下文特征。内在特征是指对象的物理属性，如光谱信息、纹理信息等；拓扑特征是指对象之间或影像内部的几何关系特征，如左右关系、距离关系和包含关系等；上下文特征是指对象间的语义关系特征，比如稀土矿区中有浸矿池等。

(a)像素级　　　　(b)像素及其邻域　　　　(c)对象级

图 2-10　图像基本处理单元的特征空间演化

（a）表示像素级，特征空间只包含像素本身的特征；

（b）表示像素及其邻域，包含像素本身及与邻域像素之间的关系；

（c）表示对象级，特征空间包含邻近相似的多个像元集合的特征

对象的光谱特征是高分辨率遥感图像分类特征空间中很重要的特征变量，光谱特征提取的效果会直接影响后续分类等相关应用的精度。因此，对象光谱特征提取技术是高分辨率遥感图像面向对象分类中特征提取的关键技术。如何实现全色与多光谱图像信息的耦合，是高分辨率遥感图像的面向对象分类特征提取的关键。为了将多光谱与全色信息进行更好的有机耦合，Yuan 和 He（2008）提出了基于全色与多光谱图像之间的空间对应关系直接提取全色图像分割区域的多光谱特征方法，该方法能避免图像融合，实现对象的光谱特征提取。同时，为了进一步地优化对象的光谱特征空间，定义了多光谱像元的区域纯度概念，并选择区域纯度较高的多光谱像元参与区域特征统计计算，去除边界处区域混合多光谱像元的影响，实现区域光谱特征空间的优化。Wang 等将该光谱特征提取方法扩展到

多源遥感数据特征融合中，通过空间映射，实现对象多源光谱特征提取（Wang et al.，2013a，2013b）。

分类器与分类策略的设计是为了将面向对象分割之后的各个对象进行详细类别属性的划分。依据特征提取所建立的特征空间，应选择和设计分类器与分类策略，对特征空间进行划分，达到分类的目的。分类器可以是监督或者非监督、参数或者非参数的，可以是单分类器或者多分类器的组合，这就需要针对具体的问题进行具体分析。

面向对象的信息提取主要分为两种：一种是标准最邻近法，即基于样本的分类方法，先选择样本，后再分类；另一种是基于规则的分类方法，即根据影像的光谱信息、纹理信息、形状信息、高程信息等特征，建立规则模型，进行分类。这两种方法都需要建立隶属度函数，即通过建立函数成员库对影像对象进行分类。基于规则的分类方法是面向对象分类中常用的一种方法。具体的分类规则是可以充分利用对象所提供的各种信息进行组合，以提取具体的地物。如，河流可以结合光谱信息和形状信息或者 NDWI 来提取，居民点可结合光谱信息和纹理信息来提取，耕地可利用 NDVI 和坡度信息或高程信息来提取等。不同层次可以针对特定的地物建立相应的规则，通过不同分类规则的层间传递，使分类规则的建立不仅可以利用本层的对象信息，也可以利用比本层高或低的其他层次的对象信息。在规则库中可以任意组合条件，对每个条件和每个类描述，都可以选择最合适的方法。这个模糊逻辑规则库可以把知识和概念以不同的方式进行公式化表达。可以手动或自动来定义隶属度函数，一些关于类描述的专家知识以及类间的关系可以进行继承。

2.3.2.3 不同矿产资源开发区的遥感影像特征

不同矿产资源的开采方式存在一定的差异，在遥感影像上的表现特点也不一样。通过分析遥感影像，并结合实地调查资料，可总结出不同矿产资源开发区在高分遥感影像上的特点，以利于后续的信息提取。

（1）石材矿开发区遥感影像特征

从遥感影像特征看，由于采用轨道锯开采，矿区开采区基本呈矩形，棱角分明。开采区和压占区主要由石料组成，在影像上的色调均为白色，呈现"青山挂白"的特征，这些形状和色调特征是进行石材矿信息提取的基础，具体情况如图 2-11 所示。

图 2-11　ALOS 遥感影像上石材矿开采区

（2） 离子型稀土矿开采区的遥感影像特征

赣南稀土矿有池浸法、堆浸法和原地浸矿法 3 种开采方式，各开采方式的遥感影像特点不尽相同。池浸法和堆浸法这两种方法其实质是"搬山运动"，因而在影像上呈大片地表裸露区，同时还有长方形或圆形的浸矿池和沉淀池，如图 2-12（a） 所示。而原地浸矿法是在山坡上打注液井，因此在遥感影像上沿着山坡呈明暗相间的密集带状区域，同时周边有圆形或长方形的高位池和沉淀池，如图 2-12（b） 所示。另外，赣南稀土矿开采区都位于山区，因此矿区周边基本上是大片的林地，较易区分。

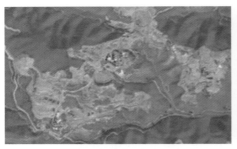

| (a)池浸法和堆浸法开采区 | (b)原地浸矿法开采区 |

图 2-12　ALOS 遥感影像上离子型稀土矿开采区

（3） 湖北大冶多金属矿矿区的遥感影像特征

湖北大冶的矿产主要包括煤炭、铁铜金多金属矿以及石材等，多金属矿采用露天开采和深坑采矿方式。大冶地处长江中游南岸，植被覆盖良好，露天矿区在真彩色模拟遥感图像上容易区分，色调呈亮白色，略带粉红（图 2-13）。大型尾矿库由于面积较大，纹理特征单一（图 2-14），在遥感影像上也很容易监测。大型开采区往往伴随着尾矿坝，这种特征可用于区分金属矿。

| (a)遥感影像 | (b)实地照片 |

图 2-13　湖北大冶露天开采矿

（4） 辽宁鞍山铁矿矿区的遥感影像特征

辽宁鞍山铁矿属沉积变质型矿，埋深较浅，规模较大，开采方式为深凹式露天剥离开采，周边 6 个铁矿山自南向东依成矿地质带呈半月状西向环抱鞍山市城区。开采区在遥感

(a)遥感影像

(b)实地照片

图 2-14　湖北大冶多金属矿大型尾矿坝

影像上呈暗黑色圆形，环状道路较为明显；周边的剥离区呈红褐色或紫色，具体情况如图 2-15 所示。由于剥采比较高，矿区形成的排岩场堆放多为原地或就近纵向垂直堆放，且附近有明显的大型尾矿库。尾矿库由排放的粉碎矿石和泥浆组成，长期处于氧化、风蚀、受雨水淋滤、冲刷，影像上表现为形状清晰的尾矿坝以及色调为红蓝色的废水区。

（5）山西平朔煤矿开采区的遥感影像特征

山西平朔煤矿采取露天深凹式开采方式，开采规模大，占地面积较大，矿区尾矿堆积如山，一般有明显的铁路运输线和大型煤炭堆积场（排土场）。在高分辨率遥感影像中可清楚地分辨出矿区尾矿界限和大型煤矿堆积场。由于煤炭特殊的光谱特性，深凹挖掘区在遥感影像上均呈片状灰、黑色调。排土场由露天煤矿开采以后的残土多数就近堆积而成，其基质由剥离的表层土和煤矸石等组成，经过多年风化，排土场表层不均匀，呈块状或条带状分布。未复垦的排土场多为新剥离的表层土，呈白亮色，复垦的排土场因复垦的类型和程度不同而呈浅绿（复垦初期）或绿色（植被生长状况良好）。从遥感影像中（图 2-16）可清晰地辨认矿区地物属性、类别、规模及周边环境特征。

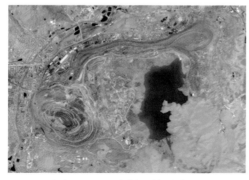

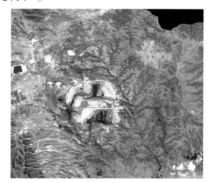

图 2-15　辽宁鞍山铁矿矿区　　　　　　图 2-16　山西平朔煤矿矿区

2.3.2.4　基于时间回溯的变化信息提取

在对多时相、多源遥感数据进行动态遥感检测时，通常采用先分类后检测的方法。若对同一地区各个不同时相的遥感数据单独分开进行分类，变化检测时将会出现大量的伪变化。主要原因是不同时间不同传感器获取的图像间存在较大的差异，而分类本身也存在一定的误差。对于本次工作，因为不同时相的遥感影像空间分辨率不一致，有 10m 的，也有 2.5m 的，完全避免这种伪变化现象是不可能的。为此，研究中采用了回溯的方法来减少伪变化（彭燕，2013；王志华等，2014），主要技术流程如图 2-17 所示。

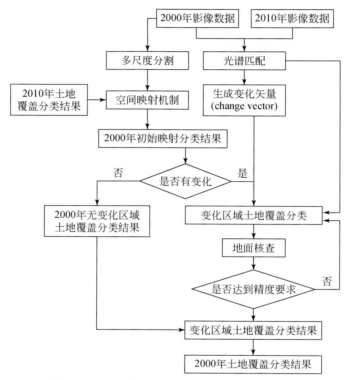

图 2-17　基于时间回溯的变化信息提取技术流程

由于 2010 年的遥感影像数据空间分辨率为 2.5m，能够较清楚地识别矿区等地物，因此，对 2010 年的遥感影像采用面向对象的分类方法，结合纹理特征、光谱信息、高程信息、形状信息等特征建立分类规则，得到相关的分类图，并通过野外验证等方法提高分类的精度。以此为基础，通过时间回溯，实现对 2000 年和 2005 年遥感图像的分类。其重点在于分割，无论分割尺度的大小，若能保证多个分割对象的边界与 2010 年各地物类别的边界吻合，则可以在很大程度上减少因边界问题带来的伪变化。同时，若参照 2010 年的分类结果，则可以减少人为带来的伪变化。具体步骤是：①生成 2010 年分类矢量结果；②以 2010 年的分类矢量结果作为边界条件控制，根据 2000 年或 2005 年的影像的特征进行多尺度分割；③以 2010 年的地物类别为限制条件，进行 2000 年或 2005 年的地物类别提取，以建设用地为例。通常建设用地扩张所占用的地物类别为耕地，较少数占用林地，因此若以 2010 年建设用地为限制条件，则对于 2005 年或 2000 年的影像上的地物来说，就相对简单得多，可能包含的地物类别为建设用地、耕地和林地，且耕地和林地面积相对较少，又容易与建设用地区分，因此可较快地将 2000 年或 2005 年的建设用地提取出来，剔除的便是 2000～2010 年或 2005～2010 年扩张的建设用地。该方法不仅在一定程度上减少了伪变化，提高了精度，同时也使分类工作变得相对简单。

2.3.2.5 精度评价

通常采用野外实地验证或与已有的土地利用现状图进行对比分析，实现遥感图像信息提取与分类结果的精度评价。

（1）分类结果的野外验证

首先，对根据遥感影像获取到的土地利用/土地覆盖信息图进行分层抽样；然后，对抽样得到的样本点进行野外实地验证，得到分类精度指标，用混淆矩阵和 Kappa 系数表示。分层采样是分别对每个类别进行随机采样，这种采样方法能够保证在采样空间或者类型选取上的均匀性及代表性。

混淆矩阵又称误差矩阵，用于表示分为某一类别的像元个数与地面检验为该类别数的比较阵列。通常，混淆矩阵中的每一列代表了地面参考验证信息，每一行代表了由遥感影像数据得到的分类信息。如有 150 个样本数据，分成 3 类，每类随机选取 50 个样本点，通过野外验证得到混淆矩阵（表 2-5）。

表 2-5　混淆矩阵

项目	类别 1	类别 2	类别 3
类别 1	44	4	2
类别 2	2	45	3
类别 3	0	2	48

表 2-5 中"类别 1"行的数据说明遥感分类结果中有 44 个样本被正确分类了，有 4 个样本本应该属于类别 1，却被错误分成类别 2，有两个样本应属于类别 1，却被错误分成类别 3。根据生产者精度的定义，即假定分类器能将一幅图像的像元归为某真实类别的概率，从而可得到类别 1 的生产者精度，即，正确分类数 44/行数总和 50＝88%。

表 2-5 中，第二列的数据说明遥感分类结果中有 46 个样本被分成类别 1 了，其中有 44 个样本是正确分类的，2 个样本本应属于类别 2 却被误分成类别 1 了。根据用户精度，即假定分类器将像元归到某一类别时，相应的地表真实类别是该类别的概率，从而可得到类别 1 的用户精度，即，正确分类数 44/列数总和 46＝95.7%。

总体精度是指整幅遥感分类图的分类精度，等于被正确分类的像元总和除以总像元数。被正确分类的像元沿着混淆矩阵的对角线分布。

Kappa 系数是另一种计算分类精度的方法，该方法可以弥补总体精度、用户精度和生产者精度的不足，即像元类别的小变动就可能导致其百分比变化（赵英时，2003）。其计算公式如式（2-21）所示（Congalton，1991）：

$$Kappa = \frac{N\sum_{1}^{r}X_{ii} - \sum_{1}^{r}(X_{i+}X_{+i})}{N^2 - \sum_{1}^{r}(X_{i+}X_{+i})}$$

(2-21)

式中，r 是误差矩阵中总列数（即总的类别数）；X_{ii} 是误差矩阵中第 i 行，第 i 列上像元数量（即正确分类的数目）；X_{i+} 和 X_{+i} 分别是第 i 行和第 i 列的总像元数量，N 是用于精度评估的总的像元数量。

（2）与已有的土地利用现状图进行对比分析

通过收集研究区的土地利用现状图，将遥感手段获取的分类结果与土地利用现状图进行对比分析，得到遥感信息提取与分类精度。

通过野外实地验证与已有的土地利用图进行对比分析得到的结果，对遥感图像分类的精度进行分析，并依据对比分析得到的结果进行修正，进一步提高分类的准确性和精度。

2.4 评 估 方 法

矿产资源开发区生态环境遥感动态监测主要是从典型矿产资源开发区现状及十年变化、对周边生态环境的影响以及生态系统质量十年变化分析 3 个方面进行调查与评估，进一步分析其存在的生态环境问题与风险，为相关部门规划管理矿产资源开发，治理生态环境提供依据。

2.4.1 矿产资源开发区现状及十年变化分析方法

矿产资源开发区现状及十年变化分析是基于 2010 年矿产资源开采区分布图对矿产资源的开采面积、数量、矿区的空间分布等信息进行统计分析；并在 2000～2005 年、2005～2010 年以及 2000～2010 年矿产资源开采区变化图的基础上，分析 2000 年、2005 年、2010 年十年矿产资源开发区在空间分布、面积及数量等方面的变化情况，从而得到矿产资源开发区的开采现状及时空变化情况。

2.4.2 矿产开采对周边环境的影响分析

对周边生态环境的影响分析主要包括：①矿产资源开发对生态系统类型的破坏情况，即在矿产资源开发过程中因挖损、压占、塌陷而破坏的林地、草地、湿地和耕地的面积。②典型矿产资源的开发对周边城镇的影响，通过利用 2000 年、2005 年和 2010 年的遥感和地面调查数据，分析十年间典型矿区周边城镇的空间扩展过程、面积与分布情况。③典型矿产资源开发区对周边生态环境的影响，根据不同矿产资源的特点，基于缓冲区建立不同的生态环境评价体系，分析不同矿产资源开发区对周边生态环境的影响，并确定相应的影响范围。

缓冲区是指以矿产资源开发区为中心，分别以某一间隔设定为一个范围，如以 300m 为间隔，则可建立 300m、600m、900m、1200m 等缓冲区。当然，也可根据各种矿产资源的开采特点，选择不同的间隔，建立不等间隔的缓冲区。

缓冲区建好之后，选择适合各矿种开发区的生态环境评价模型，并分别分析各缓冲区范围内的生态环境状况，绘制各矿区的生态环境状况值曲线图，曲线趋于平缓时，可认为在该范围内矿产资源开采对周边的生态环境几乎是没有影响的，从而可确定不同矿种资源开采区对周边生态环境的影响范围。

本书中采用的生态环境质量评价模型有基于遥感的"压力-状态-响应"（PSR）模型和层次分析加权综合指数法对典型矿产资源开发区进行生态环境质量评估。PSR 模型是衡量生态环境承受的压力、这种压力给生态环境带来的影响及社会对这些影响所作出的响应等。层次分析加权综合指数法可综合反映生态环境状况的多种指标，采用一定的数学模型进行综合计算，得到一个综合的数值。

2.4.2.1 层次分析加权综合指数法

层次分析法（AHP）是指将一个复杂的多目标决策问题作为一个系统，将目标分解为多个要素，进而将要素分解为多指标的若干层次，通过定性指标量化方法计算出各层次权重，进而可以利用定量的方法解决定性的问题。

层次分析加权综合指数法根据多要素综合和各典型矿区自身的特点，建立评价指标体系，采用专家打分与层次分析法相结合的方式确立各指标的权重、并采用要素指标加权综合指数的数学模型，以科学、简明的方式对矿区环境进行全面的综合评价。其具体的技术路线与工作流程如图 2-18 所示。

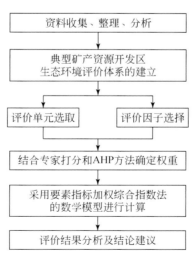

图 2-18　典型矿产资源开发区层次分析加权综合指数法工作流程图

（1）评价指标体系

生态环境评价指标体系的构建通常划分为目标层、要素层、指标层 3 个层次。目标层是对矿产资源开发区生态环境评价，整体上说明矿区生态环境的好坏，并给相应定量数值进行衡量，是评价所要达到的最终目标。要素层位于第二层次，根据评价的需要，可建立各种要素，如生态要素、环境要素等。每一个要素中又包含多个评价指标，这是第三层。

矿产资源开发区生态环境评价指标的选取必须结合矿产资源开采对环境破坏的特点，如对土壤的污染、对土地的挖损和压占、对水资源的污染等特点，同时，这些指标应能直接或间接反映该矿产资源开发对周边生态环境的影响，这些指标本身还应具有有效性与合理性。

（2）评价单元

评价单元的选取主要是根据评价的目的以及矿产资源开采的特点来确定。如要确定矿产资源开发对生态环境的影响范围，可采用缓冲区的评价单元。大冶市多金属矿产资源开发区主要分布在几个主要的乡镇，因此，可选择以乡镇行政单元为评价单元进行各乡镇的生态环境状况的对比与分析，从而可进一步分析矿产资源开采对周边生态环境的影响情况等。

（3）要素指标加权分值综合评价法

生态环境评价模型目前有综合指数法、层次分析法、要素指标加权分值综合评价法、模糊数学多层次综合评判法和灰局势评判法等（徐友宁等，2006）。要素指标加权分值综合评价法，可看作是综合指数法和层次分析法的综合，针对多层次的评价体系，该方法应用比较多。其具体的计算公式为

$$\text{MEI} = w_{env}I_{env} + w_{eco}I_{eco} \qquad (2\text{-}22)$$

式中，MEI 为矿区生态环境状况综合指数；I_{env}、I_{eco} 分别为环境状况指标值和生态功能指标值；w_{env}、w_{eco} 分别为环境指标值和生态功能指标值的权重。其中，I_{env}、I_{eco} 分别由各评价指标加权计算得到。

环境要素指标值计算公式为

$$I_{env} = \sum_{i=1}^{n} w_i \times X_i \qquad (2\text{-}23)$$

生态要素指标值计算公式为

$$I_{eco} = \sum_{j=1}^{n} w_j \times X_j \qquad (2\text{-}24)$$

式中，w_i 为各环境状况指标权重；X_i 为各环境状况指标值；w_j 为各生态功能指标权重，X_j 为各生态功能指标值。

2.4.2.2 基于遥感的 PSR 模型

"压力–状态–响应"模型是经济合作与发展组织（OECD）于 1990 年启动的生态环境指标研究的项目中首次提出的一个概念框架（图 2-19）（中国环境监测总站，2004）。压力指标表征人为经济活动对生态环境所造成的压力，如矿山开采的地表破坏、地下水的超采量、没有保护措施的坡地开垦、森林覆盖面积减少量等。状态指标表征生态环境现状及其变化的趋势，如森林退化、土壤侵蚀状况等。生态承载力、生态弹性力是表示生态环境

对人类经济活动支持能力的两个综合性指标，是生态环境具有的一种内在属性，因此二者均属于重要的状态指标。响应指标表征社会对生态环境状况变化的压力所做出的反应，如管理措施的响应程度与范围。它既包括正向反应，如实施废弃矿区的复垦措施、提高水资源利用率等，也包括负面反应，如矿山开采引起的土地沙漠化等。这3种指标之间没有明确的界限，其在PSR评价模型中是有机的整体，必须将这三者综合起来考虑。本书根据矿山开采对生态环境的破坏特点，并结合遥感手段选取了合适的评价指标，建立了适合矿产资源开发典型区的生态环境质量压力-状态-格局-反应模型。

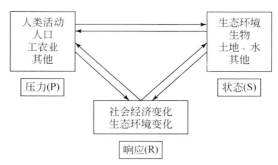

图 2-19　压力-状态-响应概念模型

（1）指标体系的建立原则

指标体系的建立应遵循系统性、完备性、可比性和可操作性的原则。所建立的指标体系应充分体现矿产资源开采活动对生态系统的影响，所选择的评价指标应能通过遥感技术手段有效获得，从而达到对矿产资源开发典型区域生态系统实施监测评估的目的。

（2）指标体系组成

本书基于PSR模型所建立的矿产资源开发典型区生态环境质量模型从状态、格局、压力及反应4个方面反映生态系统的质量。

1）状态指标。状态是指矿产资源开发区域内生态系统的实际表征，该指标主要由基本生态功能组分的覆盖率（RESO）、极低生态功能组分指标和较高生态功能组分指标这3个指标来表示。其中基本生态功能组分是指耕地、林地、草地、水域、湿地等用于维持正常的生态服务功能的土地类型；极低生态功能组分是指裸土地、裸岩、石砾地等土地类型，这类组分对于生态环境质量的维持具有负面作用；较高生态功能组分主要包括林地和草地等土地类型。因此这3种组分指标的计算公式可分别表示如下（曹宏伟，2007）：

$$RESO = [（耕地+林地+草地+湿地）/土地总面积] \times 100 \qquad (2\text{-}25)$$

$$极低生态功能组分指标 = （裸地面积+矿山严重破坏面积）/土地面积 \qquad (2\text{-}26)$$

$$较高生态功能组分指标 = （林地面积+0.7 \times 草地面积）/土地面积 \qquad (2\text{-}27)$$

2）格局指标。格局指标反映的是矿产资源开发典型区内生态系统类型的基本构成，主要选择了较高生态功能组分的重要值（DO）和较高生态功能组分破碎度两项指标。其中较高生态功能组分的重要值是衡量组分在生态系统中重要地位的一种指标，其大小可直接反映该类土地覆盖类型在生态系统中的控制作用的大小，其计算公式为（曹宏伟，

2007）：

$$DO = （较高生态功能组分的密度+较高生态功能组分的比例）/2 \quad (2-28)$$

式中，较高生态功能组分的密度等于较高生态功能组分的斑块数/斑块总数；较高生态功能组分的比例等于较高生态功能组分的面积/土地总面积。

较高生态功能组分破碎度用较高生态功能组分平均斑块面积来表示，即：

$$较高生态功能组分平均斑块面积 =较高功能组分面积/较高功能组分斑块数 \quad (2-29)$$

3）压力指标。压力是指矿山开采活动对生态系统的压力，本次评价中主要以人类干扰指数（UINDEX）作为压力指标，该指数反映人类干扰状况的指标对生态环境的压力进行量化，其计算公式如下：

$$人类干扰指数（UINDEX）= （耕地面积 +城镇面积+工矿面积）／土地总面积 \quad (2-30)$$

4）反应指标。反应指生态系统在压力下所表现出的异常反应，包括水土流失、沙漠化等矿区生态恶化等现象，本书以退化土地比例（LOSE）作为反应指标。其计算公式为（曹宏伟，2007）

$$退化土地比例指标（LOSE）= （裸地面积+沙化地面积+矿区破坏面积+0.15×$$
$$侵蚀土壤面积）/土地总面积 \quad (2-31)$$

2.4.3 矿产资源开发区生态系统质量十年变化评估方法

矿产资源开发典型区生态系统质量十年变化主要是从矿产资源开发区生态系统格局及演变和矿产资源开发区生态系统质量两个方面进行分析。

2.4.3.1 矿产资源开发区生态系统格局及演变

2000 年以来，矿产资源开发区可从生态系统类型、分布、面积与构成、斑块数、类平均斑块面积等景观指数，分析其生态系统格局。并分析 2000～2005 年、2005～2010 年的变化状况及工程的生态修复效果。各指数的计算方法如下。

（1）各生态系统类型面积比例
土地覆被分类系统中，各类生态系统面积比例。计算方法为

$$P_{ij} = \frac{S_{ij}}{TS} \quad (2-32)$$

式中，P_{ij} 为土地覆被分类系统中第 i 类生态系统在第 j 年的面积比例；S_{ij} 为土地覆被分类系统中第 i 类生态系统在第 j 年的面积；TS 为评价区域总面积。

（2）各类生态系统斑块数
即评价范围内斑块的数量。应用 GIS 技术以及景观结构分析软件 Fragstats 3.3 分析斑块数。

（3）类平均斑块面积
景观中某类景观要素斑块面积的算术平均值，反映该类景观要素斑块规模的平均水平。计算方法为

$$\overline{A}_i = \frac{1}{N_i} \sum_{j=1}^{N_i} A_{ij} \tag{2-33}$$

式中，N_i 为第 i 类景观要素的斑块总数；A_{ij} 为第 i 类景观要素第 j 个斑块的面积；$\overline{A}_i$ 为第 i 类要素的平均斑块面积。

2.4.3.2 矿产资源开发区生态系统质量

基于生态系统类型、植被覆盖度等参数，分析矿产资源区的农田、草地、林地、湿地等自然生态系统的质量，并分析资源开发区过去 10 年生态系统质量的变化趋势。各指数的计算方法如下。

（1）植被覆盖度指数

植被覆盖度是反映地表植被覆盖状况和监测生态环境的重要指标。植被覆盖度及 NDVI 的计算公式为

$$p_v = \left[\frac{\text{NDVI} - \text{NDVI}_{\min}}{\text{NDVI}_{\max} - \text{NDVI}_{\min}} \right]^2 \tag{2-34}$$

式中，p_v 是植被覆盖度；$\text{NDVI}_{\max}$，$\text{NDVI}_{\min}$ 分别是完全植被覆盖区和完全非植被区的 NDVI 值。$\text{NDVI}_{\max}$ 和 $\text{NDVI}_{\min}$ 通过选取影像上茂密植被区域和完全为裸土的区域，选取训练区，然后计算平均值得到。最终得到的 p_v 值应限制在 $0 \sim 1$。

$$\text{NDVI} = \frac{\rho_n - \rho_r}{\rho_n + \rho_r} \tag{2-35}$$

式中，ρ_n 为近红外波段反射率（或 DN 值），ρ_r 为红波段反射率（或 DN 值）。

如采用 Landsat 5 TM 数据，则

$$\text{NDVI} = \frac{\rho_{\text{band4}} - \rho_{\text{band3}}}{\rho_{\text{band4}} + \rho_{\text{band3}}} \tag{2-36}$$

如采用 SPOT 5 数据，则

$$\text{NDVI} = \frac{\rho_{\text{band3}} - \rho_{\text{band2}}}{\rho_{\text{band3}} + \rho_{\text{band2}}} \tag{2-37}$$

如采用 ALOS AVNIR-2 数据，则

$$\text{NDVI} = \frac{\rho_{\text{band4}} - \rho_{\text{band3}}}{\rho_{\text{band4}} + \rho_{\text{band3}}} \tag{2-38}$$

（2）草地、森林生态系统质量

生态系统质量是指基于像元的（森林、草地）生态系统生物量与该生态系统类型最大生物量的比值。计算方法为

$$\text{EQ}_j = \frac{\sum_{i=1}^{n} \text{RBD}_{ij} \times S_p}{S_j} \tag{2-39}$$

式中，EQ_j 为 j 类生态系统质量指数；i 为像元数量；RBD_{ij} 为 j 类生态系统 i 像元的相对生物量密度；S_p 为每个像元的面积；S_j 为评价区域内 j 类生态系统的总面积。

（3）区域生态质量指数

区域生态质量指数计算方法为

$$REQI = \frac{\sum_{j=1}^{m} \sum_{i=1}^{n} (RBD_{ij} \times S_p)}{S} \tag{2-40}$$

式中，REQI 为区域生态质量指数；j 为区域生态系统类型，包括森林、草地、湿地、荒漠 4 类生态系统；i 为像元数量；S_p 为每个像元的面积；S 为评价区域总面积。

第 3 章 江西赣南稀土矿开发区 生态环境遥感监测与评估

江西是中国离子型稀土矿的主要生产基地。本书确定江西赣南稀土矿开采较为严重的 5 个县（定南县、龙南县、信丰县、全南县、安远县）作为调查范围。稀土矿产资源是一种不可再生的资源，在机械制造、石油化工、农林牧业、航天航空及军工技术等方面都有较为广泛的用途。对稀土资源需求量的不断增加，使稀土矿区开采规模扩大，一些不法商人为牟取暴利，超出矿权范围开采稀土矿。开采方式不当导致稀土矿矿区出现水污染、植被破坏、水土流失等众多的环境问题。采用遥感技术对稀土矿开发区进行生态环境遥感动态监测，有助于更加快速、精确、有效地了解矿山开采状况和矿山环境信息，形成综合分析与评价报告，为相关部门制定矿产资源规划、保持矿产资源的可持续开发与利用、维护矿业秩序、综合整治矿区环境等提供技术支撑及决策依据。

3.1 江西赣南稀土矿开发区概况

江西赣南位于江西省南部地区，以丘陵和山地为主，亚热带季风性湿润气候。矿产资源丰富，是中国的重点有色金属基地之一，有"世界钨都""稀土王国"之称。稀土资源储量丰富，以离子型稀土资源为主，几乎涵盖了所有的稀土元素。离子型稀土矿的采矿工艺主要分为池浸法、堆浸法和原地浸矿法，不同的开采方式对地表的破坏程度和方式不同。

3.1.1 地理位置

赣南是江西南部区域的地理简称，主要由赣州市下辖的 2 区 1 市 15 县组成（2013），本研究主要选取了赣州市南部定南县、龙南县、信丰县、全南县以及安远县 5 个县作为调查范围（图 3-1）。该 5 县的西、南、东、北 4 个方向分别接壤于广东省的韶关市、河源市和梅州市及赣州市的寻乌县、赣县和会昌县等。赣州市属于珠江三角洲和闽东南三角区的腹地，连接华南经济区和长江经济区，同时还是内地去往东南沿海的交通要道。

3.1.2 地形地貌

赣南的整个地形呈现四周高、中间低的态势，地貌以丘陵和山地为主。西部地区以中、低山构造剥蚀地貌为主，主要表现为山坡陡峭、山顶呈现锯齿状等。西部底部植被茂

图 3-1　调查范围位置图

盛，草场丰富，是上犹江和章水的发源地。南部属低山、丘陵构造剥蚀地貌，构造运动上升强烈，大多山脉坡度较陡，山脊呈鳍状、垄状、尖峰状。南部植被覆盖度良好，以林区为主，且该区的矿产资源储量丰富，属林农混合区。中部属丘陵河谷侵蚀堆积地貌，风化强烈，风化壳厚，流水平缓。中部水土流失严重，存在自然灾害隐患，如滑坡、泥石流等。境内土壤肥沃，水利设施先进，为主要的农业耕种区。东部地区属低山、丘陵构造剥蚀地貌，雩山山脉两侧和武夷山山脉北段山势陡峭，山脊呈锯齿状、垄状，雩山山脉两侧和武夷山山脉北段山势平缓，风化强烈，境内水土流失严重，森林资源匮乏，为主要的粮食生产区域。

3.1.3　气候状况

赣南属中亚热带南缘，气候温和，热量丰富，雨量充沛，无霜期长，四季分明，呈典型的亚热带季风性湿润气候。年平均气温为 18.9℃，年平均无霜期为 287 天，年平均降水量为 1605mm，年日照时数为 1813 小时。春季受冷暖气流交汇的影响，会出现阴雨连绵的天气状况，甚至出现冰雹、冻雨等灾害性的天气。夏季受副热带高压边缘西南气流的影响，气候湿润，冷空气来袭时会出现大雨、暴雨的天气，为洪涝灾害的主汛期。秋季该区受北方南下的高压控制，大气层结，天气风和日丽，降水量较少。该区所处纬度较低，入冬时间较迟，受到北方南下的干冷气团的影响，降水量较少，白天日照温度升高，夜间降低，有时受寒潮影响，气温会低于 0℃，产生固体降水或冰凌天气。

3.1.4　矿产资源

赣州市是中国的重点有色金属基地之一，被誉为"世界钨都""稀土王国"。现已探明的矿产种类 60 多种，包括非金属、有色金属、稀有金属、黑色金属和放射性金属等矿种。市内稀土资源储量丰富，以离子型稀土资源为主，几乎涵盖了所有的稀土元素。江西省的离子吸附型稀土矿储量占全国离子吸附型稀土矿探明储量的 36% 左右，而赣南则占江西省储量的 90% 左右，具有种类多、分布广和储量丰富的特点。江西是中国离子型稀土矿的主要生产基地。2011 年 1 月 17 日，国土资源部发布了《关于设立首批稀土矿产国家规划矿区的公告》，在国内离子型稀土资源分布集中的江西省赣州市划定设立首批 11 个稀土国家规划矿区，总规划矿区面积为 2534km²。稀土资源主要分布于赣州市南部的龙南县、定南县、信丰县等几个县域内。由于离子吸附型稀土矿开采方便、提取工艺简单、成本低，加上早期的宽松政策和利益驱使，赣南稀土资源滥采乱挖等现象严重，导致资源浪费、矿区植被破坏、水土流失等现象突出。离子型稀土矿的采矿工艺大致经历了 3 个阶段：第一阶段为池浸法，第二阶段为堆浸法，第三阶段为原地浸矿工艺。其中，前两种开采方式的本质基本一样，统称为非原地浸矿，这两种开采方式对地表植被的破坏很严重，而原地浸矿工艺对地表植被的破坏的严重程度比非原地浸矿工艺有明显的缓解。

3.1.4.1　池浸法

池浸法是最早使用的一种离子型稀土矿开采工艺，该方法是对含有稀土元素的区域进行开挖和表土剥离，将矿体运输到固定的水池（也就是池浸池），沉浸 24 小时后，再回收液体，沉淀出稀土元素（刘毅，2002）。这种方法操作简单，矿物浸出率高，产品质量能得到保障。然而，由于该方法的本质类似于"搬山运动"，在进行表土剥离的时候，会对地表的植被造成非常严重的破坏，从而导致水土流失；同时，所产生的尾砂如果没有及时进行处理，遇到大风、大雨的天气，会造成粉尘污染和冲毁农田等现象，对周边的环境造成不可预计的灾难性破坏；此外，该方法需要消耗大量的人力、物力和财力，降低了生产效益。

3.1.4.2　堆浸法

20 世纪 90 年代初期，堆浸法稀土矿开采工艺问世，该方法是针对池浸法中的矿体搬运做了大量的改进，不再需要进行矿体的运输和尾砂的运输工作，而是直接利用地形的优势，采用筑堆的办法，在矿体堆上喷洒置换剂等化学药剂，从而实现对稀土矿的浸取（于海霞，2014）。该方法的自动化程度相对较高，资源利用率高，生产效率较高。然而，该方法仍然需要进行表土剥离，对植被破坏严重，从而导致水体流失等问题。

3.1.4.3　原地浸矿法

原地浸矿法是在不破坏地表植被、不开挖表土与矿体的情况下，布置井网，利用一系列注液井将电解质溶液直接注入矿体，电解质溶液中的阳离子将吸附在稀土矿物表面的稀土离子交换解析下来，形成稀土母液，然后收集浸出母液，在沉淀池中回收稀土。1991年，龙南地区的稀土矿区进行了原地浸矿法开采试验，并取得了圆满的成功。该工艺生产流程简单、方便操作、易于推广；不用剥离表土、没有固体废弃物的排放，对地表植被的破坏相对较小；没有固体废弃物的堆放所造成的压矿问题，资源利用率较高；不需要运输大量的稀土矿，也无需清理沉淀池内的废渣，生产成本低，在很大程度上提高了生产效益。然而该方法并不适合所有的稀土矿开采，对于一些类型较为复杂的稀土矿区仍存在一些问题。同时该方法中需要将浸出剂等化学药剂注入矿体中，然而由于离子型稀土矿结构疏松，注入矿体中的化学药剂非常容易向浸出区外渗透，从而造成周边土壤的污染（卢盛良等，1997），进而影响植被的健康生长，甚至导致植被枯死。

3.2 生态系统现状及动态

赣南的生态系统类型以林地和耕地为主，森林覆盖面积达75%以上，耕地面积约占13%。城镇所占比例较低，但呈逐年增加趋势，所占比例从2000年的1.63%，到2005年的2.31%，再到2010年的3.03%，扩张速度较快；稀土矿开采区面积所占比例从2000年的0.38%，到2005年的0.52%，再到2010年的0.57%，前5年扩展速度较快，而后5年扩展速度相对较慢。林地的面积有所减少。

3.2.1 生态系统遥感分类及精度评价

通过对原始数据（2.2节所述）经过正射校正、融合、镶嵌等一系列的数据预处理，最终得到2000年、2005年和2010年江西赣南各县的影像图，分别见图3-2～图3-7。

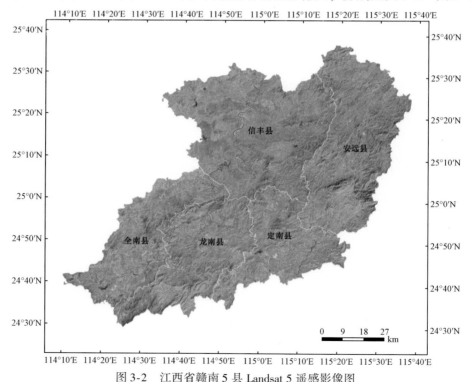

图3-2 江西省赣南5县Landsat 5遥感影像图

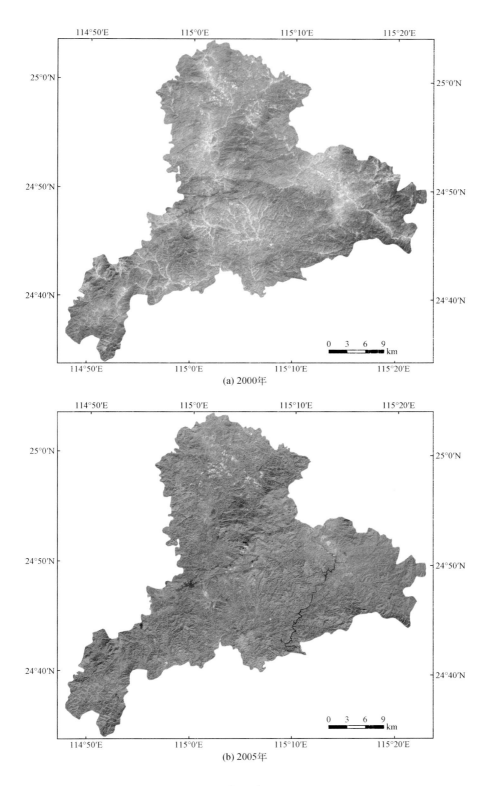

(a) 2000年

(b) 2005年

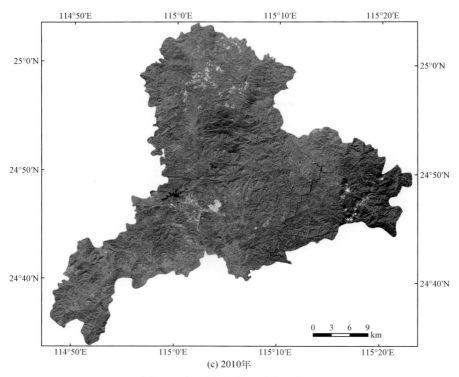

(c) 2010年

图 3-3 江西省定南县融合影像图

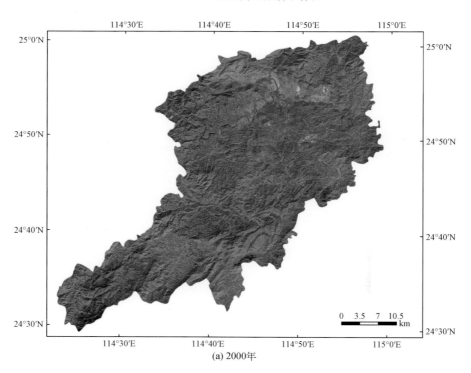

(a) 2000年

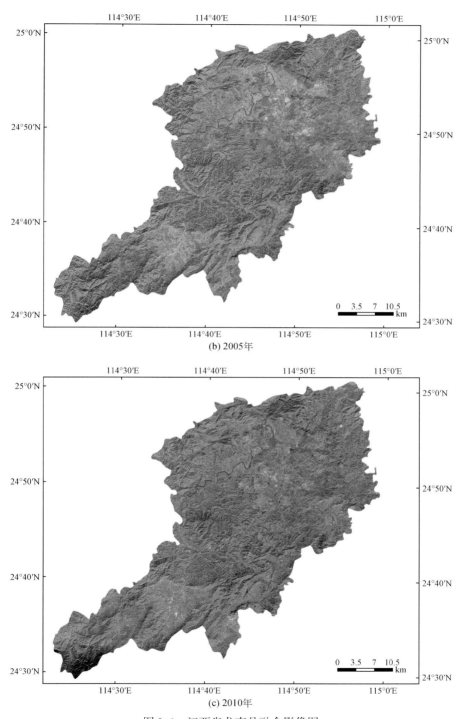

(b) 2005年

(c) 2010年

图3-4　江西省龙南县融合影像图

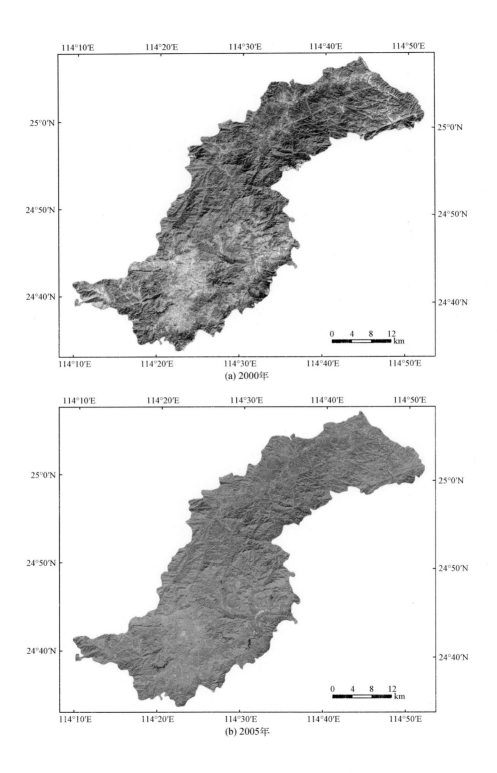

(a) 2000年

(b) 2005年

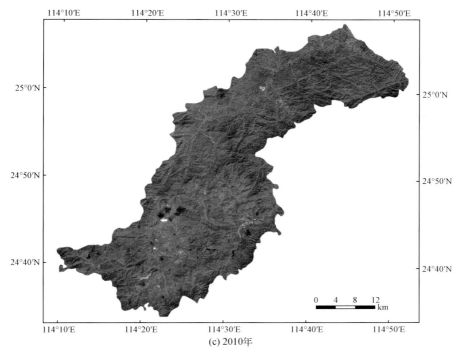

(c) 2010年

图 3-5　江西省全南县融合影像图

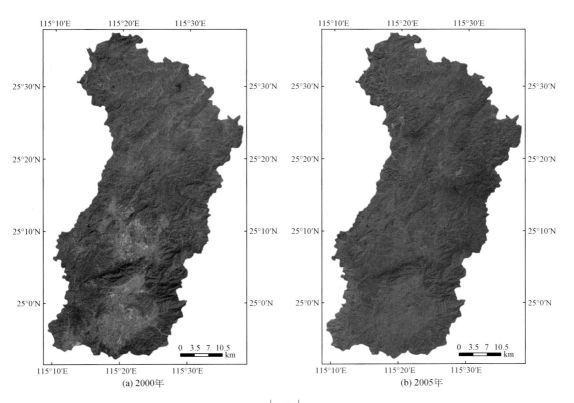

(a) 2000年　　　　　　　　　　　　　　　　(b) 2005年

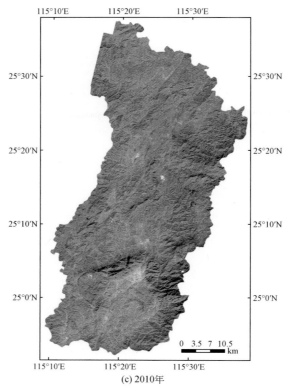

(c) 2010年

图 3-6　江西省安远县融合影像图

(a) 2000年

(b) 2005年

(c) 2010年

图 3-7　江西省信丰县融合影像图

图 3-2 中所采用的 Landsat 5 遥感影像的过境时间为 2010 年 1 月 3 日和 2010 年 3 月 26 日，波段组合为 5（R）4（G）3（B）。

图 3-3～图 3-7 中，2000 年融合影像图是选用 2001 年 11 月的 SPOT 2 与 2001 年 11 月的 Landsat 7 影像融合镶嵌而成，波段组合为 5（R）4（G）3（B）。2005 年融合影像图是选用 2005 年 10 月 SPOT 5 多光谱影像镶嵌而成，波段组合为 2（R）3（G）1（B）。2010 年融合影像图是选用 2010 年 11 月的 ALOS 全色与多光谱影像融合镶嵌而成，波段组合为 3（R）4（G）2（B）。

常见的分类方法有监督分类与非监督分类，这类方法都是基于像元的图像分类方法，主要基于训练样本与数据的统计特征之间的统计关系来进行分类，是中低分辨率影像分类常用的方法。而高分辨率遥感图像由于光谱信息没有中低分辨率影像的丰富，采用传统的基于像元的分类方法效果不理想。因此，采用面向对象的分类方法进行分类。首先利用面向对象的方法，选择光谱特征、纹理特征、高程信息、坡度信息等特征对 2010 年的数据进行分类。然后，以 2010 年的分类图为基准，采用回溯的方法分别得到 2000 年和 2005 年的分类图。2000 年、2005 年、2010 年江西赣南稀土矿开采区生态系统遥感分类结果分别如图 3-8、图 3-9、图 3-10 所示。

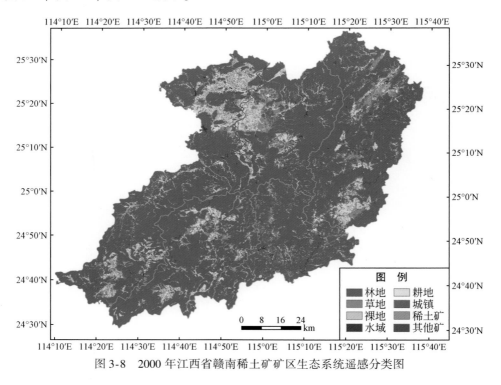

图 3-8　2000 年江西省赣南稀土矿矿区生态系统遥感分类图

采用等样随机选点的方法，分别对各个县 2000 年、2005 年及 2010 年的分类结果图选取 350 点，其中每类选取 50 个点，以 Google Earth 及高分辨率影像为参考数据，并结合野外调查资料，进行精度评价，最终得到统计结果，其混淆矩阵和精度如表 3-1、表 3-2、表 3-3 所示。

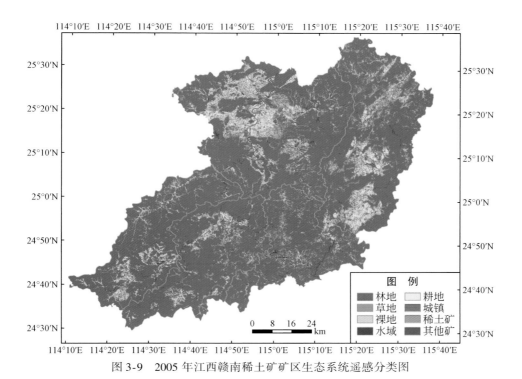

图 3-9　2005 年江西赣南稀土矿矿区生态系统遥感分类图

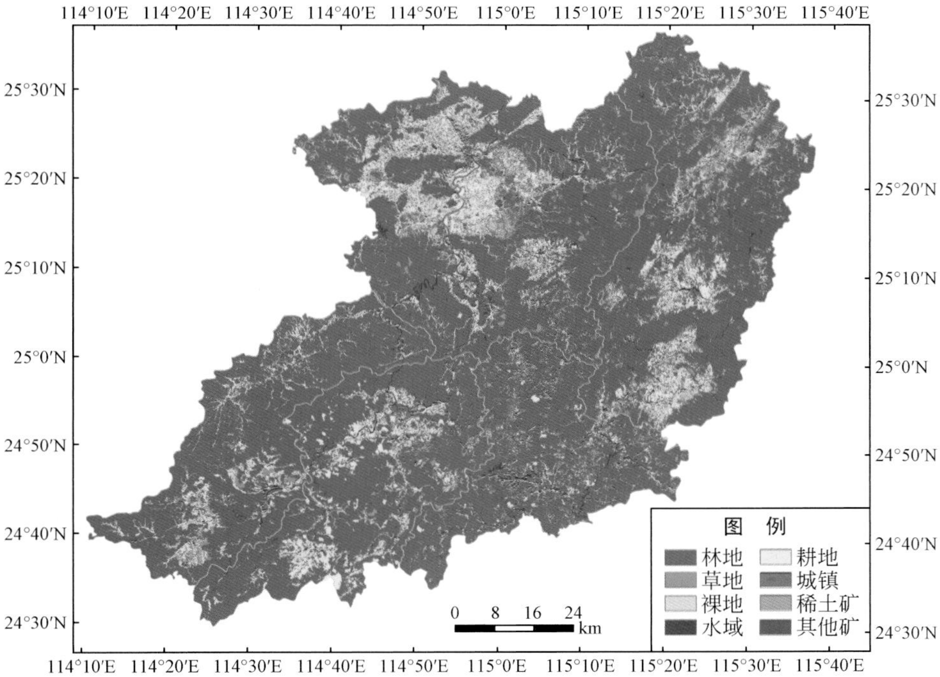

图 3-10　2010 年江西赣南稀土矿矿区生态系统遥感分类图

表 3-1　2000 年江西赣南稀土矿矿区生态系统分类结果精度评价

县名	类名	工矿	城镇	耕地	裸地	林地	草地	水域	生产者精度/%	用户精度/%
定南县	工矿	46	3	0	0	0	1	0	95.83	92.00
	城镇	0	47	3	0	0	0	0	82.46	94.00
	耕地	0	0	48	0	0	1	1	81.36	96.00
	裸地	0	6	1	43	0	0	0	97.73	86.00
	林地	1	0	3	0	42	4	0	93.33	84.00
	草地	1	0	2	1	1	45	0	86.54	90.00
	水域	0	1	2	0	2	1	44	97.78	88.00
	总体精度	90.00%								
	Kappa 系数	0.8833								
龙南县	工矿	47	0	0	0	0	3	0	100	94.00
	城镇	0	49	1	0	0	0	0	92.16	94.00
	耕地	0	0	47	0	0	3	0	92.16	94.00
	裸地	0	2	1	47	0	0	0	100	94.00
	林地	0	0	0	0	40	9	0	97.56	80.00
	草地	0	1	1	0	1	47	0	75.81	94.00
	水域	0	0	0	0	0	0	50	100	100
	总体精度	93.43%								
	Kappa 系数	0.9233								
全南县	工矿	50	0	0	0	0	0	0	100	100
	城镇	0	44	2	0	0	0	4	100	88.00
	耕地	0	0	48	0	1	1	0	78.69	96.00
	裸地	0	0	0	44	0	6	0	97.78	88.00
	林地	0	0	3	0	38	9	0	95.00	76.00
	草地	0	0	6	1	0	42	1	72.41	84.00
	水域	0	0	2	0	1	0	47	90.38	94.00
	总体精度	89.43%								
	Kappa 系数	0.8767								
安远县	工矿	48	0	0	1	0	1	0	100	96.00
	城镇	0	46	4	0	0	0	0	93.88	92.00
	耕地	0	0	49	0	0	1	0	77.78	98.00
	裸地	0	0	4	43	1	0	2	93.48	86.00
	林地	0	0	2	0	43	6	0	93.33	84.00
	草地	0	3	2	0	2	42	0	84.31	86.00
	水域	0	0	2	2	0	0	46	95.83	92.00
	总体精度	90.57%								
	Kappa 系数	0.8900								

续表

县名	类名	工矿	城镇	耕地	裸地	林地	草地	水域	生产者精度/%	用户精度/%
信丰县	工矿	40	0	0	1	1	1	0	100.00	94.00
	城镇	0	47	1	0	1	1	0	94.00	94.00
	耕地	0	1	49	0	0	0	0	73.13	98.00
	裸地	0	1	4	43	0	2	0	91.49	86.00
	林地	0	0	6	1	40	3	0	90.91	80.00
	草地	0	1	5	0	1	43	0	79.63	86.00
	水域	0	0	2	2	1	4	41	100.00	82.00
	总体精度	88.57%								
	Kappa 系数	0.8674								

表 3-2 2005 年江西赣南稀土矿矿区生态系统分类结果精度评价

县名	类名	工矿	城镇	耕地	裸地	林地	草地	水域	生产者精度/%	用户精度/%
定南县	工矿	49	1	0	0	0	0	0	98.00	98.00
	城镇	0	49	0	0	1	0	0	92.45	98.00
	耕地	0	0	46	1	0	1	2	93.88	92.00
	裸地	1	1	0	46	1	1	0	93.88	92.00
	林地	0	1	0	0	44	5	0	95.65	88.00
	草地	0	1	0	1	0	48	0	84.21	96.00
	水域	0	0	3	1	0	2	44	95.65	88.00
	总体精度	93.14%								
	Kappa 系数	0.9200								
龙南县	工矿	50	0	0	0	0	0	00	100.00	100
	城镇	0	46	2	2	0	0	0	97.87	92.00
	耕地	0	0	47	1	0	1	1	92.16	94.00
	裸地	0	0	0	50	0	0	0	89.29	100
	林地	0	0	1	0	39	8	0	97.50	78.00
	草地	0	0	1	0	1	48	0	84.21	96.00
	水域	0	1	0	1	0	0	48	97.96	96.00
	总体精度	93.71%								
	Kappa 系数	0.9267								
全南县	工矿	47	1	2	0	0	0	0	100.00	94.00
	城镇	0	47	2	0	0	1	0	97.92	94.00
	耕地	0	0	48	2	0	0	0	88.89	96.00

县名	类名	工矿	城镇	耕地	裸地	林地	草地	水域	生产者 精度/%	用户精度 /%
全南县	裸地	0	0	0	45	1	4	0	93.75	90.00
	林地	0	0	1	0	45	4	0	93.75	90.00
	草地	0	0	0	0	2	48	0	84.21	96.00
	水域	0	0	1	1	0	0	48	100.00	96.00
	总体精度	93.71%								
	Kappa 系数	0.9267								
安远县	工矿	48	0	1	0	0	1	0	100.00	96.00
	城镇	0	46	4	0	0	0	0	95.83	92.00
	耕地	0	1	48	0	0	1	0	81.36	96.00
	裸地	0	1	1	41	0	7	0	93.18	82.00
	林地	0	0	1	0	43	6	0	97.73	86.00
	草地	0	0	2	3	1	44	0	74.58	88.00
	水域	0	0	2	0	0	0	48	100.00	96.00
	总体精度	90.86%								
	Kappa 系数	0.8933								
信丰县	工矿	46	0	0	0	1	0	0	100.00	98.00
	城镇	0	49	0	0	0	0	1	96.08	98.00
	耕地	0	0	49	0	0	0	1	90.74	98.00
	裸地	0	0	1	49	0	0	0	92.45	98.00
	林地	0	0	3	2	43	2	0	95.56	86.00
	草地	0	2	1	1	1	45	0	95.74	90.00
	水域	0	0	0	1	0	0	49	96.08	98.00
	总体精度	95.14%								
	Kappa 系数	0.9435								

表 3-3 2010 年江西赣南稀土矿矿区生态系统分类结果精度评价

县名	类名	工矿	城镇	耕地	裸地	林地	草地	水域	生产者 精度/%	用户精度 /%
定南县	工矿	48	0	1	0	0	0	1	100.00	96.00
	城镇	0	45	2	0	1	0	2	100.00	90.00
	耕地	0	0	46	0	4	0	0	83.64	92.00
	裸地	0	0	2	1	0	1	1	100.00	96.00
	林地	0	0	3	2	45	2	0	77.59	90.00
	草地	0	0	1	43	6	43	0	93.48	86.00

续表

县名	类名	工矿	城镇	耕地	裸地	林地	草地	水域	生产者精度/%	用户精度/%
定南县	水域	0	0	0	0	1	0	49	92.45	98.00
	总体精度					91.71%				
	Kappa 系数					0.9033				
龙南县	工矿	19	0	0	0	0	1	0	100.00	95.00
	城镇	0	35	2	0	2	0	1	94.59	87.50
	耕地	0	0	111	0	9	0	0	95.69	92.50
	裸地	0	0	0	7	0	1	0	100.00	87.50
	林地	0	2	1	0	146	0	1	92.19	98.33
	草地	0	0	1	0	0	9	0	94.59	87.50
	水域	0	0	1	0	1	2	26	92.86	86.67
	总体精度					93.39%				
	Kappa 系数					0.9137				
全南县	工矿	46	0	0	0	3	0	0	100.00	92
	城镇	0	47	1	1	0	1	0	100.00	94
	耕地	0	0	47	1	0	2	0	94.00	94
	裸地	0	0	0	47	0	1	2	94.00	94
	林地	0	0	0	0	47	7	0	93.48	86
	草地	0	0	0	0	0	50	0	79.37	100
	水域	0	0	2	1	0	2	45	95.74	90
	总体精度					92.86%				
	Kappa 系数					0.9167				
安远县	工矿	48	0	0	1	0	1	0	100.00	96.00
	城镇	0	48	2	0	0	0	0	100.00	96.00
	耕地	0	0	49	0	0	1	0	83.05	98.00
	裸地	0	0	2	45	0	3	0	97.83	90.00
	林地	0	0	1	0	44	5	0	100.00	88.00
	草地	0	0	5	0	0	45	0	81.82	90.00
	水域	0	0	0	0	0	0	50	100.00	100.00
	总体精度					94.00%				
	Kappa 系数					0.9300				
信丰县	工矿	49	0	1	0	0	0	0	97.96	96.00
	城镇	0	49	0	0	0	0	0	98.04	100.00
	耕地	0	0	49	0	0	1	0	94.23	98.00

县名	类名	工矿	城镇	耕地	裸地	林地	草地	水域	生产者精度/%	用户精度/%
信丰县	裸地	0	0	1	49	0	0	0	100.00	98.00
	林地	0	0	1	0	45	4	0	93.75	90.00
	草地	0	0	0	0	3	47	0	88.68	94.00
	水域	0	1	0	0	0	1	48	100.00	96.00
	总体精度	96.00%								
	Kappa 系数	0.9539								

由表 3-1、表 3-2 和表 3-3 可知，研究区域的分类总体精度最低也达到了 88.57%，Kappa 系数均达到了 0.85 以上，该分类结果能满足项目需求。通过分析和对比 2000 年、2005 年和 2010 年的分类精度，2010 年的精度总体来说是最高的，2005 年和 2000 年的相对较低。这是因为 2000 年和 2005 年影像的分辨率为 10m，相对 2010 年影像的分辨率较低；其次 2000 年和 2005 年的分类结果是基于 2010 年的分类结果采用回溯法得到的，2010 年的分类精度的高低会直接影响 2000 年和 2005 年的分类精度。

3.2.2 野外调查及结果验证

课题组于 2012 年下半年赴江西定南县开展了实地调查，解决了许多内业解译中的不确定问题，增加了感性认识，获取了大量的第一手资料，有效提高了解译精度。通过这次野外考察（设计的野外调查的路线图包含需要调查和验证的点、路线以及地名，如图 3-11 所示），获取了大量的资料，拍摄了大量的实地照片。

图 3-11 江西定南县野外调查路线图

通过野外调查，获得以下四项认识：

1）定南县稀土矿开采的方式有池浸法和原地堆浸法以及原地浸矿法 3 种方法（图 3-12）。由于池浸法和原地堆浸法都是直接剥离山体，将含稀土矿较多的泥土挖起堆放在一起放入堆矿池中，用硫酸铵水等化学液体浸泡。这两种开采方式在实地和影像上均无明显的差别。而原地浸矿法不动土方、不破坏山体结构，直接在山上挖注液井，在遥感影像上表现为沿着山脊的条带状或斑点状影纹（图 3-12）。

(a)原地堆浸法/池浸法 　　　　　　　　　　(b)原地浸矿法

图 3-12 　不同开采方式的稀土矿开采区卫星影像图和实地照片

2）定南县有一个很大的峃美山金属矿，在野外调查之前，将该金属矿误认为是稀土矿。其地物照片与卫星影像对照图如图 3-13 所示。

3）脐橙是定南县的一种重要经济作物，几乎每家每户都拥有大片的脐橙地，且脐橙基本都是种在山坡上。脐橙地，尤其是刚开发的林地，很容易被误分成矿区或者裸地。图 3-14 所示为刚开发的脐橙地，呈一垄一垄的阶梯状，在影像上呈现有规律的特征，可以以此来对其进行区分。

图 3-13 　峃美山金属矿实地照片和卫星影像图 　　图 3-14 　刚开发的脐橙地实地照片和卫星影像图

4）定南县有很多石山，主要成分是石灰岩，山体上的植被疏松，沿着山脊呈条带状或斑点状，这与原地浸矿法在图像上的表现形式很相似（图3-15）。但是，根据原地浸矿法的定义，该开采方法是在山体上打小孔，然后向孔内注化学液体，通过白色管道输送到山脚下，所以山脚下一般会有尾矿库。因此，可采用上下文关系对石山与原地浸矿法的矿区进行区分。

(a)石山　　　　　　　　　　　　　　　(b)原地浸矿法开采地

图3-15　石山和原地浸矿法稀土矿开采地实地照片及卫星影像图

其野外调查情况如表3-4所示。

表3-4　江西赣南稀土矿野外验证

生态系统类别	地物	地理坐标	遥感影像地物特征	实地考察拍摄地物特征
林地	杉树林	25.042384°N, 115.013951°E		

续表

生态系统类别	地物	地理坐标	遥感影像地物特征	实地考察拍摄地物特征
耕地	脐橙地	24.983237°N，115.090228°E		
	脐橙地	24.644697°N，114.866351°E		
稀土矿区	浸矿池	24.98283°N，115.08626°E		

生态系统类别	地物	地理坐标	遥感影像地物特征	实地考察拍摄地物特征
稀土矿区	堆浸法／池浸法稀土矿开采区	24.942099°N,115.080219°E		
	原地浸矿法开采区	24.950491°N,115.016220°E		

续表

生态系统类别	地物	地理坐标	遥感影像地物特征	实地考察拍摄地物特征
稀土矿区	原地浸矿法开采区	24.950491°N，115.016220°E		
	岿美山多金属矿尾砂堆放处	24.700575°N，114.886966°E		

生态系统类别	地物	地理坐标	遥感影像地物特征	实地考察拍摄地物特征
裸地	石山	24.907347°N, 115.018544°E		
	火烧迹地	24.845408°N, 115.055669°E		
建设用地	生活垃圾填埋场及砖场	24.709139°N, 115.013219°E		

根据野外调查结果完善2010年、2005年及2000年的分类结果图，得到最终的分类图。同时这些野外调查的结果被录入数据库中，用于相应遥感影像分类结果的精度评价。

3.2.3　生态系统类型分析

对2000年、2005年和2010年江西赣南稀土矿开采区生态系统遥感分类结果进行数理统计，并计算了10年间的面积变化情况。

表3-5和表3-6是赣南稀土矿区生态系统类型面积统计表和10年面积变化统计表；图

3-16、图 3-17、图 3-18、图 3-19 分别是 2000 年、2005 年和 2010 年江西赣南稀土矿开采区生态系统遥感分类面积统计图及 2000 年与 2010 年生态系统分类面积统计对比图。

表 3-5　江西赣南稀土矿区 2000 年、2005 年、2010 年生态系统遥感分类面积统计表

（单位：km²）

类型	2000 年	2005 年	2010 年
林地	7718.2007	7585.3381	7410.5540
草地	362.8794	333.0041	301.9520
裸地	67.7879	69.2692	63.5956
水域	94.7140	107.7551	108.3967
耕地	1280.7458	1348.6960	1485.7377
城镇	158.0220	224.3303	294.1677
稀土矿区	36.0166	48.5308	49.5808
其他矿区	0.9547	2.4121	5.5394

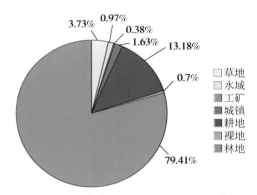

图 3-16　2000 年江西赣南稀土矿区生态系统遥感分类面积统计图

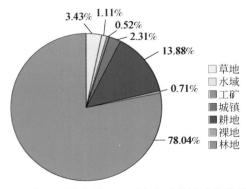

图 3-17　2005 年江西赣南稀土矿区生态系统遥感分类面积统计图

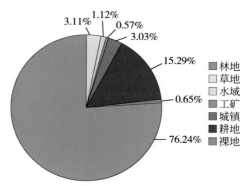

图 3-18 2010 年江西赣南稀土矿区生态系统遥感分类面积统计图

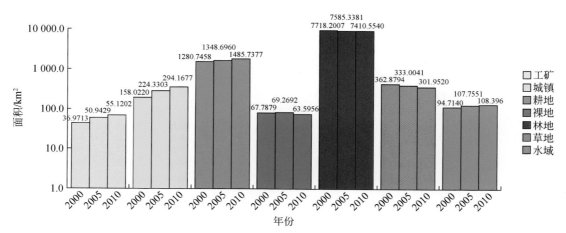

图 3-19 2000 年、2005 年和 2010 年赣南稀土矿区生态系统遥感分类面积对比图

从图 3-16～图 3-18 和表 3-5 可以看出，江西省赣南稀土矿区的生态系统主要是由林地、耕地、建设用地、稀土矿开采区和湿地等类型构成的，其中，森林的覆盖面积最高，高达约 80%；其次是耕地，约占总面积的 15%；建设用地的面积在 2010 年占 3% 左右。2010 年赣南 5 县的稀土矿开采面积为 49.5808km²，约占 0.57%。

根据图 3-19 及表 3-6 可以得出江西省赣南矿区 2000～2010 年各生态系统类型的变化情况。稀土矿矿区面积、建设用地面积及耕地面积随着年份的增加而增加，林地和草地面积减少，水域和裸地面积变化不大。建设用地面积 2000 年为 158.022 km²，2010 年为 294.1677 km²，扩张了 136.1457 km²，扩张速度较快，增长了约 86%。2000 年稀土矿区面积为 36.0166 km²，2010 年面积为 49.5808 km²，增长面积为 13.5642 km²，增长了约 37%。

表 3-6　江西赣南稀土矿区 2000～2010 年生态系统遥感分类面积变化统计表

（单位：km^2）

类型	2000～2005 年	2005～2010 年	2000～2010 年
林地	−132.8626	−174.7841	−307.6467
草地	−29.8753	−31.0521	−60.9274
裸地	1.4813	−5.6736	−4.1923
水域	13.0411	0.6416	13.6827
耕地	67.9502	137.0417	204.9919
建设用地	66.3083	69.8374	136.1457
矿区	12.5142	1.0500	13.5642
其他矿区	1.4574	3.1273	4.5847

3.3　赣南稀土矿开发区分布及时空变化分析

稀土矿开采规模较小，呈遍地开花的分布模式。虽然呈零散分布，其分布仍有一定的规律。2000 年、2005 年、2010 年赣南稀土矿开采面积分别为 36.0166 km^2、48.5308 km^2、49.5808km^2。其中定南县和信丰县稀土矿开采面积相对较大。2000～2010 年，除了信丰县的稀土矿区面积减少之外，其他 4 个县的稀土矿区面积均呈增加的趋势。

3.3.1　稀土矿开采区分布

2010 年融合后的遥感影像分辨率达到 2.5m，可以较好地提取稀土矿开采区。通过野外调查，稀土矿矿区一般包括开采区、浸矿池、高位池等。从遥感图像提取到的 2010 年江西省赣南稀土矿矿区分布图见图 3-20。从图 3-20 可以看出，单个稀土矿开采规模较小，呈遍地开花的分布模式。虽然呈零散分布，其分布仍有一定的规律。从图 3-20 可以看出，2010 年江西省赣南稀土矿主要沿着赣南南北向、西北-东南、东北-西南 3 个方向分布。同时赣南 5 县的稀土矿开采区主要是集中在几个乡镇。定南县岭北稀土矿区主要集中分布于研究区的北部的迳脑乡和龙头乡；龙南县的千足洞稀土矿矿区主要集中分布在龙南县东北部的关西镇、汶龙镇和临塘乡等地区；全南县稀土矿区主要分布在北部的陂头镇和南部的大吉山镇等地区；安远县稀土矿区主要分布在中部的新龙乡和蔡坊乡等地区；信丰县稀土矿区主要集中分布在中部的龙舌乡，东南部的安西镇以及北部与赣县相邻的大桥镇。

为了解赣南各县稀土矿开采的情况，分别统计了各县的稀土矿开采区的面积，具体见表 3-7 和图 3-21、图 3-22 和图 3-23。

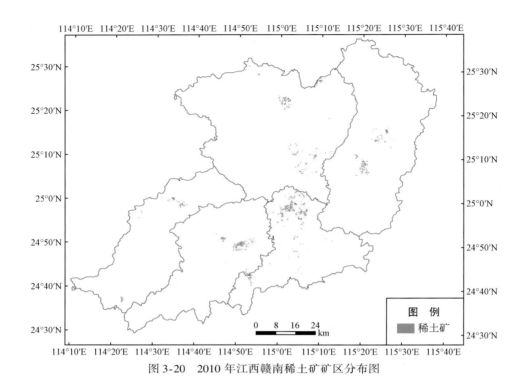

图 3-20　2010 年江西赣南稀土矿矿区分布图

表 3-7　江西赣南 5 县稀土矿面积统计表　　　　（单位：km²）

县名	2000 年	2005 年	2010 年
定南县	8.2813	15.8247	19.0575
龙南县	4.6629	6.3715	7.6334
全南县	1.8510	1.5434	3.7941
安远县	4.8140	3.9382	7.9779
信丰县	16.4074	20.8530	11.1179
总和	36.0166	48.5308	49.5808

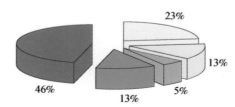

□定南县　□龙南县　▨全南县　▨安远县　■信丰县

图 3-21　2000 年江西赣南 5 县稀土矿矿区面积统计图

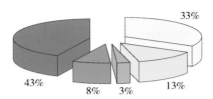

图 3-22　2005 年江西赣南 5 县稀土矿矿区面积统计图

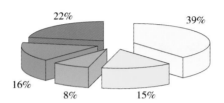

图 3-23　2010 年江西赣南 5 县稀土矿矿区面积统计图

从表 3-7 和图 3-21 ~ 图 3-23 可以看出：2000 年赣南稀土矿开采面积为 36.0166 km^2，其中信丰县稀土矿开采区面积最大，为 16.4074 km^2，占总稀土矿区面积的 46%；其次是定南县，其稀土矿区面积为 8.2813 km^2，占 23%。2005 年赣南稀土矿开采面积为 48.5308 km^2，信丰县稀土矿开采区面积最大，为 20.853 km^2，占总稀土矿区面积的 43%；定南县稀土矿区面积为 15.8247km^2，占 33%。2010 年赣南稀土矿开采面积为 49.5808km^2，定南县稀土矿开采区面积最大，为 19.0575km^2，占总稀土矿区面积的 39%；信丰县稀土矿区面积为 11.1179km^2，占 22%。综上所述，定南县和信丰县稀土矿开采面积相对较大，而全南县稀土矿开采面积相对较小。2000 ~ 2010 年，除了信丰县的稀土矿区面积减少之外，其他 4 个县的稀土矿区面积均呈增加的趋势。

3.3.2　稀土矿开采区时空变化

根据 2000 年、2005 年和 2010 年的分类图，利用变化检测技术可得到稀土矿开采区面积变化情况（表 3-8）。

表 3-8　2000 ~ 2010 年江西赣南稀土矿矿区面积变化统计表　　　（单位：km^2）

县名	2000 ~ 2005 年	2005 ~ 2010 年	2000 ~ 2010 年
定南县	7.5434	3.2328	10.7762
龙南县	1.7086	1.2619	2.9705
安远县	-0.8758	4.0397	3.1639
全南县	-0.3076	2.2507	1.9431
信丰县	4.4456	-9.7351	-5.2895
总（赣南）	12.5142	1.0500	13.5642

2000～2010 年，江西省赣南稀土矿矿区面积共增加了 13.5642km²，定南县、龙南县、安远县以及全南县 4 个县的稀土矿矿区面积均有所增长，其中定南县面积增长最多，达到 10.7762 km²；而信丰县在这 10 年间的面积却有所减少，减少的面积达到 5.2895km²，这说明在这 10 年间信丰县稀土矿废弃矿区的复垦面积大于新开发的矿区面积。为了更详细地了解这 10 年间稀土矿矿区的变化趋势，分别对 2000～2005 年、2005～2010 年稀土矿矿区的变化情况进行了分析。2000～2005 年，赣南稀土矿矿区面积共增加了 12.5142 km²，定南县新增的稀土矿矿区面积最大，达到 7.2895km²，其次是信丰县，新增面积为 4.4456km²，而安远县和全南县的稀土矿矿区面积稍有减少；2005～2010 年，赣南稀土矿矿区面积仅增加了 1.0500km²，其中面积增加力度最大的区域为安远县和定南县，分别为 4.0397km² 和 3.2328km²，而信丰县的稀土矿矿区面积却减少了 9.7351km²。因此，根据以上分析，可以发现从 2000 年到 2010 年的 10 年间，定南县的稀土矿矿区面积呈不断增加的趋势，其中前 5 年扩张速度较快；安远县和全南县稀土矿矿区面积前 5 年变化不大，而后 5 年面积有所增加；信丰县前 5 年稀土矿矿区扩张力度较大，而后 5 年稀土矿废弃矿区的复垦力度较大。

为了更好地了解这 10 年间赣南稀土矿矿区分布的变化情况、矿区增加所占用的生态系统类型以及废弃矿区复垦的情况，分别绘制 2000～2010 年、2000～2005 年以及 2005～2010 年江西省赣南稀土矿开采区变化图（图 3-24～图 3-26），并对其时空变化进行了更详细的分析。

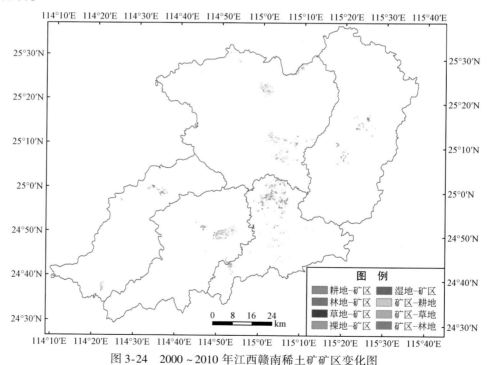

图 3-24　2000～2010 年江西赣南稀土矿矿区变化图

注：耕地-矿区，表明地表覆盖类型从耕地转换为矿区。其余以此类推。以下同。

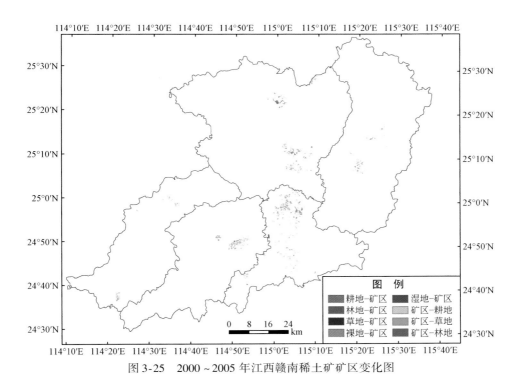

图 3-25　2000～2005 年江西赣南稀土矿矿区变化图

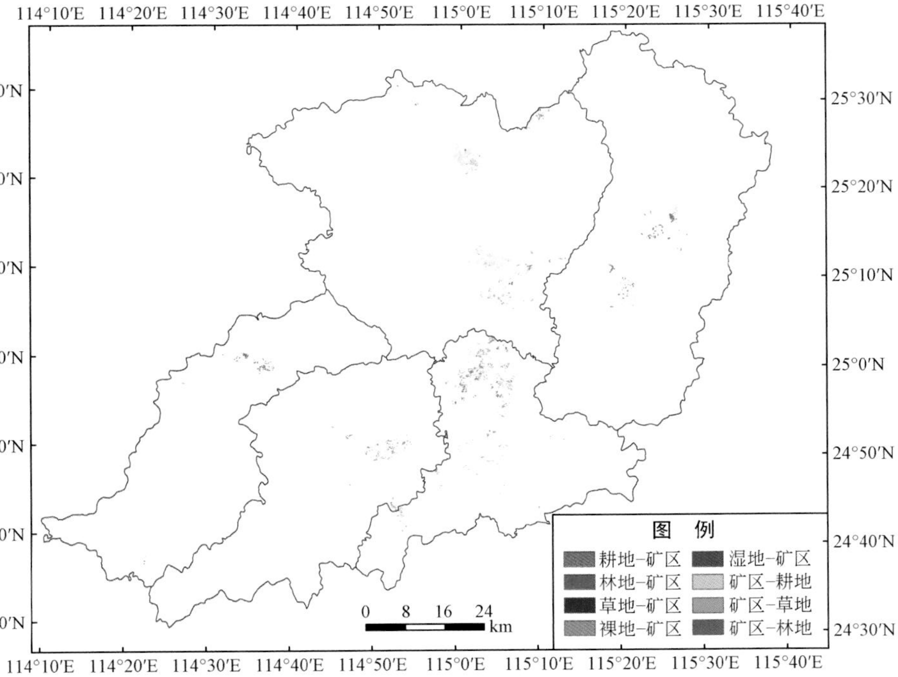

图 3-26　2005～2010 年江西赣南稀土矿矿区变化图

3.3.2.1 2000～2010 年 10 年变化

从图 3-24 可以看出，新增的稀土矿主要位于定南县的岭北镇稀土矿矿区，所占用的生态系统类型主要为林地，而复垦的废弃稀土矿矿区主要位于信丰县的龙舌乡稀土矿矿区，主要恢复成耕地生态系统类型。

2000～2010 年江西赣南稀土矿矿区变化情况见表 3-9。

表 3-9 2000～2010 年赣南稀土矿矿区 10 年变化情况 （单位：km²）

变化类型面积	定南县	龙南县	全南县	安远县	信丰县	总（赣南）
净增加面积	13.6689	4.3333	3.0396	4.4505	4.4284	29.9207
复垦面积	2.5277	1.3503	1.0778	1.1473	9.3922	15.4953

2000 年赣南稀土矿矿区总面积为 36.0166km²，2010 年稀土矿矿区总面积为 49.5808km²，10 年增加了 13.5642km²。其中新增稀土矿矿区开采面积为 29.9207km²，其中定南县稀土矿矿区的净增加面积最大，达到 13.6689km²；同时有 15.4953km² 的废弃稀土矿矿区恢复成了植被，其中信丰县废弃稀土矿矿区的复垦力度较大，复垦面积达到 9.3922km²，约占总复垦面积的 60%。

3.3.2.2 2000～2005 年 5 年变化

由图 3-25 可以看出，2000～2005 年矿区的变化主要体现在稀土矿矿区的扩展，新增的稀土矿主要位于定南县的岭北镇稀土矿矿区、信丰县的龙舌乡、安西镇以及龙南县千足洞矿区，所占用的生态系统类型主要为林地。

2000～2005 年江西赣南稀土矿矿区变化情况见表 3-10。

表 3-10 2000～2005 年赣南稀土矿矿区 5 年变化情况 （单位：km²）

变化类型面积	定南县	龙南县	全南县	安远县	信丰县	总（赣南）
净增加面积	10.1890	3.1008	0.8963	1.1482	7.4153	22.7496
复垦面积	2.6455	1.3922	1.1739	2.0240	2.9697	10.2053

2000 年赣南稀土矿矿区总面积为 36.0166km²，2005 年稀土矿矿区总面积为 48.5308km²，5 年增加了 12.5142km²。其中，新增稀土矿矿区开采面积为 22.7496km²，主要位于定南县和信丰县，其净增加面积分别为 10.1890km² 和 7.4153km²。同时有 10.2053km² 的废弃稀土矿矿区恢复成了植被，主要位于信丰县、定南县以及安远县，其复垦面积分别为 2.9697km²、2.6455km² 和 2.0240km²。

3.3.2.3 2005～2010 年 5 年变化

由图 3-26 可以看出，新增的稀土矿主要位于安远县、定南县的岭北镇，以及全南县的陂头镇，所占用的生态系统类型主要为林地。复垦的废弃稀土矿矿区主要位于信丰县，主要恢复成耕地，其次是定南县岭北镇，主要恢复成林地。

2005～2010 年江西赣南稀土矿矿区变化情况见表 3-11。

表 3-11　2005～2010 年赣南稀土矿矿区 5 年变化情况　　（单位：km²）

变化类型面积	定南县	龙南县	全南县	安远县	信丰县	总（赣南）
净增加面积	7.5693	1.8930	2.2552	4.1213	2.7638	18.6026
复垦面积	4.3365	0.6311	0.0045	0.0816	12.4989	17.5526
变化面积	3.2328	1.2619	2.2507	4.0397	-9.7351	1.0500

2005 年赣南稀土矿区总面积为 48.5308km²，2010 年稀土矿区总面积为 49.5808km²，5 年增加了 1.050km²。其中新增稀土矿矿区开采面积为 18.6026km²，主要位于定南县和安远县，其净增加面积分别为 7.5693km² 和 4.1213km²。同时，有 17.5526km² 的废弃稀土矿区恢复成了植被，主要位于信丰县，其复垦面积达 12.4989km²，占总复垦面积的 71% 左右。2005～2010 年这 5 年新增的矿区面积与复垦的废弃稀土矿区面积相当，说明这 5 年针对废弃稀土矿生态环境的治理力度较大。

综上所述，江西省赣南当地政府从 2005 年开始加强了稀土矿矿区生态环境治理。2005～2010 年，赣南废弃矿区恢复成植被的面积与新增的扩展面积相当，达到 17.5526km²。其中信丰县的复垦力度最大，其废弃稀土矿区复垦面积占总复垦面积的 71% 左右。同时，这 5 年信丰县稀土矿新增面积只有 2.7638km²。说明信丰县政府针对稀土矿开采生态环境治理方面采取的相关措施取得了显著的成效。

3.4　赣南稀土矿开发对周边环境的影响

江西省赣南在稀土矿开发过程中因挖损和压占而破坏的生态类型主要为林地，在特定的条件下，容易引发土壤流失、泥石流等灾害的发生。然而稀土矿的开采在一定程度上促进了城镇的发展。2000 年的生态环境质量最好，2005 年的生态环境质量最差，而在 2010 年相对变好。其生态环境质量变化情况符合 2000～2005 年主要体现为稀土矿扩张，2005～2010 年主要体现为稀土矿复垦的情况，说明稀土矿开采对周边的生态环境具有一定的负面影响。为确定稀土矿开发对周边生态环境的影响范围，采用了缓冲区和层次分析法相结合的方法，稀土矿开采对周边生态环境的影响范围为 2500m。

3.4.1　稀土矿开发对生态系统类型的破坏

赣南稀土矿的池浸法开采方式对周边生态系统类型的破坏特点是挖损和压占，堆浸法开采方式对其破坏特点是以挖损为主，而原地浸矿法对地表植被破坏较小，既无挖损，也无压占，对植被的破坏主要是因灌注的硫酸铵等药剂造成植被的萎缩。其稀土矿开发对生态系统的破坏情况见 2000～2005 年、2005～2010 年以及 2000～2010 年的矿区变化图，如图 3-24、图 3-25 和图 3-26 所示，通过统计可得到赣南稀土矿区占用土地类型面积以及各县稀土矿区占用的生态系统类型面积情况，分别见表 3-12 和表 3-13。

表 3-12　2000～2010 年赣南稀土矿矿区占用生态系统类型面积　（单位：km²）

占用的类型	2000～2005 年	2005～2010 年	2000～2010 年
林地	18.8914	15.3744	23.8614
草地	1.9042	2.6180	4.4005
湿地	0.0768	0.1485	0.4653
耕地	1.8771	0.4617	1.1935

表 3-13　2000～2010 年赣南各县稀土矿矿区占用生态系统类型面积（单位：km²）

县	占用的类型	2000～2005 年	2005～2010 年	2000～2010 年
定南县	林地	9.4631	7.2006	13.0808
	草地	0.2881	0.061	0.2081
	湿地	0.021	0.0297	0.0237
	耕地	0.4168	0.278	0.3563
龙南县	林地	1.7398	1.6411	2.8336
	草地	1.2651	0.215	1.3254
	湿地	0	0.0165	0
	耕地	0.0959	0.0204	0.1743
全南县	林地	0.5066	0.0408	0.3803
	草地	0.144	2.1702	2.5962
	湿地	0.0547	0.0391	0
	耕地	0.191	0.0051	0.0631
安远县	林地	0.9765	3.9069	4.0742
	草地	0.164	0.1702	0.2255
	湿地	0	0	0
	耕地	0.0077	0.0442	0.1508
信丰县	林地	6.2054	2.585	3.8728
	草地	0.043	0.0016	0.0453
	湿地	0.0011	0.0632	0.0613
	耕地	1.1657	0.114	0.449

　　2000～2010 年赣南稀土矿开发过程中因挖损和压占而破坏的生态系统类型主要为林地，其总面积为 23.8614km²。破坏的林地主要位于定南县，其面积为 13.0808km²，其次是安远县和信丰县，面积分别为 4.0742km² 和 3.8728km²。破坏的草地面积为 4.4005km²，主要位于全南县，其面积为 2.5962km²。破坏的耕地和湿地面积均比较小，分别为 1.1935km² 和 0.4653km²。

　　2000～2005 年这 5 年赣南稀土矿开发过程中因挖损和压占而破坏的生态系统类型主要为林地，其面积为 18.8914km²，破坏的林地主要位于定南县和信丰县，面积分别为 9.4631km² 和 6.2054km²。因挖损和压占而破坏的草地、耕地、湿地面积分别为

1. 9042km^2、1. 8771km^2 和 0. 0768km^2。

2005～2010 年这 5 年赣南稀土矿开发过程中因挖损和压占而破坏的生态系统类型主要为林地，其面积为 15. 3744km^2。破坏的林地主要位于定南县，其面积为 7. 2006km^2。破坏的草地面积为 2. 6180km^2，主要位于全南县，其面积为 2. 1702km^2。因挖损和压占而破坏的耕地、湿地面积较小，分别为 0. 4617km^2 和 0. 1485km^2。

综上所述，江西省赣南在稀土矿开发过程中因挖损和压占而破坏的生态类型中林地居多，这严重地破坏了稀土矿开发区周边的植被，在特定的条件下，容易引发土壤流失、泥石流等灾害的发生。

3.4.2　稀土矿开发对周边城镇扩展的影响

稀土矿业的发展在一定程度上将促进城镇的发展。根据 2000 年、2005 年以及 2010 年的分类图，可分别得到赣南 2000～2005 年，2005～2010 年以及 2000～2010 年城镇扩展变化图。

3.4.2.1　2000～2010 年 10 年变化

由图 3-27 可知，2000～2010 年 10 年江西省赣南城镇扩展主要是以各个县县城为中心向周边扩展，其次是随着道路等基础设施的发展，居民点沿着新修的公路扩张。定南县 10 年间的城镇是向县城的东北部扩展的；龙南县 10 年间的城镇是向县城的西北部扩展的；信丰县则是向县城北部扩张。

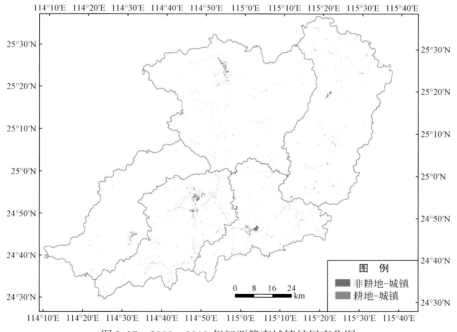

图 3-27　2000～2010 年江西赣南城镇扩展变化图

表 3-14 是赣南各县 2000～2010 年城镇扩展所占用的耕地和非耕地的情况。

表 3-14　2000～2010 年江西赣南城镇扩展变化面积统计表　　（单位：km²）

所占用的类型	定南县	龙南县	全南县	安远县	信丰县	总（赣南）
耕地	10.0913	26.5504	4.7781	12.9437	13.4600	67.8235
非耕地	22.8216	17.7607	1.9393	5.3945	20.4061	68.3222
合计	32.9129	44.3111	6.7174	18.3382	33.8661	136.1457

2000 年赣南城镇面积为 158.022km²，2010 年为 294.1677km²，10 年间面积扩张了 136.1457km²，扩张速度较快，其中城镇扩张所占用的耕地面积为 67.8235km²。2000～2010 年，定南县、龙南县以及信丰县城镇面积扩张较大，而全南县城镇扩张面积最小。同时，在这 10 年间，这 3 个县的稀土矿矿区扩展面积相对也比较大，全南县相对最小。

3.4.2.2　2000～2005 年 5 年变化

由图 3-28 可知，2000～2005 年 5 年江西省赣南城镇扩展主要是以各个县县城为中心向周边扩展，其次是随着道路等基础设施的发展，居民点沿着新修的公路扩张。

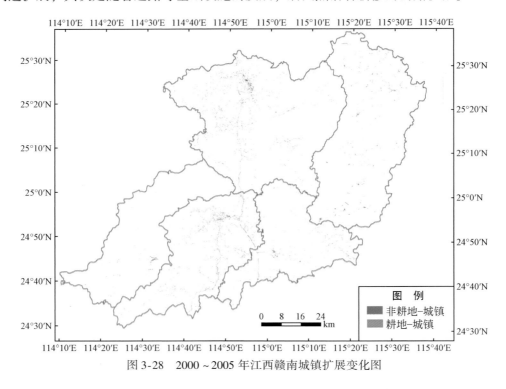

图 3-28　2000～2005 年江西赣南城镇扩展变化图

表 3-15 是赣南各县 2000～2005 年城镇扩展所占用的耕地和非耕地的情况。

表3-15　2000～2005年江西赣南城镇扩展变化面积统计表　　（单位：km²）

所占用的类型	定南县	龙南县	全南县	安远县	信丰县	总（赣南）
耕地	2.1858	13.6867	1.9188	8.5747	7.6716	34.0376
非耕地	6.9780	7.3103	0.4960	1.7824	15.3504	32.1707
合计	9.1638	20.9970	2.4148	10.3571	23.0220	66.2083

2000年赣南城镇面积为158.022km²，2005年为224.3303km²，5年间面积扩张了66.2083km²，扩张速度较快，其中城镇扩张所占用的耕地面积为34.0376km²。2000～2005年，龙南县和信丰县城镇扩展面积相对较大，扩展面积分别为20.9970km²和23.0220km²；全南县最小。

3.4.2.3　2005～2010年5年变化

由图3-29可以看出，从2005年至2010年5年江西省赣南城镇扩展继续以各个县县城为中心向周边扩展，其中定南县扩展幅度明显增大，主要朝东北方向扩展。

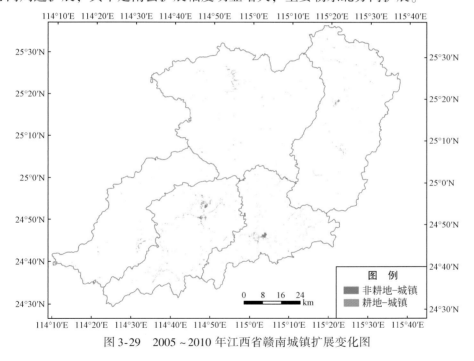

图3-29　2005～2010年江西省赣南城镇扩展变化图

表3-16是赣南各县2005～2010年城镇扩展所占用的耕地和非耕地的情况。

表3-16　2005～2010年江西赣南城镇扩展变化面积统计表　　（单位：km²）

所占用的类型	定南县	龙南县	全南县	安远县	信丰县	总（赣南）
耕地	6.7574	8.6230	2.3714	4.0218	3.5483	25.3219
非耕地	16.9917	14.6911	1.5776	3.9593	7.2958	43.5155
合计	23.7491	23.3141	3.9494	7.9811	10.8441	68.8374

由表 3-16 可知，2005 年赣南城镇面积为 224.3303km²，2010 年为 294.1677km²，5 年间面积扩张了 68.8374km²，扩张速度较快，其中城镇扩张所占用的耕地面积为 25.3219km²。2005～2010 年，定南县和龙南县城镇扩展面积相对较大，扩展面积分别为 23.7491km² 和 23.3141km²；全南县相对最小。同时，在这 5 年期间，定南县稀土矿区扩展面积最大，而全南县最小。

总的来看，赣南地区的城镇居民点主要沿着公路沿线分布，并沿着县城周边和公路沿线扩张。其扩展所占的生态系统类型是以林地和耕地为主。定南县和信丰县城镇扩展的面积相对较大，全南县城镇扩展面积最小。从城镇的扩展面积与稀土矿扩展面积间的关系来看，稀土矿的开采在一定程度上促进了城镇扩展。

3.4.3 稀土矿开发对周边生态环境的影响

稀土矿开采分布零散，使地表景观变得破碎，同时对地表植被破坏严重，土地发生退化。因此，综合考虑到稀土矿开采对周边生态系统的破坏特点，并参考区域生态质量评价有关的文献，同时遵守指标选取中的可操作性原则，研究选取了稀土矿区占用比例、植被覆盖度、区域生态系统生物量、土壤侵蚀度以及景观破碎度 5 个指标反映赣南稀土矿区的生态质量状况（彭燕等，2016）。

3.4.3.1 评价因子

（1）稀土矿区占用比例

指稀土矿矿区开采对森林、草地、湿地、农田等生态系统的挖损面积占被评价区域总面积的百分比，用来反映稀土矿矿区开发对其他生态系统所造成的影响。其计算公式为

$$\text{REMR} = \frac{S_{\text{rem}}}{S_{\text{all}}} \qquad (3\text{-}1)$$

式中，S_{rem} 是稀土矿开采区面积；S_{all} 是研究区总面积；REMR 是研究区域的稀土矿区占用比。

（2）植被覆盖度

植被覆盖度是反映评价区域植被覆盖的程度的指标之一，同时该指数也是计算土壤侵蚀强度指数的必要参数。为了准确计算土壤流失，本书根据植被指数估算植被覆盖的原理，在对像元二分模型两个重要参数推导的基础上，利用归一化植被指数（NDVI）定量估算植被覆盖度的模型（李苗苗等，2004）。根据式（2-12）即可计算相应区域的植被覆盖度情况。

（3）区域生态系统生物量

研究中采用单位面积生物量指标来反映区域生态系统的生物量情况，其计算公式为

$$\text{RB} = \frac{\sum\limits_{j=1}^{m} \sum\limits_{i=1}^{n} (\text{RBD}_{ij} \times S_p)}{S} \qquad (3\text{-}2)$$

式中，RB 指区域单位面积生物量；j 为区域生态系统类型，包括森林、草地、湿地 3 类生

态系统；RBD_{ij} 是 j 类生态系统 i 像元的相对生物量密度；S_p 是每个像元的面积；S 是评价区域总面积。其中，相对生物量密度的数据由全国生态环境十年（2000~2010 年）变化遥感调查与评估专项组提供。

（4）土壤侵蚀度

在其他条件一定的情况下，植被覆盖度和土壤侵蚀度呈反比关系，《土壤侵蚀分类分级标准》（2008）中是将植被覆盖度与坡度结合起来计算土壤侵蚀强度的。本研究根据《土壤侵蚀分类分级标准》，并结合本地的实际情况以及相关资料，将土壤侵蚀强度分为 3 级：微度、中度、重度。同时考虑到生态系统类型，对林地、草地、农田、裸地、工矿区等类型采用植被覆盖度与坡度两个因子来判别土壤侵蚀强度等级，具体见表 3-17；而对其他的生态系统类型（水域、建设用地等）均确定为无明显侵蚀区，即微度侵蚀强度。

表 3-17 土壤侵蚀强度分级表

植被覆盖度/%	坡度/（°）					
	<5	5~8	8~15	15~25	25~35	>35
>75	微度	微度	微度	微度	微度	微度
60~75	微度	微度	微度	微度	中度	中度
45~60	微度	微度	微度	中度	中度	重度
30~45	微度	微度	中度	中度	重度	重度
<30	微度	中度	中度	重度	重度	重度

为了定量评价研究区域的土壤侵蚀强度，本书将这 3 种土壤侵蚀强度级别分别赋予不同的权值，具体见表 3-18（生态环境状况评价技术规范，2006）。

表 3-18 土地退化指数权值表

土壤侵蚀强度	微度	中度	重度
权值	0.05	0.25	0.7

其土壤侵蚀指数的计算公式如下：

$$SE = \frac{A_{ero} \times (0.05S_{sl} + 0.25S_{mo} + 0.7S_{hig})}{S_{all}} \tag{3-3}$$

式中，A_{ero} 是土地退化指数的归一化系数；S_{sl} 是轻度侵蚀的面积；S_{mo} 是中度侵蚀的面积；S_{hig} 是重度侵蚀的面积；SE 是指研究区域的土壤侵蚀指数。

（5）景观破碎度

景观破碎度是指景观因自然或人为因素的干扰而被分割的破碎程度。景观破碎化使斑块面积不断缩小，将直接影响到生物的多样性，同时也反映了人类活动对景观影响的强烈程度（曾勇，2010）。该指标有不同的具体计算方法（贾宝全等，2001；宋冬梅等，2003；邓劲松等，2006；陈利顶和傅伯杰，1996），本研究中采用单位面积中各种斑块的总数作为景观破碎度的判别指标（陈利顶和傅伯杰，1996）：

$$C = \frac{\sum n_i}{A} \tag{3-4}$$

式中，C 表示景观的破碎度；$\sum n_i$ 是景观中所有景观类型斑块的总个数；A 为景观的总面积。

通过上述各生态环境指数计算公式，可得到 2000 年、2005 年以及 2010 年赣南稀土矿区的各指标值（表3-19）以及曲线图（图3-30）。

表 3-19 赣南稀土矿区指标值

年份	稀土矿区占用比	植被覆盖指数	区域生物量	土壤侵蚀指数	景观破碎度（10^2）
2000	0.0037	0.3408	0.3456	0.1459	9.4700
2005	0.0050	0.3364	0.2846	0.1990	12.0061
2010	0.0051	0.3344	0.2962	0.1449	12.1579

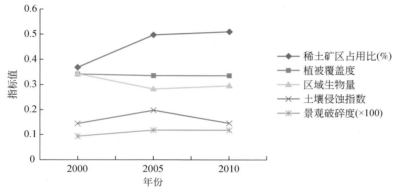

图 3-30　2000～2010 年赣南稀土矿矿区生态质量评价指标变化图

通过 2000～2010 年赣南稀土矿矿区生态质量评价指数变化图（图3-30）可以看出，稀土矿矿区占用比例 2000～2010 年一直呈增长的趋势，其中，2000～2005 年增长较快，而 2005～2010 年增长较缓。根据上述分析可知，这是由于 2005～2010 年复垦力度加大，其复垦面积与新增稀土矿矿区面积相当，从而导致稀土矿矿区面积变化不大。而植被覆盖指数的变化趋势与之相反，2000～2010 年植被覆盖指数降低，说明 2000～2010 年植被覆盖情况变差。而稀土矿开采，尤其是类似"搬山运动"的池浸法和堆浸法的开采方式对地表植被的破坏严重，甚至会改变景观地貌。2000～2010 年单位面积的生物量减少，景观破碎度增大，这说明受自然或人类活动的干扰较强，而在赣南稀土矿矿区内，稀土矿开采活动较为强烈，因此除了城镇的发展带来的影响之外，稀土矿开采对其影响也不可忽略。土壤侵蚀度在这 10 年内，2005 年侵蚀最为强烈，这与 2000～2005 年稀土矿新增面积比 2005～2010 年新增面积大的变化特征是一致的。综合以上分析，稀土矿开采对植被覆盖、生物量、土地退化以及景观破碎化都有一定的影响。

3.4.3.2　区域生态质量

稀土矿矿区的生态质量是通过对研究区域的评价指标进行加权来构建的，用来反映矿

区的生态质量状况。其计算模型为

$$REMEQI = \sum_{i}^{n} w_i \left[\frac{100}{(A_i)_{max}} A_i \right]$$ （3-5）

式中，REMEQI 为稀土矿矿区生态质量指数；w_i 为各评价因子相应的权重；A_i 为各生态质量评价指标值；$(A_i)_{max}$ 是指评价因子中最大的值，$\frac{100}{(A_i)_{max}}$ 是对各评价因子归一化处理，值为 [0，100]。其中，w_i 是根据项目研究中各指数的相对重要程度构建相应的判断矩阵，利用层次分析法软件进行计算得到的。稀土矿区占用比例、植被覆盖度、区域生态系统生物量、土壤侵蚀度和景观破碎度这 5 个评价指标的权重分别为 0.2、0.21、0.28、0.12 和 0.19。通过上述计算模型可得到 2000 年、2005 年和 2010 年的生态质量指数值，见表 3-20。

表 3-20　2000 年、2005 年和 2010 年稀土矿区生态质量指数

项目	2000 年	2005 年	2010 年
生态环境状况值	61.8928	44.4168	47.8596

通过对比分析 2000 年、2005 年和 2010 年赣南稀土矿区的生态质量，发现 2000 年的生态质量最好，2005 年的生态质量最差，而在 2010 年相对变好。其生态质量变化情况为：2000～2005 年主要体现为稀土矿扩张，2005～2010 年主要体现为稀土矿复垦的情况。虽然从 2005～2010 年生态质量变好的幅度不大，但至少说明了赣南地区相关的部门进行的稀土矿区治理工作已经取得了一定的成效。

为确定稀土矿开发对周边生态环境的影响范围，采用了缓冲区和层次分析法相结合的方法（He and Peng，2016）。由于稀土矿开采规模较小，分布较为零散，因此以矿区边界为中心分别建立 500m、1000m、1500m、2000m、2500m、3000m 和 4000m 的缓冲区。图 3-31 是各缓冲区的矿区生态环境状况图。

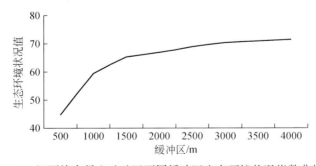

图 3-31　江西赣南稀土矿矿区不同缓冲区生态环境状况指数曲线图

由图 3-31 可知，2010 年赣南稀土矿开采区缓冲区 500～1500m 生态环境质量状况变化较为显著，1500～2500m 变化较为缓慢，而超出 2500m 的范围其生态环境质量状况变化不大。这说明，稀土矿开采对周边 1500m 以内的范围影响较强，1500～2500m 的范围内影响削弱，而在超出 2500m 的范围影响不大，几乎没有影响。由此可以推断，稀土矿开采对周

边生态环境的影响范围为 2500m。

3.5 生态系统质量十年变化

江西省赣南 5 县的生态系统格局与构成基本一致，主要是由林地、耕地、建设用地、稀土矿开采区和湿地等类型构成的，其中森林的覆盖面积最大。2000～2010 年 10 年林地面积呈减少的趋势；城镇面积不断增加，且增长速度较快；稀土矿区整体上呈增长的趋势，除了信丰县，其他各县的稀土矿开发区面积均有所增加，这是由于信丰县对废弃稀土矿区进行了大力的复垦，且取得了很好的成效。赣南各个县的区域生态系统质量整体较好，定南县、龙南县、全南县和安远县 4 个县的生态系统质量 2000～2010 年变差，而信丰县的生态系统质量 2000～2010 年变好。

3.5.1 赣南稀土矿开发区生态系统格局及演变

通过统计研究区的生态系统类型及面积，计算斑块数、类平均斑块面积等景观指数来反映研究区域的生态系统格局。并分别根据 2000 年、2005 年、2010 年这 3 年的生态系统格局相关数据，分析 10 年的生态系统格局演变。重点分析废弃稀土矿区 10 年的复垦情况，从而进一步分析工程的生态修复效果。

3.5.1.1 生态系统格局

江西赣南 5 县的生态系统格局与构成基本一致，主要是由林地、耕地、建设用地、稀土矿开采区和湿地等类型构成的。其中林地的覆盖面积最大，平均高达 80%，这与江西省低山丘陵的地形以及中亚热带季风湿润气候有关。各县耕地面积占全县总面积的比例至少达到 8% 以上，野外调查数据和收集到的资料显示，赣南地区除了种植常规的水稻之外，还大量地种植了脐橙，茶园等其他经济作物。2000～2010 年，各县的耕地面积基本上呈增加的趋势。2000～2010 年 10 年林地面积呈减少的趋势；城镇扩张速度均比较快；除了信丰县，其他各县的稀土矿开发区面积也有所增加。

3.5.1.2 景观指数

斑块数和类平均斑块面积是用来反映区域的景观格局的指数。可应用 GIS 技术以及景观结构分析软件进行分析计算，其结果分别如表 3-21 和表 3-22 所示。

表 3-21　江西赣南稀土矿开发区类斑块数

年份	林地	草地	裸地	水域	耕地	建设用地	矿区	合计
2000	10 469	20 081	9 467	14 207	18 832	17 824	1 167	92 047
2005	14 305	24 320	8 068	16 609	24 086	26 681	2 629	116 698
2010	14 710	21 908	7 947	16 230	23 110	31 605	2 663	118 173

表 3-22　江西赣南稀土矿矿区类平均斑块面积 （单位：km²）

年份	林地	草地	裸地	水域	耕地	建设用地	矿区
2000	0.7372	0.0181	0.0072	0.0067	0.0681	0.0089	0.3168
2005	0.5303	0.01370	0.0086	0.0065	0.0560	0.0084	0.0194
2010	0.5038	0.01379	0.0080	0.0067	0.0643	0.0093	0.0207

由表 3-21 可看出，2000～2010 年这 10 年，斑块数总体呈增长的趋势，说明随着年份的增长，人类活动干扰越强烈，生态系统就越破碎，区域的破坏就越严重。

由表 3-21 和表 3-22 可以看出，矿区的斑块数 2000～2010 年不断增加，同时其平均斑块面积大幅度减小，说明 2000～2010 年矿区开采面积虽然增加了，但是较为破碎，分布比较零散，这是由南方离子型稀土矿的分布特点以及开采特点导致的。同时，林地、耕地和建设用地的斑块数 2000～2010 年不断增加，而其平均斑块面积减小，与矿区的变化趋势一致，说明这些地物类型在这 10 年间逐渐变得破碎，人类活动强烈。同时，根据矿区开采所破坏或占用的生态系统类型主要为林地、耕地等这一特点，可以说明稀土矿开采对林地、耕地甚至是整个区域的景观都有一定的影响。

3.5.1.3　生态系统类型转变

江西赣南稀土矿开采区的生态系统类型变化最大的有城镇、耕地以及稀土矿开采区。根据上述分析可知，城镇主要占用的土地类型为林地和耕地。耕地主要占用的生态系统类型为林地，这是由江西的丘陵多山的地势造成的。稀土矿开采区占用的生态系统类型主要为林地和草地，以及少部分的耕地和湿地；当然也会有部分废弃矿区经过治理恢复成林地和耕地。

根据 2000 年、2005 年和 2010 年的分类图，通过计算可得到 2000～2005 年、2005～2010 年、2000～2010 年生态系统类型转移矩阵。

（1）2000～2010 年 10 年演变

由表 3-23 可知，2000～2010 年城镇面积扩展 136.1457km²，扩张速度较快，其占用的生态系统类型主要为林地和耕地，面积分别为 56.1336 km²、67.8235 km²。同时由表 3-23 可以看出，建设用地转变成其他类型的面积几乎为 0，说明建设用地对生态系统影响的不可逆性。稀土矿开采面积也相对增加了 13.564 km²，其占用的生态系统类型主要为林地，面积为 25.9293 km²；同时，部分废弃的稀土矿区恢复成了林地和耕地等类型，其中恢复成林地的面积为 6.355 km²，恢复成耕地的面积为 8.6674 km²。

表 3-23　2000～2010 年江西赣南稀土矿开采区生态系统类型转移矩阵 （单位：km²）

类名	林地	草地	裸地	水域	耕地	建设用地	矿区	其他矿区
林地	7172.82	87.9738	11.7643	2.4998	129.0438	0.0037	6.3550	0.0112
草地	78.6478	198.9381	1.6198	0.8552	21.4183	0	0.4729	0

类名	林地	草地	裸地	水域	耕地	建设用地	矿区	其他矿区
裸地	8.9302	0.6765	44.4687	3.4732	5.7862	0	0.2610	0
水域	13.5094	1.6046	2.1539	82.9609	8.0386	0.0015	0.1202	0.0001
耕地	357.8513	65.0188	3.0071	3.8704	1047.1379	0.1247	8.6674	0.0004
建设用地	56.1336	6.7089	4.2459	0.8792	67.8235	157.8921	0.4846	0
矿区	25.9293	1.9591	0.5283	0.1481	1.3559	0	19.6558	0
其他矿区	4.4194	0.0025	0	0.0273	0.1472	0	0	0.943

（2）2000～2005 年 5 年演变

由表 3-24 可知，2000～2005 年城镇面积扩展 66.3083 km²，扩张速度较快，其占用的生态系统类型主要为林地和耕地，面积分别为 27.5484 km²、34.0376 km²。稀土矿开采面积也相对增加了 12.5142 km²，其占用的生态系统类型主要为林地，面积为 18.2477 km²；同时，部分废弃的稀土矿区经过治理，恢复成了林地和耕地等类型，其中恢复成林地的面积为 5.89 km²，恢复成耕地的面积为 3.149 km²。

表 3-24 　2000～2005 年江西赣南稀土矿开采区生态系统类型转移矩阵 　（单位：km²）

类名	林地	草地	裸地	水域	耕地	建设用地	矿区	其他矿区
林地	7296.0800	102.9759	10.6494	2.1939	167.5082	0.0265	5.8900	0.0066
草地	119.2558	181.4335	1.5154	1.0742	28.9648	0	0.7604	0
裸地	13.1985	2.5846	44.4676	1.7717	7.1402	0	0.1065	0
水域	10.7263	1.4952	2.2649	87.1876	5.9920	0.0019	0.0816	0
耕地	231.7513	69.6227	6.8213	2.0914	1035.1569	0.1021	3.1490	0
建设用地	27.5484	2.8633	1.4255	0.3161	34.0376	157.8915	0.2479	0
矿区	18.2477	1.9042	0.6438	0.0768	1.8771	0	25.7812	0
其他矿区	1.3927	0	0	0.0023	0.0690	0	0	0.9481

（3）2005～2010 年 5 年演变

由表 3-25 可知，2005～2010 年城镇面积扩展 69.8374 km²，扩张速度较快，其占用的生态系统类型主要为林地和耕地，面积分别为 35.7123 km²、25.3219 km²。稀土矿开采面积也相对增加了 1.0500 km²，其占用的生态系统类型主要为林地，面积为 17.3337 km²；同时，部分废弃的稀土矿区经治理恢复成了林地和耕地等类型，其中恢复成林地的面积为 6.3603 km²，恢复成耕地的面积为 10.1044 km²，恢复力度较大。

表 3-25 　2005～2010 年江西赣南稀土矿开采区生态系统类型转移矩阵 　（单位：km²）

类名	林地	草地	裸地	水域	耕地	建设用地	矿区	其他矿区
林地	7207.2492	97.8408	7.5036	2.8237	88.6900	0.0004	6.3603	0.0623
草地	64.4142	210.7222	1.1721	0.6481	24.9021	0	0.0933	0

类名	林地	草地	裸地	水域	耕地	建设用地	矿区	其他矿区
裸地	4.3047	0.3913	49.6497	3.5480	5.2059	0	0.496	0
水域	7.0756	1.0913	1.7029	96.0935	2.3173	0	0.1212	0.0005
耕地	246.1735	18.9716	5.2161	3.7689	1201.5000	0	10.1044	0.0009
建设用地	35.7123	3.6852	3.9832	0.7360	25.3219	224.3299	0.3893	0.0007
矿区	17.3337	0.3004	0.0416	0.1145	0.8124	0	30.9782	0
其他矿区	3.1576	0.0013	0	0.0301	0.0027	0	0	2.3477

3.5.1.4 赣南稀土矿矿区生态恢复工程

根据稀土矿区 10 年间的变化情况可知，江西省赣南当地政府加强稀土矿区生态环境治理是从 2005 年开始。2005～2010 年，赣南废弃矿区恢复成植被的面积与新增的扩展面积相当，达到了 17.5526 km²。其中，信丰县废弃稀土矿区复垦面积达 12.4989 km²，占赣南总复垦面积的 71% 左右。同时，2005～2010 年这 5 年，信丰县稀土矿新增面积只有 2.7638 km²。说明信丰县稀土矿废弃矿区的复垦取得了较好的成效。为了进一步分析信丰县复垦区的植被生长情况，采用缨帽变换的方法对信丰县龙舌矿区 2000 年、2005 年和 2010 年的复垦情况进行监测（He and Peng，2016）。图 3-32 为龙舌稀土矿区在信丰县的位置示意图。

图 3-32 信丰县龙舌稀土矿区位置示意图

注：图中采用 2010 年 10 月的 ALOS 遥感影像

（1）缨帽变换

缨帽变换（tasseledcap transform，TC 变换）最早是由 Kauth 和 Thomas（1976）提出，因此又称为 K-T 变换。缨帽变换是一种特殊的主成分分析，和主成分分析不同的是，其转换系数是固定的，是一种基于图像物理特征上的固定转换，所产生的结果可以相互比较（赵英时，2003）。TM 和 ETM 影像通过变换后所得到的分量中前 3 个分量与地面景物的关系密切。第一分量为亮度分量，反映了影像的总体亮度值，也常被称作土壤亮度；第二分量为绿度分量，反映了绿色生物量的特征；第三分量为湿度分量，可较易反映出湿度的特征（梅安新等，2001）。因此，这3个分量常被用来评估植被的生长情况。随着植被的生长，在绿度图像上的信息增强，而土壤亮度上的信息减弱，当植物达到最茂盛阶段，裸土和阴影几乎全部被植被覆盖而使绿度和亮度信息有所增加，直到植被衰老枯萎，绿度特征迅速减少，湿度特征也有所减少，亮度信息增强。这种解释可以应用于不同区域上的不同植被和作物。本研究中，采用了缨帽变换的方法对2000年、2005年和2010年信丰县废弃稀土矿区复垦较好的龙舌矿区的植被生长情况进行监测与分析。所采用的数据分别是2001年10月20日的Landsat 7、2005年10月31日的Landsat 5、2009年10月10日的Landsat 5。其变换结果如图3-33所示，表3-26为其均值统计表。

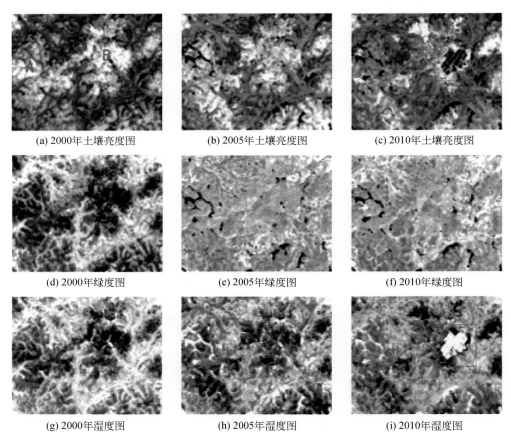

(a) 2000年土壤亮度图　　　　(b) 2005年土壤亮度图　　　　(c) 2010年土壤亮度图

(d) 2000年绿度图　　　　(e) 2005年绿度图　　　　(f) 2010年绿度图

(g) 2000年湿度图　　　　(h) 2005年湿度图　　　　(i) 2010年湿度图

图3-33　信丰县龙舌稀土矿区土壤亮度、绿度和湿度结果图

表3-26　2000年、2005年、2010年龙舌稀土矿区土壤亮度、绿度、湿度的均值统计表

年份	土壤亮度	绿度	湿度
2000	0.3933	0.0133	−0.2442
2005	0.4085	0.1252	−0.1231
2010	0.4024	0.1493	−0.1108

（2）植被生长状况分析

图 3-33 为 2000 年、2005 年和 2010 年龙舌稀土矿区缨帽变换前 3 个分量土壤亮度、绿度和湿度的空间分布情况，能很好地反映复垦区植被的时空变化。土壤亮度分量与裸土呈高度正相关性，而绿度分量与植被呈高度正相关性，湿度分量则反映的是湿度信息（Erener，2011）。图 3-33（a）所标记的 A、B 两个区域，其土壤亮度特征在 2000 年均比 2005 年和 2010 年要明显，在 2010 年几乎没有土壤亮度信息；在 2000 年几乎没有绿度信息，而到 2005 年、2010 年，其绿度信息开始逐渐加强；其湿度分量的变化情况与绿度分量的变化情况基本一致，且在图 3-33（i）中红框所示的区域，其湿度信息特征明显。而一般来说，植被所覆盖的区域其湿度成分相对于裸土来说要大得多。图3-33中的A、B 区域正好是龙舌稀土矿开采区，由此可知，开采区由于复垦工作的展开，其植被生长较好。表 3-26 反映龙舌稀土矿区复垦的整体情况，土壤亮度在这 10 年基本不变，绿度和湿度的均值在 2000～2010 年这 10 年整体增大，尤其是在 2005 年，增加幅度很大。说明在 2005 年龙舌稀土矿区的复垦工作已经展开，且植被生长状况较好，到 2010 年该区的植被生长越来越好，复垦工作已经取得了较好的成效。为了更好地反映龙舌稀土矿区植被的生长过程，绘制了湿度和绿度两个分量所组成过渡区视面图（图3-34），该视面可以很好地反映植被信息和土壤信息，从而反映植被的生长过程。

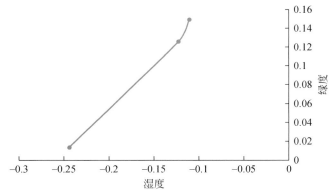

图 3-34　龙舌稀土矿区过渡区视面图

由图 3-34 可以看出，该图非常符合植被生长的轨迹，2000 年该区基本为裸土，即为稀土矿开采后地表裸露；到 2005 年植被开始生长，反映出植被叶子逐渐茂密；到 2010 年植被达到最茂盛阶段，也就是说 2005～2010 年，废弃稀土矿区所种植的植物长势很好，复垦治理较为成功。

（3）赣南废弃稀土矿山治理情况

上述分析结果说明，信丰县政府针对稀土矿开采生态环境治理方面采取的相关措施取得了显著的成效。信丰县政府高度重视废弃稀土矿山综合治理工作，按照"谁投入、谁开发、谁治理、谁受益"的原则，鼓励企业、单位和个人开发治理稀土尾砂，采取"以奖代补"的方式引导投资者以种植果树等生态化方式在废弃稀土矿区试验和推广经济作物种植，并不断促进资本、技术、劳动力等生产要素向废弃稀土矿山治理领域流动，优化资源配置。根据实地调研和查阅政府部门相关资料，发现截至 2012 年，信丰县废弃稀土矿山综合治理开发面积达 13.78 km²，引进外资农业企业 6 家，累计投入治理开发资金 2 亿多元，建成优质脐橙精品园 9.77 km²、水保防护生态林 2.63 km²，复垦农田 0.66 km²，修建拦沙蓄水工程 299 座，小型水库 2 座。经综合治理的尾砂区地表植被覆盖率由原来不足 10% 提高到 76% 以上，有效地控制了水土流失，保护了下游农田，生态环境日趋良性循环，农田生产条件明显改善，取得了良好的社会效益和经济效益。同时，赣南其他县也采取了一系列的废弃稀土矿区综合治理措施，取得了较好的成效。定南县岭北镇坳背塘废弃矿点复垦区，该地主要是种植玉米，实施规划面积 0.2877 km²，实际复垦面积为 0.2246 km²，新增耕地面积为 0.1712 km²。玉米生长以后，对废弃矿区的水土保持起到了积极作用。同时，定南县根据不同矿区特点，采取发展经济林、养殖业、营造水保林，面上治理等 4 种综合治理模式，有效遏制了水土流失造成的危害。近年来，定南调进和种植酸枣、桉树等苗木 20 多万株，同时还种植了芒杆、皇竹草等较适宜稀土矿区生长的草类植物，累计完成矿区恢复面积 3.43 km²，矿区植被恢复初显成效。在龙南足洞矿区废弃矿区松树坑区，种植了桉树、葛藤、宽叶雀稗草等植被，取得了一定的生态效益。在矿区的河流中利用采砂船疏通河道，恢复因采矿被阻断的河道。安远县则开展了稀土矿非法矿山生态恢复治理工作，在安远县葛坳林场废弃稀土矿区引种了竹柳。

3.5.2 稀土矿开发区生态系统质量

3.5.2.1 稀土矿开发区植被覆盖情况

根据植被覆盖度计算公式，可分别得到 2000 年、2005 年和 2010 年赣南区域的植被覆盖度图，并按照等级划分标准进行植被覆盖度分级，可最终得到 2000 年、2005 年和 2010 年各县的植被覆盖度等级图（图 3-35 ~ 图 3-37）以及植被覆盖等级面积统计表（表 3-27）。

由图 3-35 可知，2000 年江西赣南以高和较高植被覆盖度区域为主，植被覆盖度低的区域主要位于建设用地、稀土矿开发区及周边以及刚开发的林地等区域。其中信丰县的低植被覆盖度区域所占面积较大。

由图 3-36 可知，2005 年江西赣南以较高和中等植被覆盖度区域为主，植被覆盖度低的区域主要位于建设用地、稀土矿开发区及周边以及刚开发的林地等区域。其中龙南县的低植被覆盖区域所占面积较大，主要位于城镇和稀土矿开发区。

由图 3-37 可知，2010 年江西赣南以较高和中等植被覆盖度区域为主，植被覆盖度低的区域主要位于建设用地、稀土矿开发区及周边以及刚开发的林地等区域。其中信丰县和龙南县的低植被覆盖度区域所占面积较大，龙南县的低植被覆盖区主要位于城镇和稀土矿开发区，信丰县的低植被覆盖区主要位于城镇、水域以及刚开发的林地等区域。

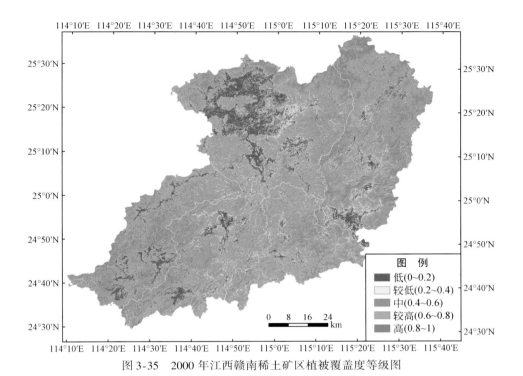

图 3-35　2000 年江西赣南稀土矿区植被覆盖度等级图

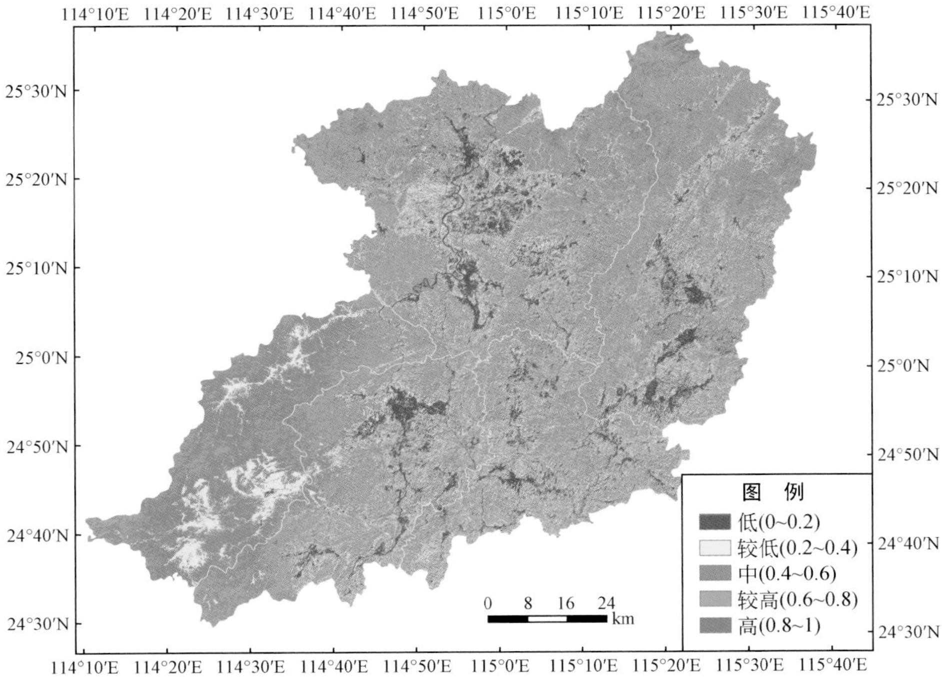

图 3-36　2005 年江西赣南稀土矿区植被覆盖度等级图

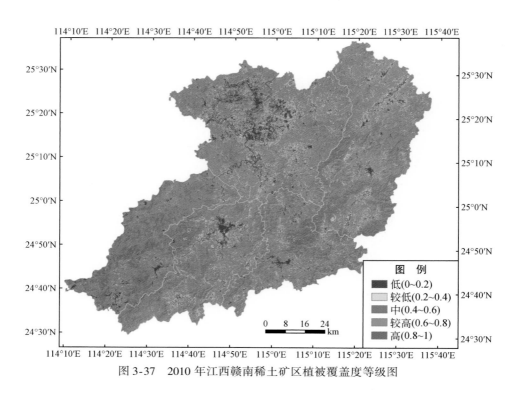

图 3-37　2010 年江西赣南稀土矿区植被覆盖度等级图

表 3-27　2000 年、2005 年和 2010 年江西赣南稀土矿区植被覆盖度等级统计表

等级	2000 年		2005 年		2010 年	
	面积/km²	百分比/%	面积/km²	百分比/%	面积/km²	百分比/%
低植被覆盖度	1225.1480	12.60	1453.0516	14.95	538.9144	5.54
较低植被覆盖度	1592.9082	16.39	1335.5507	13.74	1304.4186	13.42
中植被覆盖度	2426.9850	24.97	2702.9787	27.81	2647.3011	27.23
较高植被覆盖度	2894.0391	29.77	3013.6456	31.01	3680.2831	37.86
高植被覆盖度	1580.7555	16.26	1214.2711	12.49	1548.5835	15.93

　　根据 2000 年、2005 年以及 2010 年的植被覆盖度图可知，赣南区域植被覆盖情况总体较好，植被覆盖度较低的区域主要位于建设用地、稀土矿开发区及周边以及水域等地方。虽然稀土开采及城镇扩展对生态系统造成了一定的影响，但 2000～2010 年植被覆盖度总体向好，可以认为人们在发展经济的同时，环保意识也在加强，生态系统恢复治理的工作力度在加强。

3.5.2.2　生态系统类型及区域生态系统质量

　　根据草地、林地以及区域的生态系统质量计算公式，通过计算可以得到江西省赣南各生态系统类型的生态系统质量以及区域的生态系统质量。表 3-28 是江西省赣南区域生态系统质量指标值统计表，表 3-29 是赣南 5 个县的生态系统质量值统计表。

表 3-28　江西赣南生态系统质量指标统计表

生态质量	2000 年	2005 年	2010 年
草地	0.2288	0.2515	0.2874
林地	0.4228	0.3759	0.3888
区域	0.4156	0.3713	0.3855

表 3-29　江西赣南 5 县生态系统质量指标统计表

县名	生态质量	2000 年	2005 年	2010 年
定南县	草地	0.4993	0.5079	0.4620
	林地	0.4113	0.4379	0.4006
	区域	0.4124	0.4383	0.4012
龙南县	草地	0.2779	0.3306	0.2827
	林地	0.4402	0.3394	0.4003
	区域	0.4343	0.3393	0.3993
全南县	草地	0.3230	0.2740	0.3061
	林地	0.4574	0.4265	0.3925
	区域	0.4541	0.4234	0.3910
安远县	草地	0.2312	0.2585	0.3240
	林地	0.4620	0.3483	0.3812
	区域	0.4479	0.3410	0.3779
信丰县	草地	0.0996	0.1844	0.2198
	林地	0.3582	0.3582	0.3790
	区域	0.3488	0.3498	0.3718

根据表 3-28 可以看出，赣南生态系统质量整体较好。2000～2010 年赣南的区域生态系统质量有所下降；林地的生态系统质量下降；草地生态系统质量有所好转。但赣南区域林地生态系统质量相对于草地的生态系统质量要好。

表 3-29 是赣南各个县的生态系统质量情况。赣南各个县的区域生态系统质量整体较好，定南县、龙南县、全南县和安远县这 4 个县的生态系统质量在 2000～2010 年变差，而信丰县的生态系统质量在 2000～2010 年变好，这可能与信丰县加强矿山治理，稀土矿开发区生态恢复情况较好有关。

3.6　赣南稀土矿开发区存在的生态环境问题与风险

江西赣南稀土矿属于离子吸附型稀土矿。离子吸附型稀土矿是指含稀土花岗岩或火山岩经多年风化形成的黏土矿物，解离出的稀土离子以水合离子或羟基水合离子状态吸附在黏土矿物上。赣南离子型稀土矿的开采，先后采用了池浸法、堆浸法和原地浸矿法等3种工艺技术。其中，池浸法和堆浸法这两种稀土矿开采方法，其实质类似于"搬山运动"。原地浸矿工艺是在不剥离表土、不开挖矿石的情况下，将浸矿溶液（硫酸铵溶液）通过网格布置的注液井直接注入天然埋藏条件下的风化矿体，与前面两种"搬山运动"的开采方式在实质上有很大区别，因而对环境影响程度也不一样。归纳起来，离子型稀土矿开采对生态环境造成的问题和风险主要体现在以下3个方面：

（1）对矿山地貌和景观的破坏，容易导致水土流失和滑坡

1969～2006年，赣南提取稀土的工艺为池浸工艺和堆浸工艺。利用这两种开采方式，需要大面积动土开采，大量挖损、压占林地、草地、湿地、耕地等土地利用类型，严重破坏了地表的植被，造成严重的水土流失和滑坡。有研究指出，池浸工艺每开采1t稀土，要破坏200m²的地表植被，剥离300m²表土，造成200m²尾砂，每年造成1200万m³的水土流失。2006年以后主要采用原地浸矿的开采方法，该方法不需要开挖表土，仅要挖注液井、开浅槽，对地表植被破坏没有池浸法和堆浸法的破坏大。然而，由于灌注的硫酸铵浓度大，浸泡时间长，这种化学剂容易导致植被根系萎缩，从而导致植被大面积枯死，植物水土保持功能丧失，产生山体滑坡隐患，存在极大的风险。研究结果显示，赣南稀土矿开采占用的生态系统类型主要为林地，2010年占用林地面积达17.33km²，严重地破坏了山地地貌和地表植被，存在山体滑坡和水土流失等风险。

（2）土壤重金属污染

堆积的稀土矿尾矿和残渣中含有大量与矿物伴生的重金属元素，如铜、锌、镉等重金属（张培善，1985）。如果残渣和尾矿未经相关处理或进行防护，必然导致重金属对周边环境的严重影响。2012年，许亚夫等为了了解稀土矿土壤及周边土壤的重金属污染及对环境的影响，对定南县岿美山稀土矿开采区以及周边土壤中的重金属元素Cu、Pb、Cr含量分别进行了测定。其中，开采区土壤中Cu的含量为146.2mg/kg，Pb的含量为17023mg/kg，Cr的含量为106.4mg/kg；矿区周边土壤中Cu的含量为397.1mg/kg，Pb的含量为10251mg/kg，Cr的含量为105.5mg/kg（许亚夫等，2012）。上述数据说明，不论是开采区还是矿区周边土壤都受到了重金属铅的污染，且开采区土壤铅含量严重超标，为Ⅲ级标准最高限量的34倍以上，周边也受到严重的影响，铅含量为Ⅲ级标准最高限量的20倍以上。重金属污染会导致畸形、突变、癌变，使生物生长不良甚至死亡。人类长期食用铅超标的食物，会引起铅中毒，导致人体贫血、出现头痛、眩晕、乏力等症状，严重危害人类的身体健康。

（3）水体氨氮和硫酸根污染

离子型稀土矿的开采，需使用硫酸铵、碳酸氢铵等化学药剂将稀土元素交换解析进而获得混合稀土氧化物。解析1t稀土需要消耗7～8t液氨，沉淀阶段还需要5～6t液氨（高志强和周启星，2011）。稀土矿开采产生废水中，氨氮和硫酸根含量严重超标，高达3500～4000mg/L（袁伯鑫和刘畅，2012）。池浸法和堆浸法是在浸矿池内进行稀土矿提取的，因而地表水受影响的程度较大，排放的废水对周边河流污染也比较严重，同时，废水硫酸根和氨氮很容易渗入到地下水和土壤中。原地浸矿工艺往山体灌注液氨，对地下水和土壤造成严重的氨氮和硫酸根离子污染。据研究，池浸法开采方式，每生产 1t 稀土氧化物将产生 1000 ~ 1200t 废水，赣南地区每年约生产 2 万 t 稀土，生产的废水至少为 2000 万 ~ 2400 万 t（杨芳英等，2013）。排放氨氮和硫酸根离子废水会导致土壤退化；水源和农田受到严重的污染，致使农田颗粒无收、水库鱼死，对生态造成了极大的威胁。如果人类长期饮用被污染的水体，身体健康会受到严重威胁。

综上所述，赣南稀土矿开发区存在山体滑坡、水体流失、重金属中毒等潜在的风险，这无论是对生态环境还是对人类健康都造成了很大的威胁。因此，要加强稀土矿开采的监督与管理，对于已经废弃的稀土矿应当及时进行生态恢复治理，防止自然、人类健康灾害的发生。

第4章 福建罗源石材矿开发区生态环境遥感监测与评估

福建省罗源县矿产资源丰富，西北部山区有着丰富的"两石"（花岗石、叶腊石）"一土"（高岭土）等资源，其中矿藏花岗石可采量2亿 m³ 以上。县境开采花岗石作建筑材料历史悠久，在唐宋时期，就已使用花岗石建造石祠、石塔及雕刻工艺品。20 世纪 90 年代后，罗源县石材业异军突起，逐渐成为中国著名的石材生产大县，石材业成为解决当地人员就业、增加财政收入来源的重要渠道。罗源石材产业迅猛发展，石材矿过度开发导致了严重的生态环境问题。矿区废石乱堆乱放，占用大量的土地，植被破坏与水体污染严重，是福建省国土厅的重点整治区域。遥感技术为矿区生态环境监测提供了重要手段。本章基于中高分辨率遥感技术开展罗源县石材矿矿区生态环境调查与评估。

4.1 罗源石材矿开发区概况

4.1.1 自然地理

罗源县又名罗川，位于闽东北沿海，地处 26°23′~26°39′N、119°7′~119°54′E。南邻连江县，西南与福州市、闽侯县接壤，西北连古田县，北和宁德市交界，东隔海与霞浦东冲半岛相望。全县面积 1187.13km²，其中陆地 1062.2km²，海域 103km²，滩涂 21.93km²（图4-1）。

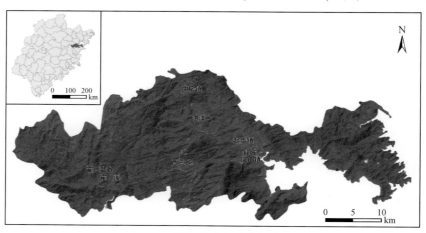

图 4-1　罗源县在福建省的位置

县境东面临海，有大小海湾 9 个、岛屿 15 个，海岸线长 129.09km。罗源湾为福建省六大深水良港之一，由碧里半岛与黄岐半岛环抱而成，口小腹大，为半封闭式溺谷型海湾，总面积约 230km²，湾顶及北部水域属罗源辖域，面积约 140km²。湾口两岸岩壁陡立，峰峦夹峙，水深 23～78m。县内有六大河流 13 条支流，河道总长 126.63km，多年平均年来水量为 22.833 亿 m³。其中霍口溪为罗源县最大河流，发源于鹫峰山脉东侧，经古田县由双口渡入境，斜贯县境西部。

4.1.2 气候特征

罗源县属中亚热带海洋性季风气候，四季分明，夏长无酷暑，冬短无严寒，雨量充沛，温暖湿润，年均气温 19.57℃，年降水量 1200～2000mm，历年平均日照时数 1676.7 小时，无霜期 280 天左右。

4.1.3 地形地貌

县境位于鹫峰山脉东南麓，三面环山，一面临海，地形为东西长条状，地势三高两低，形如"W"：西部与闽侯县、福州市交界处地势最高，多中山，有海拔 1000m 以上的山 12 座、峰 3 座；往东，高度逐渐下降，至霍口盆谷海拔只有 100m 左右；霍口盆谷向东，地势又逐渐回升，至县中、北部挺旗峰、飞仙岩一带，平均海拔 500m 以上；飞仙岩向东，高度再逐级下降，到凤山、起步平原地区海拔已低于 10m；平原以东的半岛地区地势又抬升为低山、高丘。

4.1.4 行政区划

全县有 6 个镇（凤山镇、松山镇、起步镇、中房镇、飞竹镇和鉴江镇）、5 个乡（白塔乡、洪洋乡、西兰乡、霍口畲族乡和碧里乡）和 194 个村（居、社区）。

4.2 生态系统现状及动态

4.2.1 研究区数据收集和处理

4.2.1.1 遥感数据及其他数据资料

收集的数据资料包括遥感数据、DEM 高程数据、罗源县行政区划边界以及矿区其他有关资料。表 4-1 和表 4-2 列举出了研究使用的卫星数据和其他基础地理信息数据情况。

表4-1 福建罗源石材矿开发区卫星遥感数据情况

序号	数据类型	空间分辨率/m	数据拍摄日期	行列号
1	SPOT 2 全色	10	20010302	294/297
2	Landsat 7 ETM+ 多光谱	30	20010304	119/42
3	Landsat 7 ETM+ 全色	15	20010304	119/42
4	SPOT 5 多光谱	10	20040311	295/297
5	ALOS 全色	2.5	20100318	101/3070
6	ALOS 多光谱	10	20100318	101/3070
7	SPOT 5 多光谱	10	20121016	294/297

表4-2 基础地理信息数据表

数据类型	数据格式	分辨率/比例尺
行政边界	矢量格式	1:25 万
ASTER DEM	栅格格式	30m

研究共使用了 7 景不同分辨率（2.5~30m）的卫星遥感影像，这些卫星影像数据是生态系统遥感分类的数据基础。下面介绍对这些卫星数据进行的一些预处理。

4.2.1.2 遥感数据预处理

（1）正射校正

利用 RPC 模型对 ALOS 全色及多光谱影像进行正射校正，利用物理模型对 SPOT 5 数据进行正射校正，校正精度均小于 1 个像元。以正射校正后的 ALOS 作为参考影像，对 2000 年的 SPOT 2 全色影像进行正射校正，校正精度小于 1 个像元。

（2）融合

对正射校正后的 ALOS 全色及多光谱影像、SPOT 2 全色及 Landsat 7 ETM+多光谱影像进行融合处理，通过对多种融合方法（包括 brovey、IHS 变换、小波变换、主成分变换、pansharp 等）的实验比较发现，pansharp 方法能取得最佳的融合效果，故最终选择 pansharp 融合方法对卫星影像进行融合处理。

（3）镶嵌

为了获得完整覆盖罗源县行政区域的卫星影像，需要对卫星影像进行镶嵌处理，形成研究区完整的遥感影像。

（4）按行政边界裁剪

对镶嵌后的遥感影像按照罗源县行政矢量边界图进行裁剪，最终得到 2001 年、2005 年和 2010 年福建罗源县的卫星影像图，分别见图 4-2、图 4-3 和图 4-4。其中，图 4-2 采用 2001 年 3 月 2 日的 SPOT2 全色数据与 2001 年 3 月 4 日的 Landsat 7 ETM+多光谱数据融合而成，波段组合采用 5（R）4（G）3（B）；图 4-3 由 2004 年 3 月 11 日和 2012 年 10 月 16 日获取的 SPOT5 多光谱数据镶嵌而成，波段组合采用 2（R）3（G）1（B）；图 4-4 由 2010 年 3 月 18 日的 ALOS 全色与多光谱数据融合而成，波段组合采用 3（R）4（G）2（B）。

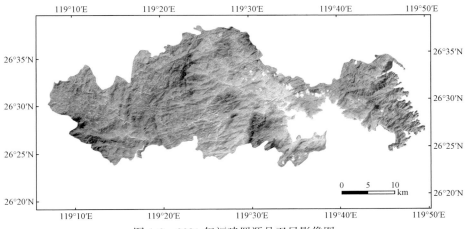

图 4-2　2001 年福建罗源县卫星影像图

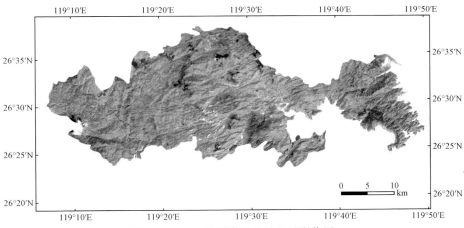

图 4-3　2005 年福建罗源县卫星影像图

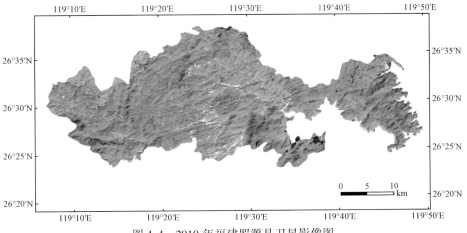

图 4-4　2010 年福建罗源县卫星影像图

4.2.2 生态系统遥感分类及精度评价

对于高分辨率影像来说，由于地物类别内部的光谱响应变异增大，传统的基于像元的遥感影像分类方法已不适合高分辨率遥感图像分类。与基于像元的分类方法相比，面向对象的方法可以有效解决高分辨率影像的分类问题。因此，研究利用 eCognition 软件进行面向对象分类。

两期影像单独分类会出现边界不一致的现象，而且 2001 年（或 2005 年）原始影像分辨率比 2010 年低，还可能出现分类精度相差太大而不能有效进行变化检测分析。为此，研究采用了回溯的方法，即以 2010 年影像分类结果约束 2001 年的分类过程。

此外，不同分类体系常常会引起面向对象分类的参数设置和分类结果的不同（Laliberte et al.，2004），需要在分类前根据需求确认类别设置。依据研究需求，设置了七大类：工矿、城镇、耕地、裸地、林地、草地和水域，其中工矿是研究重点。

在高分辨率影像中，各个类别中还含有光谱差异性比较大的子类，例如工矿中的挖损区与压占区，城镇中的居民点与石材加工厂等，情况复杂。采用人工观察特征，创建分类规则，不仅工作量大，而且易出错。决策树是一种根据系统的匀质程度指标，如信息增益、基尼指数，来生成决策规则的简单、高效并且能够处理高维数据的智能分类算法（Han et al.，2011）。该算法可以在不需要人为干预设定参数的情况下，有效处理同一类别中含有多个子类的情况，因此，本书还选择决策树分类器进行生态系统分类，图 4-5 是整个信息提取流程图。

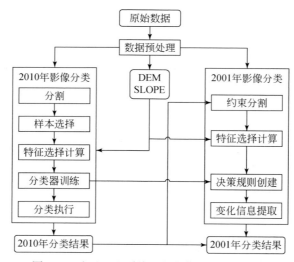

图 4-5　矿区土地覆盖及变化信息提取流程图

4.2.2.1　2010 年高分辨率影像决策树分类

分割是面向对象分类的基础，其好坏直接影响后期分类的精度和斑块边界的准确度。

关于分割质量评价和分割参数选择的问题，在实际应用中是通过选择样本区，并采用目视判断结合统计分析来确定最佳分割参数。以本研究中的工矿为例，在 shape- 0.1、color-0.9、compactness-0.5 和 smoothness-0.5 下进行多尺度分割，统计样本区域内含有工矿的总斑块数 N 和部分含有工矿类别的斑块数 N_{part}，并计算工矿类别正确分割的比率 $N_c = 100\% \times (N - N_{part}) / N$，结果见表 4-3。

表 4-3 工矿多尺度分割统计表

尺度 数量	40	50	80	100	200
N/个	412	235	152	49	14
N_{part}/个	0	4	10	14	7
N_c/%	100	98	91	71	50

从表 4-3 可以看到，当尺度为 50 时，工矿分割正确率达 98% 以上，随着尺度的增加，欠分割现象逐渐显露。如果尺度过小，会导致过分分割现象，不利于发挥面向对象分类的优势，因此取矿区分割尺度参数为 50。依此方法，确定了耕地、林地、草地为 60，城镇、裸地为 50，水域为 40。因该七类最佳分割尺度参数相差不大，可以统一取分割尺度参数为 50，以便在同一分割图层中选取样本和利用决策树算法（Lallberte et al.，2007）。

在训练决策树前，尽可能计算并利用多种与类别相关的特征，可以充分发挥决策树算法的优势来自动发现特征中类别区分度较高的特征，生成最优的判别规则。本研究中不仅选取了基于光谱、形状、纹理特征，还利用了辅助数据坡度、DEM 的均值、方差以及与植被、水体敏感的指数 NDVI、NDWI（McFeeters，1996）等共 39 个特征。其中，光谱特征包括亮度以及各波段的均值、方差；形状特征包括面积、周长、周长面积比；纹理特征包括基于灰度共生矩阵的匀质度、对比度、熵、ASM 能量、自相关度（Trimble，2011）。在按照全面、均匀分布等要求下选择各类样本（具体选择样本数见表 4-4），并计算以上特征，然后使用 eCognition 软件中的 CART 决策树分类器进行训练、分类（图 4-6），其中层 1、层 2、层 3、层 4、坡度层分别是斑块在 2010 年影像 1、2、3、4 波段中的均值以及坡度中的均值。

表 4-4 样本统计表　　　　　　　　　　　（单位：个）

类别 数量	工矿	城镇	裸地	耕地	水域	草地	林地	总和
N	283	329	82	86	53	169	236	1238

4.2.2.2 基于回溯方法的 2001 年遥感影像分类

2001 年融合后影像空间分辨率较 2010 年融合后影像低，为 10m。实地考察发现，水域、林地大部分在 10 年时间里变化幅度不明显。回溯方法正是利用了以上规律，在控制 2001 年分类精度的同时，发挥高分辨率影像边界清晰的优势，使变化信息提取更加准确。其具体步骤如下：

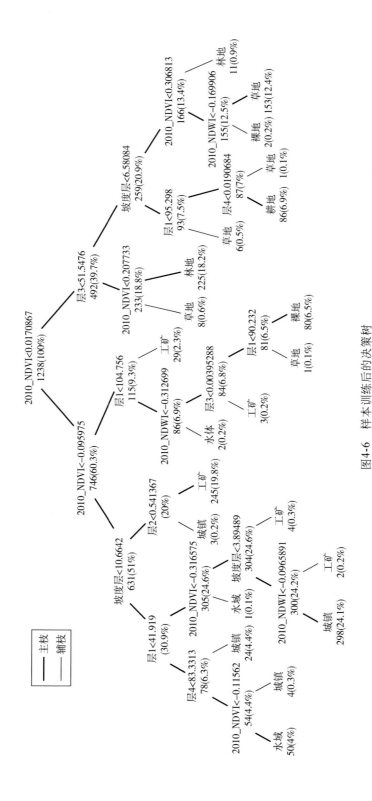

图4-6 样本训练后的决策树

1）利用 2010 年分类结果中斑块的边界约束 2001 年影像分割。以 2010 年分类之后的图层作为 2001 年分割的父类图层，根据 4.2.2.1 中分割参数选择方法确认该分割参数。经尝试和实验，分割尺度参数为 30 时效果最佳。

2）参考 2010 年决策树规则，提取变化部分。以提取在 2010 年变化为工矿的地物类别为例，当在 2001 年影像图层中的某一对象，其父对象为工矿时，其属性满足决策树中林地的判别条件，即 NDVI>0.21 且 Layer 3<51.55，或者 NDVI>0.31，Layer 3>51.55 且 SLOPE>6.58 的条件时，可以判断该对象从 2001 年的林地变化为 2010 年的工矿。其他变化信息依次类推，直至得出所有生态系统变化类别。

3）合并相邻同类斑块，生成 2001 年生态系统分类结果图，如图 4-7 所示。

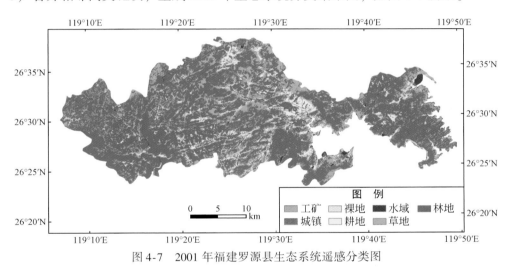

图 4-7　2001 年福建罗源县生态系统遥感分类图

依据同样的方法得到 2005 年和 2010 年生态系统分类结果图（图 4-8，图 4-9）。

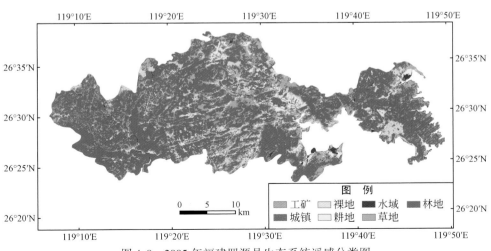

图 4-8　2005 年福建罗源县生态系统遥感分类图

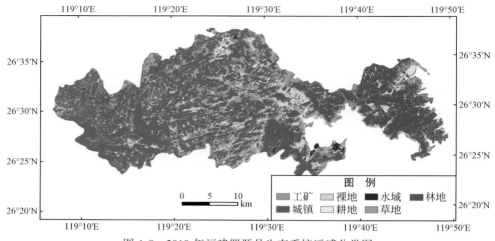

图 4-9　2010 年福建罗源县生态系统遥感分类图

4.2.3　野外调查及实地验证

仅仅依靠内业解译，分类存在较大的不确定性，分类精度难以保证，为获得较高精度的分类结果，于 2012 年 11 月赴福建罗源县开展了深入的实地考察，解决了许多内业解译中的不确定问题，增加了感性认识，获取了大量的第一手资料，有效提高了解译精度。

通过野外考察（图 4-10），共拍摄实地高清照片 285 张，手持 GPS 带坐标图片 180 张，记录验证数据 100 多条，建立起多种地物遥感影像特征与实际地物的对应，尤其是解译时容易混淆的地类，如石材厂与采矿区、采石场与采矿区、渣场与采矿区，在野外考察后均得到较好的区分。建立的主要地物遥感影像特征与实拍照片对比见表 4-5。

图 4-10　野外考察路线图

表 4-5　主要地物遥感影像特征与实拍照片对比表

总类	子类	坐标	遥感影像	实地照片
林地		119.433522°E 26.421877°N		
耕地	水田	119.489275°E 26.521442°N		
	菜园	119.543121°E 26.504118°N		
草地		119.520689°E 26.486220°N		
石材厂		119.476587°E 26.529083°N		

续表

总类	子类	坐标	遥感影像	实地照片
居民点		119.491779°E 26.514378°N		
采石场		119.566449°E 26.504083°N		
矿山	采矿区	119.432755°E 26.486297°N		
	压占区	119.433447°E 26.411143°N		
	废渣场	119.425594°E 26.462304°N		

课题组在生态系统分类结束后，于 2013 年 9 月再次赴罗源县进行野外考察确认分类情况，并为开展分类精度评价工作采集实地资料。野外考察重点为对复垦区和废弃矿区进行了确认、验证。典型复垦区和废弃矿区如图 4-11 和图 4-12 所示。

图 4-11　罗源县的一处渣场植被恢复场景

图 4-12　因非法开采而关闭的矿山

基于研究区实地考察资料，并参考 Google Earth 等资料，对研究区生态系统分类结果进行精度验证，验证结果如表 4-6 ~ 表 4-9 所示。

表 4-6　2001 年福建罗源县石材矿开采区生态系统遥感分类精度验证混淆矩阵

类名	工矿	城镇	裸地	耕地	水域	草地	林地	总计
工矿	47	0	0	0	0	3	0	50
城镇	0	48	1	0	0	1	0	50
裸地	0	5	42	0	0	5	0	50
耕地	0	3	0	45	0	1	0	50

续表

类名	工矿	城镇	裸地	耕地	水域	草地	林地	总计
水域	0	1	1	3	44	3	0	50
草地	0	0	0	0	1	48	1	50
林地	0	1	0	4	2	2	41	50
总计	47	58	44	52	47	60	42	350

表 4-7 2005 年福建罗源县石材矿开采区生态系统遥感分类精度验证混淆矩阵

类名	工矿	城镇	裸地	耕地	水域	草地	林地	总计
工矿	47	0	2	0	0	1	0	50
城镇	0	45	0	3	0	2	0	50
裸地	0	0	49	0	0	1	0	50
耕地	0	0	0	44	0	5	1	50
水域	0	0	0	3	46	1	0	50
草地	0	0	1	0	0	45	4	50
林地	0	0	1	0	0	1	48	50
总计	47	45	53	50	46	56	53	350

表 4-8 2010 年福建罗源县石材矿开采区生态系统遥感分类精度验证混淆矩阵

类名	工矿	城镇	裸地	耕地	水域	草地	林地	总计
工矿	48	0	2	0	0	0	0	50
城镇	0	47	0	1	0	0	2	50
裸地	0	1	47	0	0	0	2	50
耕地	0	1	0	43	0	3	3	50
水域	0	0	0	2	48	0	0	50
草地	0	0	0	2	1	44	3	50
林地	0	0	0	1	0	1	48	50
总计	48	49	49	49	49	48	58	350

表 4-9 福建罗源县石材矿开采区生态系统遥感分类精度统计表

类名	2001 年		2005 年		2010 年	
	生产者精度/%	用户精度/%	生产者精度/%	用户精度/%	生产者精度/%	用户精度/%
工矿	100.00	94.00	100.00	94.00	100.00	93.33
城镇	82.76	96.00	100.00	90.00	94.52	92.00
耕地	95.45	84.00	92.45	98.00	94.20	86.67
裸地	86.54	90.00	88.00	88.00	88.24	90.00
林地	93.62	88.00	100.00	92.00	85.71	96.00
草地	80.00	96.00	80.36	90.00	86.25	92.00
水域	97.62	82.00	90.57	96.00	94.52	92.00
总体精度	90.00%		92.57%		92.86%	
Kappa 系数	0.8833		0.9133		0.9167	

从精度统计结果来看，福建罗源县 3 期遥感影像的分类总体精度都达到了 90% 以上，Kappa 系数为 0.9 左右，可以满足项目的需求，为接下来的生态系统质量评价提供了可靠的数据。

此外，从信息提取过程来看，分析如下：

1）面向对象分类可以较好地解决高分辨率影像分类，但有关分割方面的研究需要进一步深入。从分类结果和变化监测结果来看，面向对象分类结果中几乎没有"椒盐"现象，与地物类别实际的变化规律相吻合，例如林地到工矿、耕地到城镇的转变几乎都是区域性的出现，可以有效地发挥高分辨率影像的优势，提升解译精度。但是面向对象分类过程中一个关键的因素——分割的方法与参数选择，实际中多数情况下仍使用目视判断和统计分析，效率较低，因此还需进行深入研究。

2）决策树的使用，可以很好地探索、发现地物类别关键区分特征，但算法本身有一定的适用性。一方面，研究区域地物类别复杂，直接、间接特征很多，通过图 4-6 中的决策树主枝和一些重要的辅枝后，发现 NDVI 可以将林地、草地、耕地与水体、工矿、裸地、城镇区分开来，SLOPE（坡度）数据可以很好地将城镇与工矿区分开来，而纹理特征在本区域的高分辨率影像分类中则没有体现出来；另一方面，决策树本身对样本的依赖性比较强，如果样本选择的数量较少，或者选择样本时各类别的子类覆盖不全，则可能出现一些不合理的决策规则，例如，选择工矿样本时，过多选择矿山挖损区而忽视压占区，将会导致决策时裸地与工矿的压占区误分。因此，有系统地选择足够数量的样本是成功使用决策树分类的关键。此外，训练生成的决策树除了主枝之外，还有许多辅枝，实际使用中还需根据实际精度需求，做一定的剪枝处理。

3）在该研究中，回溯方法较好地将中高分辨率影像结合使用。罗源区域 2000 年左右的高分辨率影像原本就很少，而且还需要与 2010 年高分辨率影像时相一致，若要同时使用两期高分辨率影像进行矿区变化信息提取，不仅可行性低，成本也高。回溯方法在扩大可使用影像范围的同时，还可以充分发挥高质量数据的优势，提升变化监测精度。

4）精度验证方法还有待深入研究。由于罗源县 2001 年可用的高分辨率影像非常有限，本书采用 10m 分辨率的 SPOT 2 融合影像，为了匹配两期影像，将 2001 年影像重采样到 2.5m，这样会对分类产生一定的影响，然而考虑到两者分辨率差别并不太大，对最终分类结果的影响比较小。但面向对象分类是基于分割的区域分类，其精度验证中应该含有与基于像元分类思想不同的新特征，例如边界的准确性。以上研究采用基于混淆矩阵、Kappa 系数为指标的基于像元的验证分析方法，其可靠性还需做进一步研究。此外，关于变化部分的分类精度验证也缺乏相应的合理方法。

4.2.4 生态系统类型分析

对 2001 年、2005 年和 2010 年福建罗源县石材矿开采区生态系统遥感分类结果进行数值统计，并计算了 10 年的面积变化，统计结果见表 4-10 和表 4-11。从表 4-10 可以看出，福建罗源县 2001 年矿区面积为 2.7029km²，2005 年增加到 5.4399km²，到 2010 年增加到

10.1894km^2，每 5 年面积翻一番；城镇也在逐年扩展，从 2001 年的 12.0629km^2 增大到 2005 年的 13.9526km^2，到 2010 年扩大到 15.4284km^2，2010 年比 2001 年增加 28%。

表 4-10　分类结果面积统计表　　　　　　　　　　（单位：km^2）

类别	2001 年	2005 年	2010 年
工矿	2.7029	5.4399	10.1894
城镇	12.0629	13.9526	15.4284
耕地	92.3100	92.8990	91.0346
裸地	0.5099	27.9200	4.8564
林地	708.9563	686.1053	692.3475
草地	211.5075	200.9897	212.2105
水域	10.9684	11.4798	12.0796

表 4-11　分类结果面积变化统计表　　　　　　　（单位：km^2）

类别	2001~2005 年	2005~2010 年	2001~2010 年
工矿	2.7371	4.7495	7.4865
城镇	1.8898	1.4757	3.3655
耕地	0.5890	-1.8644	-1.2754
裸地	27.4102	-23.0637	4.3465
林地	-22.8510	6.2421	-16.6089
草地	-10.5178	11.2208	0.7030
水域	0.5113	0.5998	1.1112

图 4-13、图 4-14 和图 4-15 分别为 2001 年、2005 年和 2010 年福建罗源县石材矿开采区生态系统遥感分类面积统计图；图 4-16 为福建罗源县石材矿开采区 2001~2010 年生态系统分类面积统计对比图。

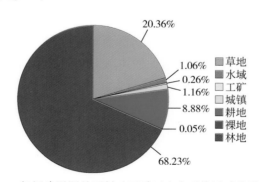

图 4-13　2001 年福建罗源县石材矿开采区生态系统遥感分类面积统计图

从图 4-13~图 4-15 可以看出，罗源县生态系统类型以林地为主，森林覆盖率达到 66% 左右，除此之外，草地和农田占近 30%。城镇、工矿面积所占比例虽然很低，但是呈逐年增加趋势，所占比例从 2001 年的 1.42% 增加到 2010 年的 2.47%，增幅高达 74%。

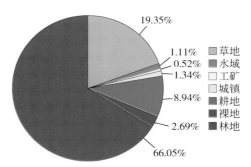

图 4-14　2005 年福建罗源县石材矿开发区生态系统遥感分类面积统计图

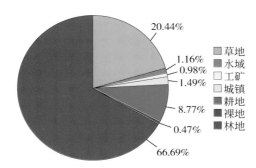

图 4-15　2010 年福建罗源县石材矿开发区生态系统遥感分类面积统计图

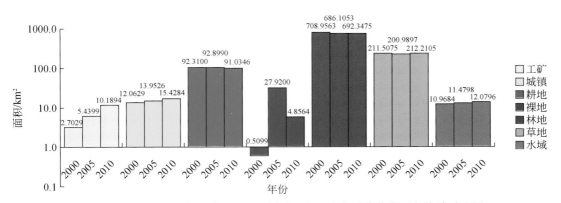

图 4-16　2001～2010 年福建罗源县石材矿开发区生态系统分类面积统计对比图

由图 4-16 可以看出，除裸地面积在 2005 年变化较大外，其他生态系统类型构成变化比较稳定。工矿区和城镇逐渐增加，林地变化幅度不大，但是呈现减少趋势，水域面积基本保持平稳。2005 年裸地面积大幅波动的原因可能是因为森林火灾，在 2005 年的遥感影像中可以看到几片面积较大呈黑色状的裸地（可能为火烧迹地），在 2010 年时，基本已恢复成草地。

4.3 罗源石材矿开发区分布及时空变化分析

基于2001年、2005年和2010年3个时相的遥感图像提取石材矿开采区，得到石材矿开采区分布图（图4-17～图4-19）。

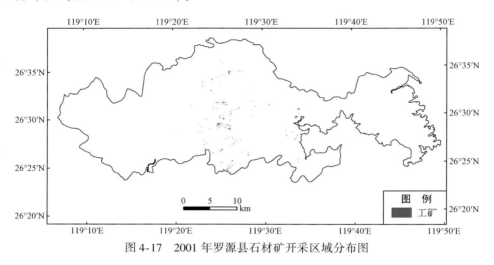

图4-17 2001年罗源县石材矿开采区域分布图

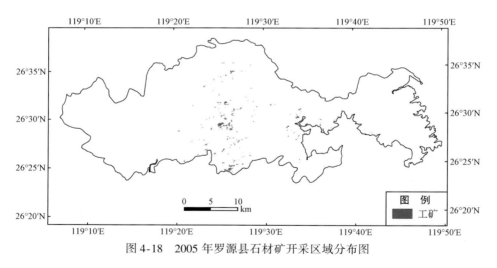

图4-18 2005年罗源县石材矿开采区域分布图

由图4-17～图4-19可以看出，罗源县石材矿开采区主要分布在中房—洪洋—西兰这一条带上，在条带内部，由于以小型开矿企业为主，矿区的分布又显得比较零散。由图4-17～图4-19统计得出，2001年、2005年和2010年石材矿开采区域面积分别为2.7029km²、5.4399km²和10.1894km²，每5年翻一番，新增矿区主要集中在西兰—洪洋地区。另外，由罗源县国土资源局发布的《福建省罗源县矿产资源规划研究报告（2008～2015)》可以看出，2000～2007年，罗源县饰面用石材产量以平均每年15.3万m³的速度

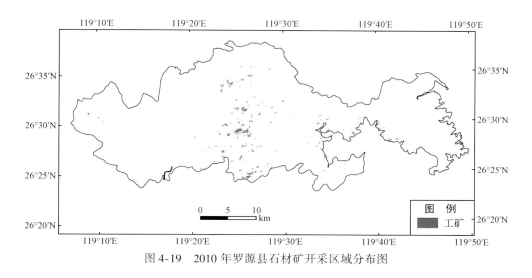

图 4-19　2010 年罗源县石材矿开采区域分布图

递增，2007 年产量达到 137 万 m³，年平均增长率为 49%。遥感数据和社会统计数据均表明，罗源石材矿业在 21 世纪初期迅速发展。

4.4　石材矿开发对周边环境的影响

4.4.1　石材矿开发对周边生态环境影响的特点

饰面石材矿是罗源县的一个主要矿种，其开采与其他矿种开采存在着本质的差别，前者以采出大块荒料（在某种意义上讲块度越大越好）为目的，而其他矿种均以采出有益的矿物为目的。大部分饰面矿山采用轨道锯开采，强化深部开采（从理论和实践两个方面都证明深部的石材质量比浅部的好），矿场采出的荒料只占采矿量的一小部分，而其余碎石却占了大部分。

基于 2010 年 2.5m 高分辨率遥感图像，将矿区进一步细分为采矿区和压占区，研究发现，采矿区的面积只有 1.4473km²，仅占矿区总面积的 14.3%，剩余绝大部分为压占区。因此，矿山固体废弃物对地表植被的压占是石材矿开发对周边生态环境影响的主要特点。

4.4.2　石材矿开发对周边生态系统的破坏

石材矿开采活动通过对地表的挖损、矿石以及矿山废石对地表植被的压占和破坏等导致了地表覆盖类型的变化，对矿区周边的生态系统造成了直接的影响。基于 3 个时相的矿区地表覆盖类型分类图得到 2001～2005 年、2005～2010 年和 2001～2010 年矿区生态系统类型转化情况图，分别如图 4-20～图 4-22 表示。表 4-12 和表 4-13 分别统计了矿区新增面积和矿区复垦面积的生态系统类型转化情况。

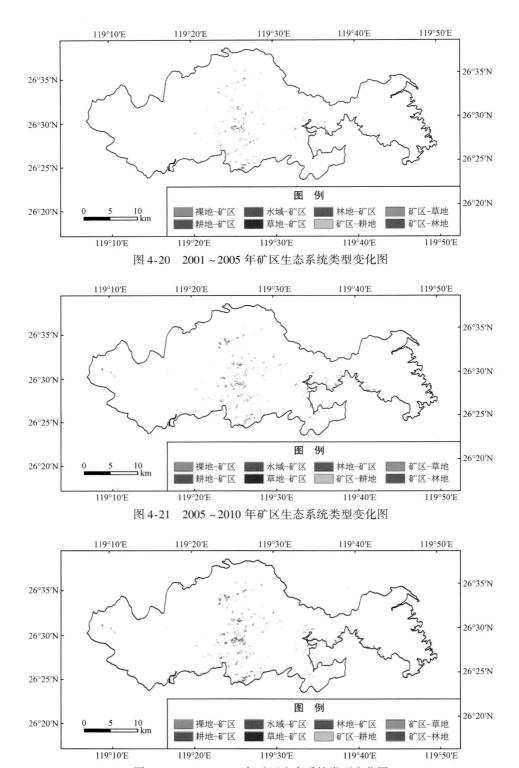

图 4-20　2001～2005 年矿区生态系统类型变化图

图 4-21　2005～2010 年矿区生态系统类型变化图

图 4-22　2001～2010 年矿区生态系统类型变化图

表 4-12　矿区新增面积统计表　　　　　　　　（单位：km²）

矿区变化	2001～2005 年	2005～2010 年	2001～2010 年
林地–矿区	2.9186	5.1320	8.3789
草地–矿区	0.3807	0.3923	0.0029
耕地–矿区	0.0674	0.4081	0.0000
湿地–矿区	0.0170	0.0199	0.0000
裸地–矿区	0.0002	0.0974	0.0002
总和	3.3840	6.0497	8.3820

表 4-13　矿区复垦面积统计表　　　　　　　　（单位：km²）

矿区变化	2001～2005 年	2005～2010 年	2001～2010 年
矿区–耕地	0.0245	0.0978	0.0511
矿区–草地	0.2476	0.7285	0.5396
矿区–林地	0.3685	0.3866	0.2994
总和	0.6405	1.2129	0.8901

从表 4-12 统计结果看，2001～2010 年，矿区面积增加 8.382 km²，且矿区的增加绝大多数占用了林地。从表 4-13 统计结果来看，矿区复垦的面积很有限，且复垦的主要类型是草地，复垦为林地的面积很小。从生态系统的角度看，林地比草地具有更高的生产力和更强的生态保持功能，石材矿的开发，一方面占用大量面积的林地，另一方面复垦为林地的面积十分有限，很容易导致该矿区周边生态系统变脆弱。

4.4.3　石材矿开发对周边城镇扩展的影响

罗源县矿山开采带动了罗源县的经济发展和城市化进程。从 2010 年的高分辨率影像中可以提取出石材厂与一般的建设用地的分布格局及面积信息（图 4-23 和表 4-14）。结果显示，罗源县 2010 年城镇面积达 15.41 km²，其中石材厂占地面积为 3.29 km²，达 21.37%。

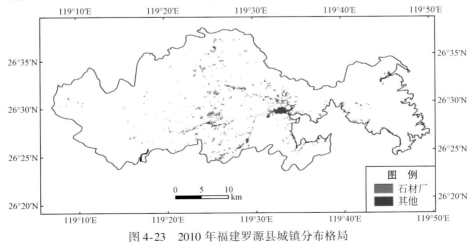

图 4-23　2010 年福建罗源县城镇分布格局

表 4-14　罗源县 2010 年城镇构成面积统计表

城镇构成	面积/km²	百分比/%
石材厂	3.2930	21.37
其他建设用地	12.1184	78.63
总和	15.4114	100.00

根据 2001 年、2005 年和 2010 年的生态系统类型分类结果，提取罗源县 2001～2005 年、2005～2010 年和 2001～2010 年 3 个时期的城镇变化信息（图 4-24、图 4-25 和图 4-26）。

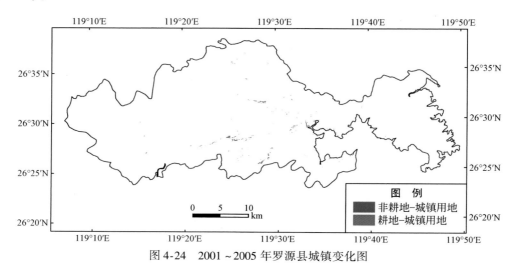

图 4-24　2001～2005 年罗源县城镇变化图

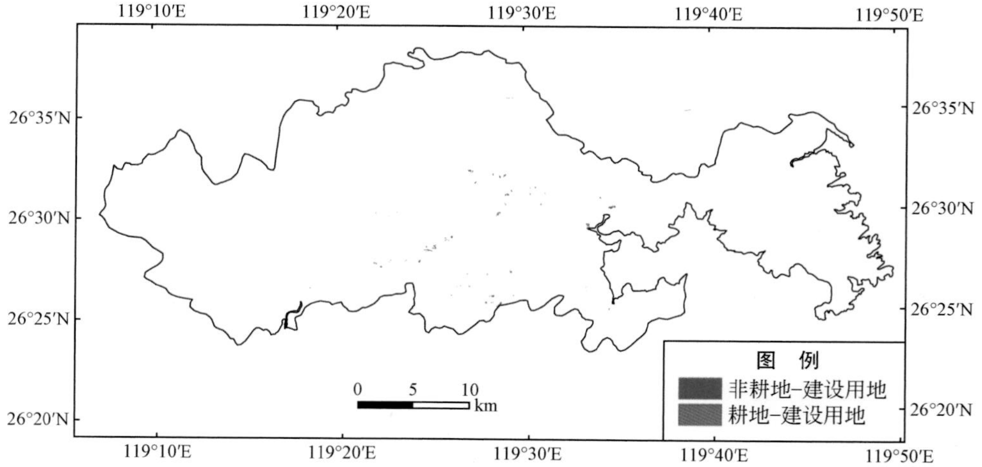

图 4-25　2005～2010 年罗源县城镇变化图

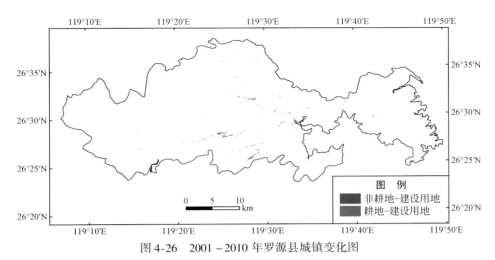

图 4-26　2001～2010 年罗源县城镇变化图

表 4-15　福建省罗源县 3 期城镇变化统计信息　　　　（单位：km²）

变化信息	2001～2005 年	2005～2010 年	2001～2010 年
耕地–建设用地	1.7854	1.0045	3.2879
非耕地–建设用地	0.1044	0.4712	0.0776
总和	1.8898	1.4757	3.3655

　　图 4-24、图 4-25、图 4-26 以及表 4-15 表明，城镇扩展占用的土地类型主要为耕地，而且位置集中在罗源县城以及洪洋乡、西兰乡，与 2010 年石材厂的分布吻合。由此可见，石材产业影响了罗源县的城镇化发展。石材产业的发展带动了一系列下游领域的发展，包括石材工人就业、住房、交通基础设施、石材产品加工和销售等，这些产业的发展和石材开发密切相关。其他矿区的研究也有类似的发现，即采矿业发展的"溢出效应"（Sonter et al.，2014）。因此，在制定地区矿业发展规划时，必须合理考虑下游相关行业的土地利用规划。

4.5　生态系统质量十年变化

4.5.1　石材矿开发区生态系统格局及演变

　　基于生态系统分类结果，统计了罗源县矿产资源开发区生态系统类型转移矩阵，解释了各种生态系统类型详细转化过程（表 4-16、表 4-17 和表 4-18）。

表 4-16　2001～2005 年生态系统类型转移矩阵　　　　（单位：km²）

类型	工矿	城镇	裸地	农田	水域	草地	林地
工矿	2.0510	0.0076	0.0002	0.0245	0.0033	0.2476	0.3685
城镇	0.0049	12.0550	0.0000	0.0029	0.0000	0.0000	0.0000

类型	工矿	城镇	裸地	农田	水域	草地	林地
裸地	0.0002	0.1046	0.0780	0.1459	0.0008	0.1176	0.0629
农田	0.0674	1.7854	0.3517	89.5755	0.1234	0.1126	0.2940
水域	0.0170	0.0000	0.0001	1.2453	9.3776	0.2174	0.1104
草地	0.3807	0.0000	11.3647	0.0000	0.0167	199.7455	0.0000
林地	2.9186	0.0000	16.1254	1.9049	1.9581	0.5491	685.2697

由表 4-16 可以看出，2001～2005 年，工矿面积由 2.7029 km² 扩大至 5.4399km²，增大 2.737 km²，扩大一倍多，其占用的生态系统类型主要为林地和草地，面积分别为 2.9186 km² 和 0.3807km²。同时部分废弃的矿区经过治理，恢复成了林地和草地等类型，其中恢复成林地的面积为 0.3685 km²，恢复成草地的面积为 0.2476 km²。2001～2005 年，城镇面积由 12.0629 km² 扩大至 13.9526 km²，扩大 1.8897 km²，其占用的生态系统类型主要为农田和裸地，面积分别为 1.7854 km² 和 0.1046 km²，而城镇与其他生态系统类型之间则基本没有转化。

表 4-17　2005～2010 年生态系统类型转移矩阵　　　　　（单位：km²）

类型	工矿	城镇	裸地	农田	水域	草地	林地
工矿	4.1118	0.0120	0.0841	0.0978	0.0191	0.7285	0.3866
城镇	0.0276	13.8561	0.0426	0.0022	0.0000	0.0223	0.0019
裸地	0.0974	0.1045	0.4262	0.2545	0.0000	11.3647	15.6726
农田	0.4081	1.0045	0.3056	89.7925	1.3842	0.0000	0.0000
水域	0.0199	0.0088	0.1529	0.8876	10.3302	0.0248	0.0000
草地	0.3923	0.1485	0.2485	0.0000	0.1075	200.0702	0.0000
林地	5.1320	0.2940	3.5965	0.0000	0.2384	0.0000	676.2858

由表 4-17 可以看出，2005～2010 年，工矿面积由 5.4399 km² 扩大至 10.19km²，增大 4.7501km²，扩大 87%，其占用的生态系统类型主要为林地，面积为 5.132km²。同时废弃的矿区经过治理，恢复成了林地和草地等类型，其中恢复成林地的面积为 0.3866km²，恢复成草地的面积为 0.7285km²。2005～2010 年，城镇面积由 13.9526 km² 扩大至 15.43km²，扩大 1.4774km²，其占用的生态系统类型主要为农田和林地，面积分别为 1.0045km² 和 0.2940km²，而城镇与其他生态系统类型之间则基本没有转化。

表 4-18　2001～2010 年生态系统类型转移矩阵　　　　　（单位：km²）

类型	工矿	城镇	裸地	农田	水域	草地	林地
工矿	1.7719	0.0199	0.0187	0.0511	0.0021	0.5396	0.2994
城镇	0.0355	11.9584	0.0426	0.0022	0.0000	0.0223	0.0019

类型	工矿	城镇	裸地	农田	水域	草地	林地
裸地	0.0002	0.1160	0.1938	0.0891	0.0007	0.1031	0.0070
农田	0.0000	3.2879	0.0000	88.9347	0.0769	0.0000	0.0000
水域	0.0000	0.0000	0.2364	1.9574	8.6843	0.0879	0.0000
草地	0.0029	0.0357	0.0113	0.0000	0.0000	211.4576	0.0000
林地	8.3789	0.0105	4.3536	0.0000	3.3156	0.0000	692.0391

由表 4-18 可以看出，2001～2010 年，工矿面积由 2.7029km^2 扩大至 10.1894km^2，增大 7.4865km^2，扩大了两倍多，其占用的生态系统类型主要为林地，面积为 8.3789km^2。同时部分废弃的矿区经过治理，恢复成了林地和草地等类型，其中恢复成林地的面积为 0.2994km^2，恢复成草地的面积为 0.5396km^2。2001～2010 年，城镇面积由 12.0629 km^2 扩大至 15.4284km^2，增大 3.3655km^2，扩大 28%，其占用的生态系统类型主要为农田，面积为 3.2879km^2，而城镇与其他生态系统类型之间则基本没有转化。

综上所述，罗源县生态系统类型转移主要发生在林地与矿区、农田与城镇之间。工矿扩张破坏大量林地，而矿区复垦面积有限。城镇扩张占用生态系统类型主要为农田，而城镇用地与其他生态系统类型之间则基本没有转化，即城镇扩张具有不可逆性。快速发展的采矿活动和城市化进程显著改变了罗源县的生态系统地表覆被类型。

4.5.2 石材矿开发区景观指数

主要以斑块数和类平均斑块面积来表征石材矿开发区的景观指数，根据分类结果，对小于 50 像元的图斑进行邻近合并后，应用 GIS 技术以及景观结构分析软件 Fragstats3.3 统计得到各生态系统类别的斑块数和类平均斑块面积，见表 4-19 和表 4-20。

表 4-19　福建罗源各生态系统类型斑块数统计表

类型	2001 年	2005 年	2010 年
工矿	244	517	259
城镇	656	660	631
裸地	48	128	157
农田	2 865	3 007	2 788
水域	565	2 456	523
草地	29 872	30 433	29 841
林地	13 792	9 957	5 552
总和	48 042	47 158	39 751

表 4-20　福建罗源各生态系统类型平均斑块面积统计表　　　　（单位：$10^{-2}km^2$）

类型	2001 年	2005 年	2010 年
工矿	1.1077	1.0522	3.9341
城镇	1.8389	2.1140	2.4451
裸地	1.0622	21.8125	3.0932
农田	3.2220	3.0894	3.2652
水域	1.9413	0.4674	2.3097
草地	0.7080	0.6604	0.7111
林地	5.1403	6.8907	12.4702

从表 4-19 可以看出，2001 年工矿斑块数为 244，2005 年为 517，2010 年为 259，说明矿区的数量从 2001 年、到 2005 年、再到 2010 年，是一个先变多后减少的趋势。表 4-20 中的工矿平均斑块面积从 2001 年的 $0.011km^2$ 增加到 2010 年的 $0.039km^2$，这反映了罗源县矿山开采经历了一个从少到多，由分散到集中开采的过程。"十五"期间，罗源县政府完成了首轮矿产资源总体规划，调整矿业结构，提升矿山开采规模等级，强调规模化开采，提高大中型矿山比例，本研究也在一定程度上表明了政府规划取得了一定的成效。

4.5.3　石材矿开发区植被覆盖研究

基于研究区 2001 年、2005 年和 2010 年遥感影像，按照植被覆盖度计算公式得到研究区的 3 期植被覆盖度图，并依据植被覆盖度分级划分标准，生成植被覆盖等级图，如图 4-27～图 4-29 所示，同时对 3 期植被覆盖等级图进行统计分析，结果如表 4-21 所示。

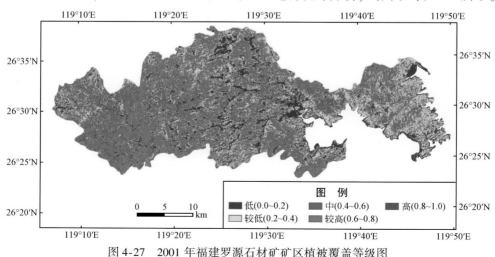

图 4-27　2001 年福建罗源石材矿矿区植被覆盖等级图

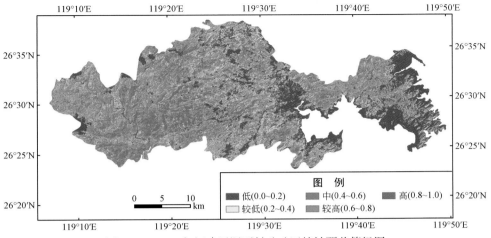

图 4-28　2005 年福建罗源石材矿矿区植被覆盖等级图

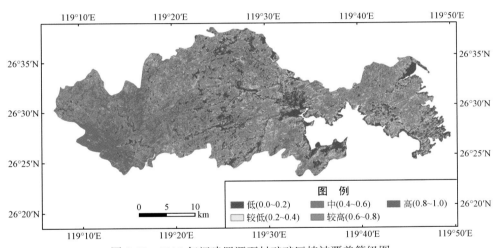

图 4-29　2010 年福建罗源石材矿矿区植被覆盖等级图

表 4-21　2001 年、2005 年、2010 年福建罗源石材矿矿区植被覆盖等级面积统计表

植被覆盖度	2001 年		2005 年		2010 年	
	面积/km²	百分比/%	面积/km²	百分比/%	面积/km²	百分比/%
低植被覆盖度	158.3118	15.22808	347.9632	33.4925	205.6207	19.7916
较低植被覆盖度	270.5193	26.02137	318.2141	30.6291	221.3449	21.3051
中植被覆盖度	436.1616	41.95457	233.0846	22.4351	266.0992	25.6129
较高植被覆盖度	154.8873	14.89868	109.2449	10.5152	213.8124	20.5801
高植被覆盖度	19.7244	1.897299	30.4207	2.9281	175.9998	12.7102

　　植被覆盖度是刻画地表植被覆盖的重要参数，在生态环境变化研究、地表过程模拟和水文生态模型中发挥着重要作用。遥感技术由于其大范围的数据获取和连续观测能力，是区域及全球植被覆盖度估算的有效手段。图 4-27、图 4-28 和图 4-29 分别为 2001、2005 和

2010 年福建省罗源县石材矿矿区植被覆盖等级图，表 4-21 为 2001～2010 年罗源县石材矿矿区植被覆盖度分级面积统计表。虽然 2005 年、2010 年矿区面积增加，但是从植被覆盖度的统计表来看，高植被覆盖区域的比例有所提高，中植被覆盖度和较高植被覆盖度比例均先下降再上升，这表明 10 年来罗源县植被覆盖虽然受到矿产开发和城市化的影响，但由于矿区面积和城市化区域面积占罗源全境的比例较小，整个县境植被覆盖状况呈现良好态势，尤其是高植被覆盖度的区域。

另外，这里用于植被覆盖变化研究的遥感数据时相有限，难以揭示植被覆盖的动态连续变化特征；同时也难以避免突发事件的影响，例如，2005 年遥感影像上有疑似火烧迹地存在，导致 2005 年低植被覆盖度比例大幅上升。为了更好地研究植被覆盖动态变化，未来的发展趋势是集成多源遥感数据，生成高时空分辨率长时间序列的植被覆盖度数据集，这样才能更好地揭示植被覆盖的动态变化特征（贾坤等，2013）。

4.5.4 林地、草地及区域生态质量指数

生态环境质量是指生态环境的优劣程度，它以生态学理论为基础，在特定的时间和空间范围内，从生态系统层次上，反映生态环境对人类生存及社会经济持续发展的适宜程度，是根据人类的具体要求对生态环境的性质及变化状态的结果进行评定。

生态环境质量评价就是根据特定的目的，选择具有代表性、可比性、可操作性的评价指标和方法，对生态环境质量的优劣程度进行定性或定量的分析和判断。遥感指数法是一种简单有效的生态环境质量评价方法。

依照林地、草地以及区域的生态质量指数计算公式，计算得到罗源县林地、草地以及区域的生态质量指数。

表 4-22 林地、草地以及区域生态质量指数

生态质量	2001 年	2005 年	2010 年
林地	0.3178	0.2816	0.3122
草地	0.2322	0.1837	0.2087
区域	0.2982	0.2594	0.2879

由表 4-22 可以看出，林地、草地和区域生态质量指数都呈现出相似的规律：2001 年到 2005 年再到 2010 年，呈现先降低再增高的趋势，这反映出当地的生态质量状况 2001～2005 年有所恶化，而 2005～2010 年又有较大幅度的改善。2005 年以来的生态质量改善可能与当地政府和民众的环保意识提高有关，同时本节的研究结果和植被覆盖度的研究结果也有着较好的一致性。

4.6 罗源石材矿开发区存在的生态环境问题与风险

基于遥感图像解译和实地调查分析发现，罗源县石材矿开发导致的生态环境问题主要表现为矿山固体废弃物对地表植被的破坏和矿山废渣对河流水体的污染。

（1） 对地表植被的破坏

矿山固体废弃物对地表植被的压占是石材矿开发对周边生态环境影响的主要问题。根据罗源县国土资源局发布的《福建省罗源县矿产资源规划研究报告（2008-2015）》中的数据，2007 年全县的矿山固体废弃物年排放量为 135.79 万 t，累计积存量 524.78 万 t，累计积存量占全市的 80%。大量固体废弃物不仅压占了大量地表植被，还容易引起山石滑落等地质灾害和安全隐患。

（2） 矿山废渣对河流水体的污染

渣场对河流水体的污染也非常严重，造成所谓的"牛奶溪"。图 4-30 是西兰乡的一处渣场，红色圆圈表示的是被渣场废渣污染的河流。

图 4-30　西兰乡一渣场实地照片

如图 4-31 所示，在遥感影像上，部分水体颜色存在差异。水体颜色差异可能是由于矿区废弃物直接排放到水体中导致，实际调查就发现部分水域为"牛奶溪"，如图 4-31 中标出的河道 1、河道 2、河道 3 以及污染水库 A 和污染水库 B。

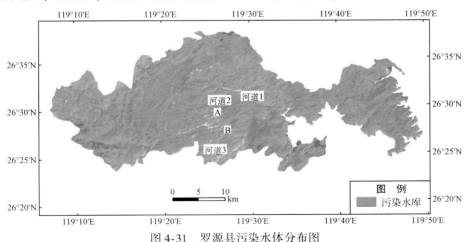

图 4-31　罗源县污染水体分布图

河流水库污染一方面导致当地居民生活用水的水源减少，另一方面对下游的水田种植灌溉也造成一定程度的影响，这也成为当地居民的身体健康和作物无污染种植的安全隐患。

| 第 5 章 | 湖北大冶多金属矿开发区
生态环境遥感监测与评估

5.1 湖北大冶多金属矿开发区概况

大冶市是座典型的资源型城市，是青铜文化发祥地。大冶矿产丰富，素有"百里黄金地，江南聚宝盆"之美誉。地处湖北省东南部、长江中游南岸，全市国土面积 1566 km²，辖 11 个乡镇、3 个城区街道办事处和 1 个省级经济开发区，总人口 93 万人。这个因"大兴炉冶"而得名的古城，有着 3000 多年的采冶史、1000 多年的建置史。现在，湖北大冶的矿产主要是能源矿（煤炭）、多金属矿（铁铜金等）以及石材矿。

5.1.1 自然地理

大冶地处武汉、鄂州、黄石、九江城市带和湖北"冶金走廊"腹地，地处 114°31′ ～ 115°20′E，29°40′ ～ 30°15′N。西北与鄂州市为邻，东北与蕲春、浠水县隔江相对，西南与武汉市、咸宁市毗邻，东南与阳新县接壤。

大冶市地处幕阜山脉北侧的边缘丘陵地带，地形以丘陵、山地、平原为主，地形分布是：南山北丘东西湖，南高北低东西平。海拔为 120 ～ 200m，最高点为太婆尖，海拔为 839.19m，最低在市东港底，海拔 11m。丘陵地带主要分布在境内中、东、西、北部，占境域面积的 67%，南部偏东以山地为主，占 15%，湖泊主要分布在境内的东、西部，平原主要分布在湖泊周围、河流两岸和山谷之中，湖泊、平原面积均占市域面积的 9%。

据《大冶市国土资源公报（2013 年度）》统计，大冶市域总面积 1566.3km²，其中，耕地面积 501.5 km²，园地面积 225.9km²，林地面积 363.0km²。大冶市水域面积 146.7km²，多年水资源总量 1.217km³，地下水多年平均值 0.23km³。境内有集水面积 10km² 以上的河流 30 条，总长 368km，主要河港有大冶湖主港、栖儒港、小箕铺港、南峰港、高河港。境内主要湖泊有大冶湖、保安湖和三山湖，流域面积分别是 1106km²、285km² 和 243km²。有中、小水库 114 座，其中，有毛铺、杨桥、九桥 3 座中型水库，小（一）型水库 24 座，小（二）型水库 87 座，总库容量 0.154km³，有效灌溉面积 231.7km²。

大冶属典型的大陆性季风气候，冬冷夏热，四季分明，光照充足，雨量充沛，年平均气温 17.3℃，年均降水量 1507.3mm。主要灾害有水灾、旱灾、风灾和冻灾。

5.1.2　矿产资源

大冶矿产丰富，已发现和探明的大小矿床（点）273 处，金属矿、非金属矿 53 种，是全国六大铜矿生产基地、十大铁矿生产基地和建材重点产地。黄金、白银产量居湖北省之冠，硅石矿储量居世界第二。现在，湖北大冶的矿产主要是能源矿（煤炭）、多金属矿（铁铜金等）以及石材矿。

5.2　生态系统现状及动态

大冶市生态系统类型以耕地和林地为主，所占面积分别达到 40% 和 30% 以上，除此之外，水域面积占 10% 以上。城镇、工矿面积所占比例虽然很低，但是呈逐年增加趋势，所占比例分别从 2001 年的 4.5% 和 0.62% 到 2010 年的 9.7% 和 1.44%，占比基本翻倍。而耕地、林地的面积则有所减少，但由于基数较大，幅度不是很明显，其他生态类型保持相对稳定的状态。

5.2.1　研究区数据收集和处理

5.2.1.1　遥感数据及资料收集

数据资料收集包括遥感数据、DEM 高程数据、大冶市乡镇级行政区划边界以及矿区其他有关资料。表 5-1 和表 5-2 为研究区数据资料收集情况。

表 5-1　湖北大冶多金属矿开发区遥感数据情况

序号	产品类型	空间分辨率/m	数据拍摄日期
1	SPOT 2	10	20000614
2	Landsat ETM+	30	20001101
3	SPOT 2	10	19990803
4	SPOT 5	10	20050929
5	SPOT 5	2.5	20050929
6	ALOS 多光谱	10	20101106
7	ALOS 多光谱	10	20101205
8	ALOS 全色	2.5	20101106
9	ALOS 全色	2.5	20101106
10	ALOS 全色	2.5	20101106
11	ALOS 全色	2.5	20101205

表 5-2　湖北大冶多金属矿开发区基础地理信息数据表

产品类型	数据格式	分辨率/尺度
行政边界	矢量格式	乡镇级
ASTER DEM	栅格格式	30m 分辨率

研究区遥感数据包括 2010 年的 4 景 2.5m 分辨率 ALOS 全色影像（表 5-1 中 8、9、10 这 3 景影像为同一日期拍摄的同一轨道上下相邻 3 景数据）和 2 景 10m 分辨率多光谱影像、2005 年 1 景 2.5m 分辨率 SPOT 5 全色影像和 1 景 10m 分辨率多光谱影像、以及 1999、2000 年各 1 景 10m 分辨率 SPOT 2 影像和 1 景 30m 分辨率 Landsat ETM+影像。这些影像数据是生态系统遥感分类的基础。除此之外，还收集了研究区基础地理信息数据，包括乡镇级的行政边界和 30m 分辨率的 DEM 数据，用于辅助遥感影像分类和进行生态区遥感质量评价。

5.2.1.2　遥感图像预处理

（1）正射校正

完成了所收集的 TM、ETM+图像的正射校正，并利用 RPC 模型对 ALOS 全色及多光谱影像进行正射校正，利用物理模型对 SPOT 5 数据进行正射校正，校正精度小于 1 个像元。以正射校正后的 2.5m ALOS 或 SPOT 5 作为参考影像，采用轨道成像模型对 2000 年的 SPOT 2 全色影像进行正射校正，校正精度小于 1 个像元。

（2）融合

对正射校正后的 SPOT 5、ALOS 全色及多光谱影像，以及 SPOT 2 全色及 Landsat 7 ETM+多光谱影像进行融合处理，通过对多种融合方法（brovey、IHS 变换、小波变换、主成分变换、pansharp 等）的实验比较发现，pansharp 方法能取得最佳的融合效果，最终选择 pansharp 融合方法。

（3）镶嵌

根据研究区矢量边界图，利用融合后的影像进行镶嵌，尽可能形成研究区完整的遥感影像。

（4）按行政边界裁剪

对镶嵌后的遥感影像按照研究区行政矢量边界图进行裁剪，最终得到 3 期研究区影像图，如图 5-1 ~ 图 5-3 所示。图 5-1 采用 2000 年 6 月 14 的 SPOT 2 数据与 2000 年 11 月 1 日的 Landsat 7 ETM+数据融合而成，波段组合采用 5（R）4（G）3（B）；图 5-2 由 2005 年 9 月 29 日获取的 SPOT 5 全色和多光谱数据融合镶嵌而成，波段组合采用 2（R）3（G）1（B）；图 5-3 由 2010 年 11 月 6 日和 2010 年 12 月 5 日获取的 ALOS 数据融合镶嵌而成，波段组合采用 3（R）4（G）2（B）。

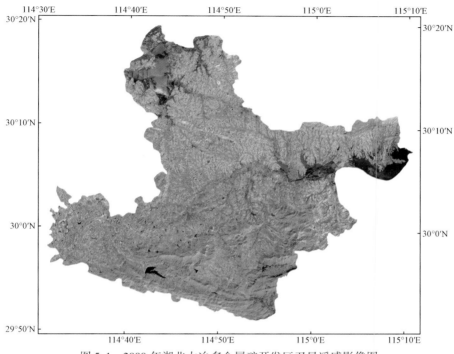

图 5-1　2000 年湖北大冶多金属矿开发区卫星遥感影像图

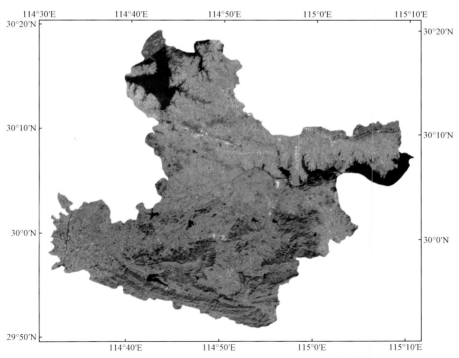

图 5-2　2005 年湖北大冶多金属矿开发区卫星遥感影像图

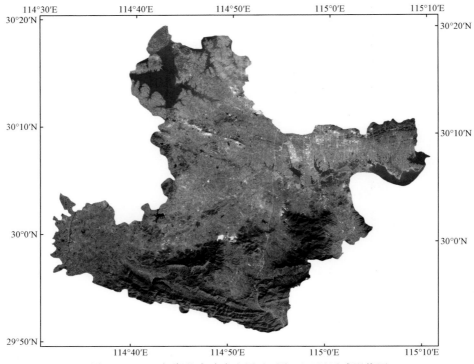

图 5-3　2010 年湖北大冶多金属矿开发区卫星遥感影像图

5.2.2　生态系统遥感分类

5.2.2.1　生态系统遥感分类方法

本次影像分类工作采用基于面向对象和回溯的分类方法，首先用 eCognition 软件对 2010 年湖北大冶市遥感影像进行分类，然后在 Google Earth 和野外验证资料的辅助下，基于人机交互对分类结果进行修改。然后在 2010 年分类的基础上，利用回溯的原理对大冶市 2000 年和 2005 年两期遥感影像进行分类。利用遥感技术对矿区生态系统进行分类是一种快速、有效的方法。

在大冶矿区的信息提取过程中，水域、林地、城镇信息较易获取，草地与耕地较难区分，这是由于南方地区植被比较繁茂，又有部分耕地撂荒，造成了分类困难；此外，大型尾矿库获取精度较高，小型尾矿库由于利用洼地排放或设施简易，与坑塘水面等不易区分，在计算机进行各类别自动提取之后，人为检查出错分类别，进行人工订正，提高分类精度。

5.2.2.2　野外调查

2012 年 10 月，课题组对大冶矿区进行了野外考察，主要目的是：①验证分类精度；②获取遥感图像上不确定地类的实地信息；③基础资料收集。

　　大冶市野外调查分三条路线，覆盖大冶市整个行政区范围：第 1 条路线沿大广高速从市区向南延伸；第 2 条路线调查大冶市北部地区；第 3 条路线考察大冶市西南部地区。野外考察路线及考察点分布见图 5-4、图 5-5。图 5-4 为整体概况图，详细信息参见图 5-5。主要地物的遥感影像特征与实拍照片对比见表 5-3。

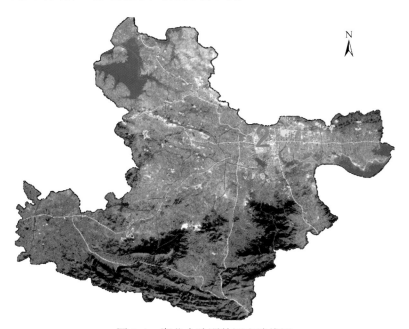

图 5-4　湖北大冶野外调查路线图

图 5-5　湖北大冶野外调查路线图（局部放大图）

图 5-5 中红色点号为分类结果验证点，黄色多边形为不确定类，红色多边形为行政边界，黄色线为野外调查行车路线。

表 5-3　主要地物遥感影像特征与实拍照片对比表

生态系统类别	经纬度坐标	子类	遥感影像地物特征	实地考察拍摄地物特征
林地	114.902808°E 30.005273°N	林地	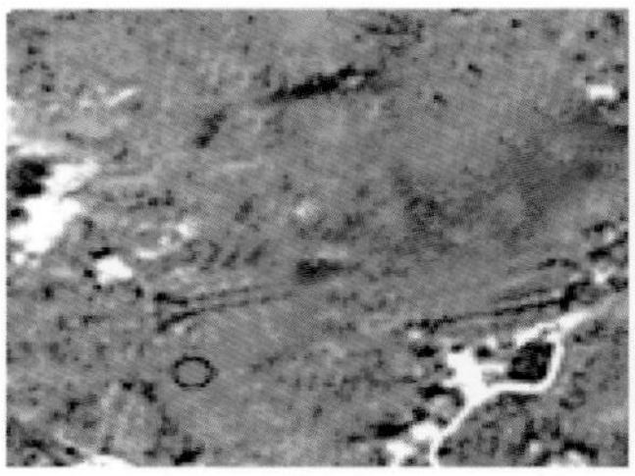	
耕地	114.903915°E 30.102935°N	水稻		
裸地	115.112586°E 30.16143°N	秃山	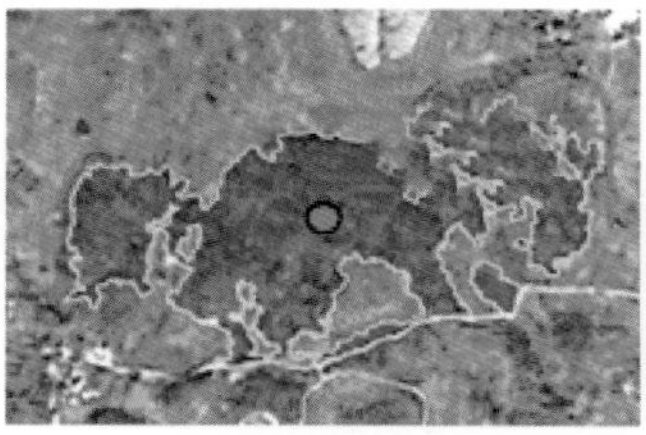	
居民点	114.900686°E 29.890763°N	农村	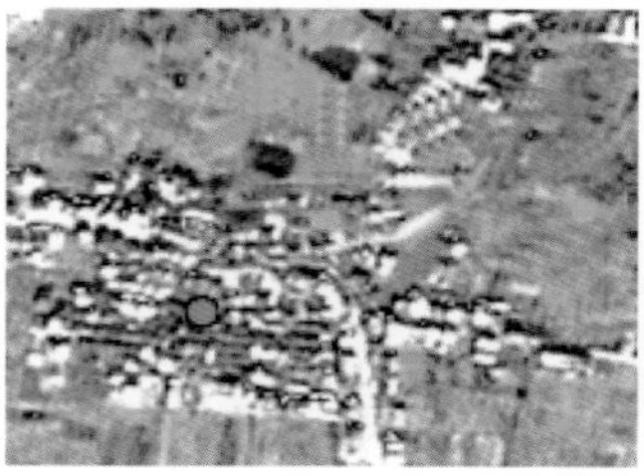	

续表

生态系统类别	经纬度坐标	子类	遥感影像地物特征	实地考察拍摄地物特征
居民点	114.62771°E 30.0152°N	城镇居民点		
矿山	114.838661°E 30.000044°N	大型矿山及其尾矿坝		
	114.821387°E 30.001955°N	大型尾矿区		
	114.745851°E 30.146928°N	采矿塌陷及积水地		

生态系统类别	经纬度坐标	子类	遥感影像地物特征	实地考察拍摄地物特征
城镇	114.987696°E 30.148758°N	经济技术开发区		

注：红色点位为 GPS 采样点。

5.2.2.3　生态系统遥感分类结果分析

经过内业解译和外业验证最终得到 2000 年、2005 年、2010 年湖北大冶多金属矿开发区生态系统遥感分类图（图 5-6、图 5-7 和图 5-8）。3 期遥感影像分类结果的精度都在 90% 左右，具体参见表 5-4，即 2000 年、2005 年、2010 年湖北大冶多金属矿开发区生态系统遥感分类精度统计表。

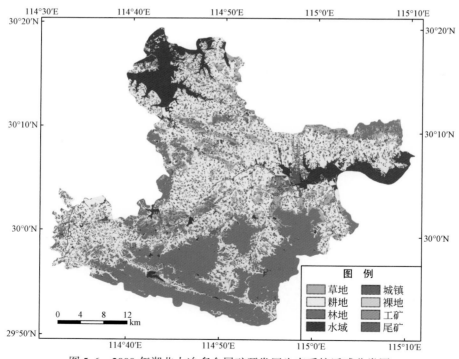

图 5-6　2000 年湖北大冶多金属矿开发区生态系统遥感分类图

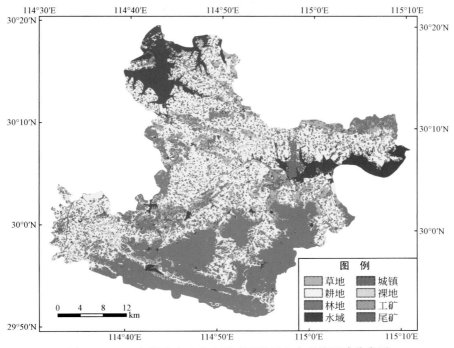

图 5-7   2005 年湖北大冶多金属矿开发区生态系统遥感分类图

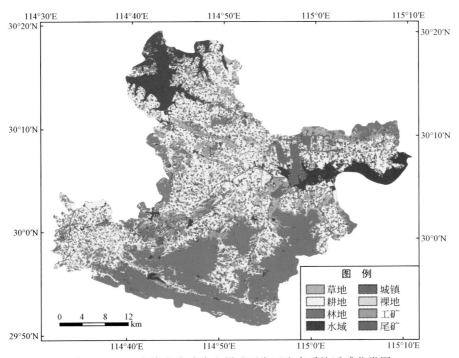

图 5-8   2010 年湖北大冶多金属矿开发区生态系统遥感分类图

　　采用等样随机选点的方法，分别对 2000 年、2005 年、2010 年的分类结果图各选取400 点，其中每类选取 50 个点，以 Google Earth 和高分辨率影像为参考数据，并结合野外调查资料，进行精度评价，最终得到统计结果，其混淆矩阵和精度对比分析结果分别如表5-4、表 5-5、表 5-6 和表 5-7 所示。

表 5-4　2000 年湖北大冶多金属矿开发区生态系统遥感分类混淆矩阵

类型	工矿	城镇	耕地	裸地	林地	草地	水域	尾矿
工矿	41	0	7	0	0	1	1	0
城镇	0	50	0	0	0	0	0	0
耕地	3	0	41	0	0	1	5	0
裸地	0	0	1	48	0	0	1	0
林地	0	0	4	0	46	0	0	0
草地	0	0	3	0	1	45	1	0
水域	5	0	2	0	0	0	43	0
尾矿	2	2	0	1	1	0	1	43

表 5-5　2005 年湖北大冶多金属矿开发区生态系统遥感分类混淆矩阵

类型	工矿	城镇	耕地	裸地	林地	草地	水域	尾矿
工矿	50	0	0	0	0	0	0	0
城镇	0	41	1	1	0	7	0	0
耕地	0	0	43	0	1	5	1	0
裸地	0	0	0	39	2	9	0	0
林地	0	0	0	0	49	1	0	0
草地	1	1	0	1	3	44	0	0
水域	0	0	0	0	1	2	47	0
尾矿	0	0	0	1	0	0	0	49

表 5-6　2010 年湖北大冶多金属矿开发区生态系统遥感分类混淆矩阵

类型	工矿	城镇	耕地	裸地	林地	草地	水域	尾矿
工矿	46	2	0	0	0	2	0	0
城镇	0	45	0	3	0	2	0	0
耕地	0	2	42	0	1	5	0	0
裸地	0	2	0	44	3	1	0	0
林地	0	0	0	0	47	3	0	0
草地	0	2	0	2	1	44	1	0
水域	0	1	2	1	0	1	45	0
尾矿	0	0	1	0	0	1	0	48

表 5-7　2000 年、2005 年、2010 年湖北大冶多金属矿开发区生态系统遥感分类精度统计表

类型	2000 年		2005 年		2010 年	
	生产者精度/%	用户精度/%	生产者精度/%	用户精度/%	生产者精度/%	用户精度/%
工矿	80.39	82.00	98.04	100.00	100.00	92.00
城镇	96.15	100.00	97.62	82.00	83.33	90.00
耕地	70.69	82.00	97.73	86.00	93.33	84.00
裸地	97.96	96.00	92.86	78.00	88.00	88.00
林地	95.83	92.00	87.50	98.00	90.38	94.00
草地	95.74	90.00	64.71	88.00	74.58	88.00
水域	82.69	86.00	97.92	94.00	97.83	90.00
尾矿	100.00	86.00	100.00	98.00	100.00	96.00
总体精度	89.25%		90.50%		90.25%	
Kappa 系数	0.8771		0.8914		0.8886	

从表 5-4、表 5-5 和表 5-6 可以看出，出现混分的类别主要是耕地、水域、城镇和工矿用地。耕地与工矿、林地、草地混分主要是因为大冶的农作物种植为两季，由于本研究在分类时仅采用了 1 个时相，而两个轮播期之间的耕地为裸地，与工矿用地在光谱特征上比较相似，而不同生长期的耕地与草地和林地在光谱特征上也比较接近，造成了混分。耕地与水域的混分主要是水田，大冶水稻等水产植被种植面积广，初期的水田与水域形成了混分。城镇与尾矿的混分则是由于两者光谱特征的高反射特性造成的。

从表 5-7 可以看出，湖北省大冶市 3 期遥感影像的人机交互解译总体精度分别为 89.25%、90.50% 和 90.25%，Kappa 系数分别为 0.8771、0.8914 和 0.8886，满足研究需求，可以为接下来的生态系统质量评价提供可靠的数据来源。

5.2.2.4　面积统计结果及分析

对 2000 年、2005 年和 2010 年湖北大冶多金属矿开发区生态系统遥感分类结果进行数理统计，统计结果见表 5-8，图 5-9、图 5-10 和图 5-11；图 5-12 为湖北大冶多金属矿开发区生态系统分类面积统计对比图。从表 5-8 统计结果看，大冶矿区及尾矿面积呈逐年增加的趋势，2010 年比 2005 年翻了一倍。城镇也在逐年扩展，2005～2010 年的发展势头迅猛；与此同时，耕地和林地面积呈逐年下降的趋势，但由于基数较大，变化不是很明显。

表 5-8　分类结果面积统计表　　　　　　　　　　（单位：km²）

类别	2000 年	2005 年	2010 年
草地	115.7108	113.5764	116.7606
耕地	690.3759	672.4482	614.4178
林地	487.5338	488.2576	469.7625
水域	182.2205	181.3683	180.7703
城镇	70.8692	88.4980	151.7635
裸地	4.2252	4.1065	4.8728
工矿	7.3480	9.5157	18.5814
尾矿	2.328	2.84792	3.8227

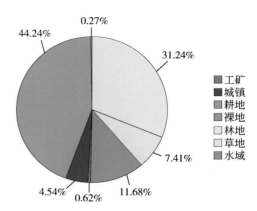

图 5-9　2000 年湖北大冶多金属矿开发区生态系统遥感分类面积统计图

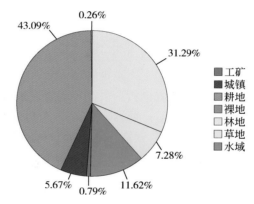

图 5-10　2005 年湖北大冶多金属矿开发区生态系统遥感分类面积统计图

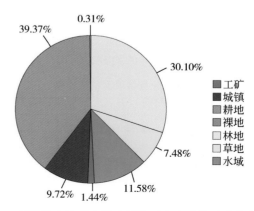

图 5-11　2010 年湖北大冶多金属矿开发区生态系统遥感分类面积统计图

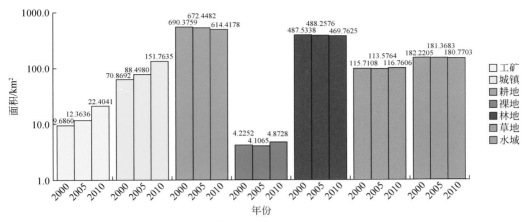

图 5-12　2000～2010 年湖北大冶多金属矿开发区生态系统遥感分类面积统计对比图

从图 5-9～图 5-11 可以看出，大冶市生态系统类型以耕地和林地为主，所占面积分别达到了 40% 和 30% 以上，除此之外，水域面积占 10% 以上。城镇、工矿面积所占比例虽然很低，但是呈逐年增加趋势，所占比例分别从 2000 年的 4.54% 和 0.62% 到 2010 年的 9.72% 和 1.44%，占比基本翻倍。

图 5-12 的面积统计柱状图表明，2000～2010 年工矿、城镇的面积稳步增加，而耕地、林地的面积则有所减少，但由于基数较大，幅度不是很明显，其他生态类型保持相对稳定的状态。

5.3　湖北大冶多金属矿开发区分布及时空变化分析

大冶矿山开采面积和矿山数量都呈逐年增加的趋势，主要围绕着 3 个大矿区向深度和广度两方面发展。由城镇扩展占用的用地类型分析得知，大冶多金属矿开发区城镇扩张主要占用了耕地，其次为林地、草地。通过对湖北大冶多金属矿开发区生态环境调查与评估可知，2000～2010 年湖北省大冶多金属矿开发区生态系统类别、类斑块数、类平均斑块面积、植被覆盖度都有较大的变化，说明 10 年间湖北省大冶多金属矿开发区的生态环境质量发生了较大变化。

5.3.1　多金属矿开采区分布

2005 年和 2010 年遥感影像融合后的分辨率达到 2.5m，2000 年遥感影像融合后的分辨率为 10m，3 期数据对矿区的构成基本可以区分。大冶矿产开采种类包括煤矿、铁矿、铜矿、金矿以及石材矿，由于煤炭采用地下开挖方式，遥感图像上不易监测，多金属矿和石材矿都采用露天开采的方式，在遥感图像上区分不开，因此结合野外调查，初步将矿区的构成分为矿区和尾矿。图 5-13、图 5-14、图 5-15 分别是 2000 年、2005 年和 2010 年湖北省大冶市多金属矿开发区分布图。

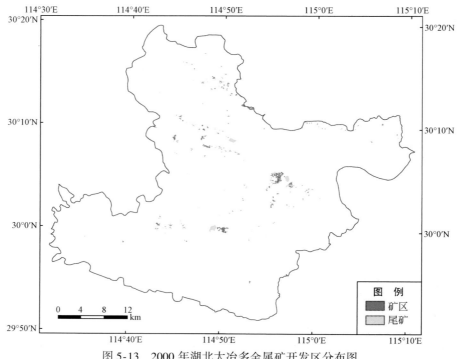

图 5-13　2000 年湖北大冶多金属矿开发区分布图

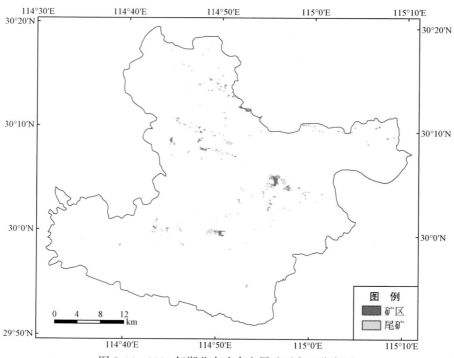

图 5-14　2005 年湖北大冶多金属矿开发区分布图

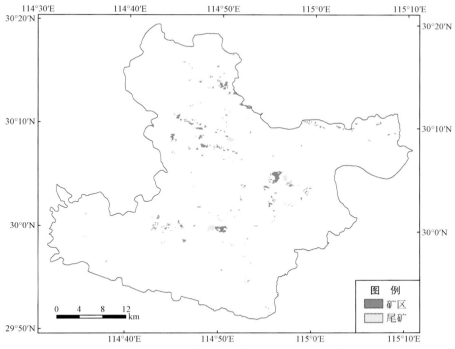

图 5-15　2010 年湖北大冶多金属矿开发区分布图

5.3.2　多金属矿开采区时空变化

从图 5-13 ~ 图 5-15 可以看出，大冶矿山开采面和数量都呈逐年增加的趋势。围绕着 3 个大矿区，从深度和广度两方面进行实地调查可知，经过多年的开采，有些矿山从原来的高山已被夷为平地，再变成深深的坑地。从图 5-13~图 5-15 还可以看出，大冶 3 个大矿山主要位于金湖街道、陈贵镇和金山店镇，每个大型矿山的分布总是伴随着大型的尾矿坝，且尾矿坝面积很大，在图中用黄色来表示。

表 5-9 和表 5-10 分别表示了大冶多金属矿开发区各阶段的矿区新增面积和复垦面积。2005 ~ 2010 年矿区面积增加较快，该时期矿区增加面积是 2000 ~ 2005 年增加面积的近 4 倍；而同时期矿区复垦面积则相对较小，占新增矿区面积的比例均在 20% 以下。

表 5-9　湖北大冶多金属矿开发区新增面积统计表　　　　　（单位：km²）

类型	2000 ~ 2005 年	2005 ~ 2010 年	2000 ~ 2010 年
新增面积	2. 6876	10. 0405	12. 7281

表 5-10　湖北大冶多金属矿开发区复垦面积统计表

类型	2000 ~ 2005 年 /km²	占新增比例/%	2005 ~ 2010 年 /km²	占新增比例/%	2000 ~ 2010 年 /km²	占新增比例/%
复垦面积	0. 5174	19. 25	1. 2982	12. 93	0. 8194	6. 44

图 5-13～图 5-15 进行面积统计后得到湖北大冶的矿区开采区和尾矿组成比例，见表 5-11。

表 5-11　湖北大冶矿区组成

类别	2000 年统计面积/km²	百分比/%	2005 年统计面积/km²	百分比/%	2010 年统计面积/km²	百分比/%
开采区	7.348	75.94	9.5157	76.97	18.5814	82.94
尾矿	2.328	24.06	2.84792	23.03	3.8227	17.06

分析矿区的组分发现，矿区主要由开采区和尾矿组成，开采区占矿区面积的百分比较大，都在 75% 以上，说明开采区是影响地表生态环境的主要因素。另外，因为管理不规范，个别小矿和私矿没有成规模的尾矿坝，滥排滥放，对生态环境的影响也较大。

5.4　多金属矿开发对周边环境的影响

5.4.1　多金属矿开发对生态系统的破坏

根据 3 期生态系统分类结果，基于不同时相分类结果的变化检测，进一步提取出 3 期湖北省大冶多金属矿开发区变化图（图 5-16～图 5-18）。通过对研究区域矿区扩展类型、压占类型、生态系统类型变化等指标的分析，研究湖北大冶矿区生态环境质量。同时计算矿区扩展面积及复垦面积，统计结果见表 5-12 和表 5-13。

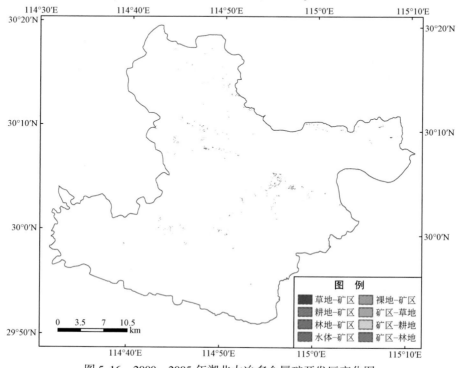

图 5-16　2000～2005 年湖北大冶多金属矿开发区变化图

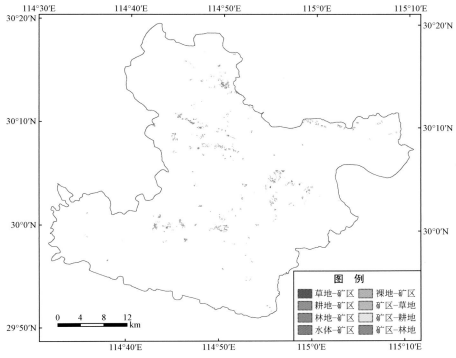

图 5-17　2005～2010 年湖北大冶多金属矿开发区变化图

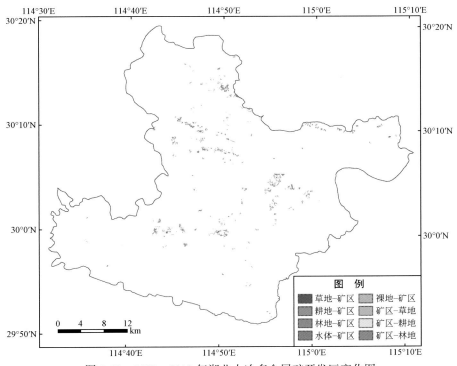

图 5-18　2000～2010 年湖北大冶多金属矿开发区变化图

表5-12 湖北大冶多金属矿开发区工矿用地扩展类型及面积统计表

侵占类别	2000~2005 年 /km²	占比/%	2005~2010 年 /km²	占比/%	2000~2010 年 /km²	占比/%
草地	0.7002	21.22	0.8340	6.97	0.9259	6.87
耕地	0.4657	14.11	1.0817	9.05	1.4013	10.40
林地	1.8466	55.96	9.7008	81.13	10.4010	77.20
水域	0.1286	18.37	0.1816	21.77	0.5862	63.31
裸地	0.159	4.82	0.1590	1.33	0.1590	1.18

表5-13 湖北大冶多金属矿开发区复垦类型及面积统计表   （单位：km²）

复垦类别	2000~2005 年	2005~2010 年	2000~2010 年
草地	0.1121	0.4627	0.2733
耕地	0.0521	0.4116	0.3124
林地	0.3372	0.0983	0.0536
水域	0.016	0.3256	0.1801
合计	0.5174	1.2982	0.8194

由矿区扩展图及统计结果可知，矿区扩张主要是侵占了林地，其次是耕地和草地。2000 年、2005 年和2010 年侵占林地的面积占总扩展面积的比例分别为55.96%、81.13%和77.20%。

从表5-13 可以看出，矿区也进行了部分复垦和填埋工作，但是与扩展面积相比，矿山的填埋速度相对较慢，这可能与大冶的长期开采史造成的遗留矿山面积较大有关。

5.4.2 多金属矿开发区周边城镇扩展动态监测

根据3 期生态系统分类结果，进一步提取出3 期影像城镇扩展图（图5-19~图5-21）面积统计结果见表5-14 和表5-15。

图5-19~图5-21 以及表5-14 和表5-15 表明，2000~2010 年，大冶多金属矿开发区城镇面积稳步增加，增幅为80.8943km²。其中，2000~2005 年的增长面积为17.6288km²，2005~2010 年的增长面积为63.2655km²，后5 年的增长面积是前5 年的3.6 倍。

由城镇扩展占用的用地类型分析可知，大冶多金属矿开发区城镇扩张主要占用了耕地，其次为林地和草地。矿产的开发带动了当地城市的发展，主要体现在主城区的扩展、开发区建设、高速公路和交通设施的增加以及村镇居住用地的扩展。建设用地是不可逆的，对生态环境的影响也是长久的。

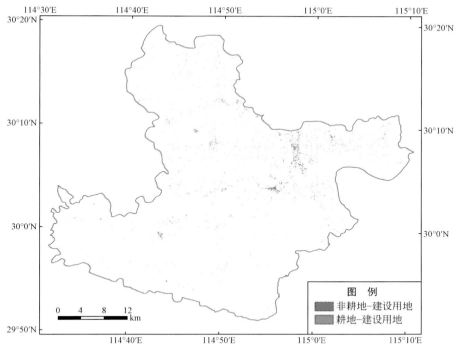

图 5-19　2000～2005 年湖北大冶多金属矿开发区城镇扩展图

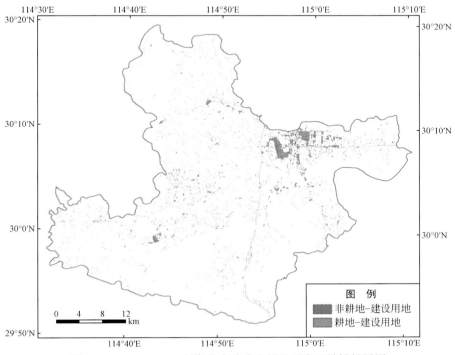

图 5-20　2005～2010 年湖北大冶多金属矿开发区城镇扩展图

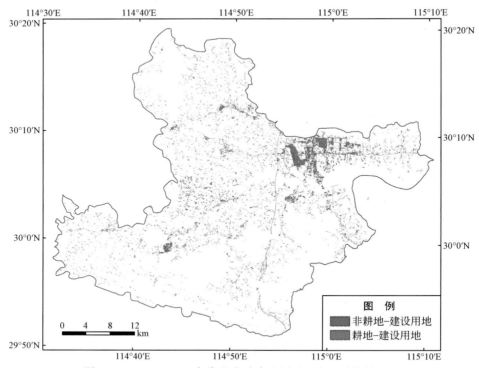

图 5-21 2000～2010 年湖北大冶多金属矿开发区城镇扩展图

表 5-14 湖北大冶城镇用地面积变化统计表 （单位：km²）

类型	2000～2005 年	2005～2010 年	2000～2010 年
城镇用地	17.6288	63.2655	80.8943

表 5-15 湖北大冶城镇扩展类型及面积统计表 （单位：km²）

侵占类别	2000～2005 年	2005～2010 年	2000～2010 年
耕地	20.9046	46.3440	65.5994
草地	1.7478	6.6031	7.5114
林地	1.0172	10.8506	10.2025
水域	0.5228	1.6874	2.1737

5.5 生态系统质量十年变化

矿区和城镇用地的扩张是区域生态环境状况的主要影响因素。矿区对周边环境的影响强度和范围不仅与矿区面积有关，而且与矿产资源类型、开采类别、开采深度、矿区生态环境修复工程等有关。城镇扩展占用大量耕地，对周边生态环境质量造成了较大的影响。

5.5.1 多金属矿开发区生态系统格局及演变

5.5.1.1 生态系统格局

基于生态系统分类结果，统计了大冶多金属矿开发区生态系统转移矩阵，解释了各种生态系统类型相互转化过程（表 5-16 ~ 表 5-18）。

表 5-16 2000~2010 年湖北省大冶市生态系统类型转移矩阵　　（单位：km²）

生态类型	草地	耕地	林地	水域	城镇	裸地	工矿	尾矿
草地	94.7792	5.1039	5.8597	0.8955	7.5114	0.5929	0.8340	0.0920
耕地	12.4441	593.8348	9.9813	6.5235	65.5994	0.4642	1.0817	0.3196
林地	7.1422	5.9194	452.6960	0.7800	10.2025	0.2324	9.7008	0.7003
水域	0.9323	5.9246	0.4419	171.8683	2.1737	0.2255	0.1816	0.4046
城镇	0.7460	3.2399	0.3422	0.3901	65.7772	0.0274	0.2999	0.0441
裸地	0.3781	0.0786	0.1930	0.0330	0.0846	3.2871	0.1590	0.0095
工矿	0.2322	0.1392	0.0521	0.1459	0.3206	0.0319	6.2853	0.1338
尾矿	0.0411	0.0173	0.0015	0.0342	0.0746	0.0099	0.0337	2.1158

表 5-17 2000~2005 年湖北省大冶市生态系统类型转移矩阵　　（单位：km²）

生态类型	草地	耕地	林地	水域	城镇	裸地	工矿	尾矿
草地	97.9070	6.9646	7.2506	0.9336	1.7478	0.1589	0.6377	0.0625
耕地	7.2728	647.4058	8.5498	5.4533	20.9046	0.1570	0.3037	0.1620
林地	6.1051	7.1860	470.5187	0.5403	1.0172	0.1529	1.6971	0.1495
水域	0.9764	5.9561	0.5968	173.9406	0.5228	0.0246	0.0610	0.0676
城镇	0.9764	4.5637	0.5981	0.3781	64.1038	0.0225	0.1822	0.0372
裸地	0.1740	0.1631	0.2224	0.0237	0.0256	3.5765	0.0150	0.0156
工矿	0.0998	0.0468	0.3101	0.0139	0.1579	0.0066	6.5879	0.1176
尾矿	0.0122	0.0053	0.0271	0.0021	0.0102	0.0059	0.0292	2.2360

表 5-18 2005~2010 年湖北省大冶市生态系统类型转移矩阵　　（单位：km²）

生态类型	草地	耕地	林地	水域	城镇	裸地	工矿	尾矿
草地	103.5251	1.3873	0.9391	0.3225	6.6031	0.4404	0.2479	0.1110
耕地	8.6152	606.5794	6.0541	3.5424	46.3440	0.4611	0.7327	0.1191
林地	3.0158	2.0144	462.3173	0.3456	10.8506	0.1659	8.7185	0.8295

生态类型	草地	耕地	林地	水域	城镇	裸地	工矿	尾矿
水域	0.2999	2.6673	0.1290	175.9628	1.6874	0.2569	0.1423	0.2224
城镇	0.5059	1.4387	0.1128	0.2398	85.8049	0.0157	0.3430	0.0371
裸地	0.3057	0.0372	0.0965	0.0077	0.0685	3.4448	0.1436	0.0026
工矿	0.3794	0.2446	0.0788	0.2144	0.3419	0.0743	8.0487	0.1337
尾矿	0.0833	0.0167	0.0020	0.1112	0.0552	0.0137	0.2017	2.3642

2000 ~ 2010 年 10 年，大冶多金属矿开发区生态系统类型、分布、面积与构成都发生了较大的变化，其中以工矿、耕地、城镇和林地的变化为主，水域、草地和裸地变化较小。耕地和林地的减少主要是由于城镇扩展造成的，同时矿区开采和压占也使林地、草地和耕地面积减少。这些变化都对研究区域的生态系统产生了较大的影响。

5.5.1.2 多金属矿开发区景观指数

景观格局主要通过计算斑块数和类平均斑块面积来评估。应用 GIS 技术以及景观结构分析软件 Fragstats 3.3 分析斑块数（NP）和类平均斑块面积。NP 的计算结果如表 5-19 所示。

表 5-19 2000 年、2005 年、2010 年湖北大冶多金属矿开发区生态系统类别斑块数

生态系统类型	2000 年	2005 年	2010 年
草地	16 940	16 718	15 018
耕地	6 764	6 951	6 633
林地	10 447	11 049	7 482
水域	10 866	10 645	10 918
城镇	6 272	7 399	7 391
裸地	389	389	410
工矿	410	465	321
尾矿	54	63	69

表 5-20 2000 年、2005 年、2010 年湖北大冶多金属矿开发区生态系统类别平均斑块面积表

（单位：km^2）

生态系统类型	2000 年	2005 年	2010 年
草地	0.006 830 627	0.006 793 657	0.007 774 707
耕地	0.102 066 225	0.096 741 223	0.092 630 458
林地	0.046 667 345	0.044 190 211	0.062 785 680
水域	0.016 769 791	0.017 037 885	0.016 557 087
城镇	0.011 299 294	0.011 960 800	0.020 533 551

生态系统类型	2000 年	2005 年	2010 年
裸地	0. 010 861 793	0. 010 556 555	0. 011 884 832
工矿	0. 017 921 829	0. 020 463 790	0. 057 886 059
尾矿	0. 043 111 111	0. 045 205 159	0. 055 401 721

由表 5-19 和表 5-20 可知，2000 年到 2005 年，再到 2010 年，各生态类型斑块数都有变化，其中，矿区斑块数呈先增加后减少的趋势，斑块面积却呈直线增加的趋势，尾矿的斑块数和斑块面积都呈增加趋势，这说明大冶矿山开采的规模在逐年增大，原来分散开采的矿区逐渐连成了一片，与大冶市资源开发走规模化、集约化发展道路的方针相一致。

5.5.1.3 多金属矿开发区植被覆盖情况

植被覆盖度是反映地表植被覆盖状况和监测生态环境的重要指标。研究过程中分别计算了 2000 年、2005 年和 2010 年湖北省大冶市多金属矿开发区的植被覆盖度。为了更准确地反映出大冶矿区植被覆盖度情况，选择了同一数据源和同时期的遥感卫星影像，由于数据难以获取，时相仅能选择 4 月，造成了植被覆盖度计算结果偏低，但基本能反映出 3 期植被覆盖的变化趋势。

根据式（2-35）计算研究区域的植被覆盖度，并根据植被覆盖度等级划分表，可得到湖北省大冶市多金属矿开发区植被覆盖等级图（图 5-22 ~ 图 5-24）。

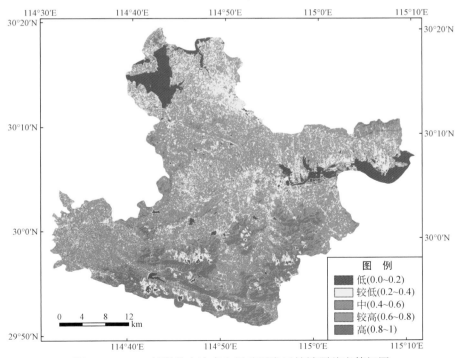

图 5-22　2000 年湖北大冶多金属矿开发区植被覆盖度等级图

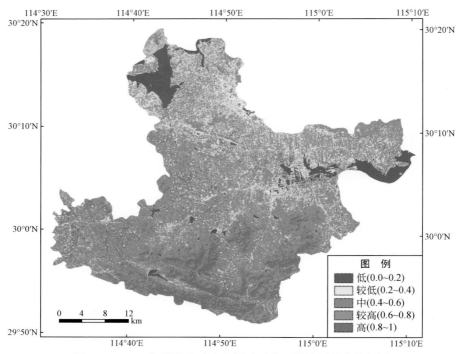

图 5-23　2005 年湖北大冶多金属矿开发区植被覆盖度等级图

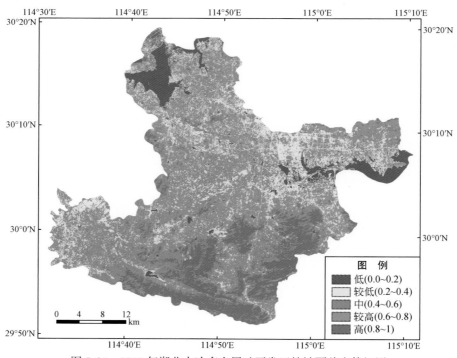

图 5-24　2010 年湖北大冶多金属矿开发区植被覆盖度等级图

表 5-21　2000 年、2005 年、2010 年湖北大冶多金属矿开发区植被覆盖度面积统计表

植被覆盖度	2000 年		2005 年		2010 年	
	面积/km²	百分比/%	面积/km²	百分比/%	面积/km²	百分比/%
低植被覆盖度	125.1522	8.02	121.8492	7.81	125.1522	8.02
较低植被覆盖度	332.4825	21.30	351.9363	22.55	379.3125	24.30
中植被覆盖度	419.4468	26.87	443.4762	28.41	435.0468	27.87
较高植被覆盖度	516.6549	33.10	426.0153	27.29	394.4789	25.27
高植被覆盖度	167.3181	10.72	217.7766	13.95	227.0625	14.54

由图 5-22～图 5-24 及表 5-21 可以看出，2000 年、2005 年和 2010 年的植被覆盖度情况表现为：高植被覆盖度的比率有所升高，但高和较高植被覆盖面积之和总体呈下降趋势，较低植被覆盖度的占比呈升高趋势，总体上地表植被覆盖度有所下降，与同时期林地和草地面积减少相对应。

5.5.1.4　草地、森林生态系统质量及区域生态系统质量

由于湖北省大冶市矿区没有荒漠生态系统类别，且缺少湿地生态系统类别的生物量数据，区域生态系统质量只对森林和草地两类生态系统进行综合。研究区的森林、草地和区域生态系统质量计算如表 5-22 所示。

表 5-22　2000 年、2005 年、2010 年湖北大冶多金属矿开发区生态系统质量

年份	草地生态系统质量	林地生态系统质量	区域生态系统质量
2000	0.1325	0.3157	0.2808
2005	0.1463	0.3403	0.3041
2010	0.1520	0.3615	0.3205

应用生态系统分类结果和生物量反演数据，计算研究区的草地生态系统质量、森林生态系统质量和区域生态系统质量。3 期数据的计算结果如表 5-22 所示。

2000～2010 年，各年份的生态系统质量值稳步上升，但同时期，林地生态系统的面积减少，表明 2000～2010 年，由于城镇扩张和矿区开采，林地面积减少，但人们环保意识加强，使生态环境质量有所改善。

通过对湖北大冶多金属矿开发区生态环境调查与评估可知，2000～2010 年湖北省大冶市多金属矿开发区生态系统类别、类斑块数、类平均斑块面积、植被覆盖度都有较大变化，说明 10 年间湖北省大冶多金属矿开发区的生态环境质量发生了较大变化。这些变化背后的驱动因素较为复杂，包括气候变化、城市工业发展、城镇扩展、矿产资源开发等。矿产资源开发对生态环境质量影响是显著的，包括矿产开采和压占对地表的破坏，以及"三废"引起的水污染和大气污染，这些直接或间接地对矿区周边的生态环境产生影响。

5.5.2　多金属矿开发区生态系统质量

5.5.2.1　多金属矿开发区及其周边生态环境质量评价方案

为了分析湖北省大冶市多金属矿开发区对其周边生态环境的影响，本书对矿区周边生态环境质量进行综合评价，分析矿区对周边生态环境的影响强度和范围。2006 年，环境保护部以行业标准的形式颁发了《生态环境状况评价技术规范》（HJ/T192—2006），推出了主要基于遥感技术的生态环境状况指数 EI，旨在对中国县级以上生态环境提供一种年度综合评价标准。基于生态环境状况指数 EI，参考水利部《土壤侵蚀分类分级标准》（SL 190—2007）标准，结合研究区具体情况，根据对环境的影响将评价指数分为两类，即植被因素和气候因素。植被因素采用生物丰度指数和植被覆盖度指数两个指数表征，气候因素采用水网密度和土地退化指数两个指标进行表征，遥感生态环境质量评价指数如图 5-25 所示。

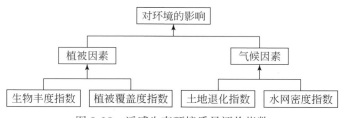

图 5-25　遥感生态环境质量评价指数

各指数定义如下：

（1）生态环境质量指数

反映被评价区域生态环境质量状况，数值为 0～100。

（2）生物丰度指数

指通过单位面积不同生态系统类型在生物物种数量上的差异，间接反映被评价区域内生物丰度的丰贫程度。

（3）植被覆盖指数

指被评价区域内林地、草地、农田、建设用地和未利用地 5 种类型的面积占被评价区域面积的比重，反映被评价区域的植被覆盖程度。

（4）水网密度指数

指被评价区域内河流总长度、水域面积和水资源量占被评价区域面积的比重，反映被评价区域的水丰富程度。

（5）土地退化指数

指被评价区域内风蚀、水蚀、重力侵蚀、冻融侵蚀和工程侵蚀的面积占被评价区域面积的比重，用于反映被评价区域内土地退化程度。

遥感生态环境质量评价指数法采用专家打分和层次分析法获取各个指标的权重，从而计算遥感生态环境指数（REI），各指数计算公式如下：

REI＝0.34×生物丰度+0.26×植被覆盖度+0.1×水网密度+0.3×土壤退化指数

式中，生物丰度指数、植被覆盖度指数、水网密度指数和土地退化指数的计算公式为

生物丰度指数＝Abio×（0.35×林地+0.21×草地+0.28×水域湿地+0.11×耕地+0.04
×建设用地+0.01×未利用地）/区域面积

植被覆盖度指数＝Aveg×（0.38×林地+0.34×草地+0.19×耕地+0.07×建设用地
+0.02×未利用地）/区域面积

水网密度指数＝（Ariv×河流长度+Alak×湖库（近海）面积+Ares×水资源量）/区域
面积

土地退化指数＝Aero×（0.05×轻度侵蚀面积+0.25×中度侵蚀面积+0.7×重度侵蚀面
积）/区域面积

式中，Abio、Aveg、Ariv、Alak、Ares 和 Aero 分别是生物丰度指数的归一化系数、植被覆盖指数的归一化系数、河流长度的归一化系数、湖库面积的归一化系数、水资源量的归一化系数和土地退化指数的归一化系数。

土壤分级参考水利部《土壤侵蚀分类分级标准》（SL 190—2007），轻度侵蚀、中度侵蚀和重度侵蚀的标准，如表 5-23 所示。

表 5-23　土壤侵蚀分类分级表

植被覆盖度/%	坡度/（°）					
	<5	5～8	8～15	15～25	25～35	>35
>75	微度	微度	微度	微度	微度	微度
60～75	微度	微度	微度	微度	中度	中度
45～60	微度	微度	微度	中度	中度	重度
30～45	微度	微度	中度	中度	重度	重度
<30	微度	中度	中度	重度	重度	重度

资料来源：水利部《土壤侵蚀分类分级标准》（SL 190—2007）标准。

研究采用两种评价方案：①基于缓冲区的评价方法；②基于乡镇级行政区划界线的评价方法。此两种方案都是基于生物丰度指数、植被覆盖度、水网密度和土地退化指数4个指标进行，同时结合研究区的具体情况。

5.5.2.2　基于缓冲区的评价方法

选取了研究区域的 3 个相对较大的矿区作为研究对象，标号分别为 ORE1、ORE2 和 ORE3，如图 5-26 所示。ORE1 位于保安镇和金山店镇的交界处，整个矿区都坐落于山体上，面积为 0.5686km²，南北长 1500m，东西宽 800m。ORE2 位于金湖街道，矿区主体位于城市的边缘，是大冶最老的矿区之一，包括 2.024km² 的开采区和 1.0013km² 的尾矿坝。ORE3 位于陈贵镇，矿区坐落于山脚下，部分位于山体上，包括 1.4841 km² 的开采区和 0.9003 km² 的尾矿坝。

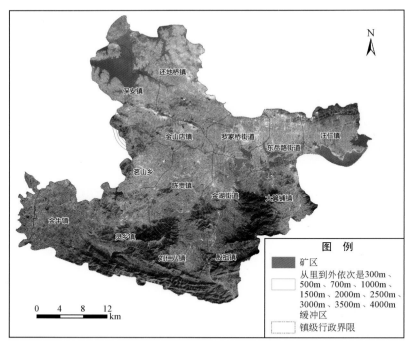

图 5-26　ORE1、ORE2 和 ORE3 的地理位置

　　分别对 ORE1、ORE2 和 ORE3 做缓冲区（图 5-26），取半径为 300m、500m、700m、1000m、1500m、2000m、2500m、3000m、3500m 和 4000m，然后求出各个缓冲区的遥感生态环境状况指数（REI），结果如表 5-24 所示。

表 5-24　ORE1、ORE2 和 ORE3 不同半径缓冲区的遥感生态环境指数

缓冲区半径/m	REI		
	ORE1	ORE2	ORE3
300	44.9984	36.4303	36.3663
500	50.8306	43.7654	43.2642
700	55.6190	47.2702	48.3252
1000	58.1818	50.0168	54.6137
1500	61.2925	53.0925	60.4370
2000	63.8589	54.1924	63.5322
2500	65.3064	56.1447	64.4384
3000	64.5818	56.8697	66.3134
3500	63.8338	56.4194	67.9648
4000	64.2797	56.8575	68.6926

将表 5-24 中的数据表示为曲线图 （图 5-27）：

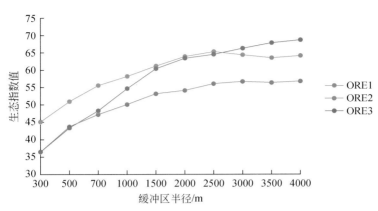

图 5-27　ORE1、ORE2 和 ORE3 不同半径缓冲区的遥感生态环境指数图

由图 5-27 可知，随着缓冲区半径的增大，REI 指数增大，说明生态环境质量好转，矿区的影响变弱。同时，随着缓冲区半径的增大，REI 指数的增幅逐渐变小，最后 REI 指数趋近于一个稳定值，可以说明在这个范围之外，矿区不再对其产生影响。可用 REI 值来表示矿区对周边环境的影响强度，REI 值稳定时可刻画矿区的影响范围。

当缓冲区半径小于 1500m 时，ORE1 的 REI 值大于 ORE2 和 ORE3 的 REI 值，说明 ORE1 矿区周边生态环境优于其他两个矿的周边生态环境，ORE1 矿区对周边生态环境的影响强度较小，这与 ORE1 矿区面积最小相对应，ORE1 矿区的面积是 ORE2 矿区面积的 1/6、ORE3 的 1/5。当缓冲区半径大于 1500m 时，ORE1 和 ORE3 的 REI 值明显大于 ORE2 的 REI 值，可能因为 ORE1 和 ORE3 位于山上，ORE2 位于城市周边，ORE1 和 ORE3 矿周边有大量林地存在，使其生态环境状况优于 ORE2 矿周围。整体来讲，矿区对周边生态环境影响强度和矿区的面积有关，矿区面积越大，其对周边生态环境的影响强度也大。

由表 5-24 可以看出，缓冲区半径大于等于 2000m 时，ORE1 的 REI 值稳定在 64 左右（增幅小于 2），表明 ORE1 的影响范围为 2000m；缓冲区半径大于等于 2500m 时，ORE2 的 REI 值稳定在 56 左右（增幅小于 2），表明 ORE2 的影响范围为 2500m；缓冲区半径大于等于 3000m 时，ORE3 的 REI 值稳定在 66 左右（增幅小于 2），表明 ORE3 的影响范围为 3000m。同样地，矿区对周边生态环境影响范围和矿区的面积有关，矿区面积越大，其对周边生态环境的影响范围越大。但由于 ORE2 位于城市周边，受到城市的影响较大，使 ORE2 对周边生态环境的影响范围小于 ORE3。

矿区对周边环境的影响强度和范围不仅与矿区面积有关，而且与矿产资源类型、开采类别、开采深度、矿区生态环境修复工程等有关。由于从遥感影像上获得的信息有限，在此仅对矿区面积和矿区对周边生态环境影响的强度和范围进行初步的分析。

5.5.2.3　基于乡镇级行政区划界线的评价方法

大冶市下辖 3 个街道、10 个镇、1 个乡：东岳路街道、金湖街道、罗家桥街道、金牛镇、保安镇、灵乡镇、金山店镇、还地桥镇、殷祖镇、汪仁镇、刘仁八镇、陈贵镇、大箕铺镇、茗山乡。为了进一步研究矿区对周边生态环境的影响，本书依据大冶市乡镇行政区划边界划定的范围，统计保安镇等14个街道、镇和乡的遥感生态环境状况指数（REI），结果如表5-25所示。

表5-25 湖北大冶各乡、镇、街道的遥感生态环境状况指数

乡镇	2000 年	2005 年	2010 年
保安镇	66.1199	65.1162	64.9454
陈贵镇	60.9894	58.8534	57.3753
大箕铺镇	58.3870	53.8727	53.8428
东岳路街道	61.6647	60.2335	57.9360
还地桥镇	63.2988	62.5704	62.1074
金湖街道	59.2631	55.0698	53.2860
金牛镇	63.3454	62.7945	62.1716
金山店镇	59.3220	56.7260	55.3145
灵乡镇	70.0405	65.3047	63.1614
刘仁八镇	66.9210	60.5377	59.6342
罗家桥街道	56.2576	55.4897	50.6835
茗山乡	61.8519	60.1131	58.7819
汪仁镇	68.8947	67.6923	66.8373
殷祖镇	67.8440	62.9681	62.3881
全市	63.7117	61.0981	59.9561

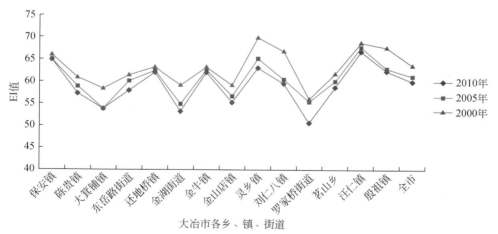

图5-28 湖北大冶各乡、镇、街道的生态环境状况指数图

由图5-28可以看出，2000~2010年，大冶市各乡镇遥感生态环境指数均呈下降趋势，但变化幅度不一。从统计数据看，保安镇、还地桥镇和金牛镇遥感生态环境指数变幅在2

以内，说明这3个镇的生态环境状况无明显变化；陈贵镇、大箕铺镇、东岳路街道、金山店镇、茗山乡、汪仁镇和殷祖镇的遥感生态环境状况指数都呈下降趋势，降幅为2~5，表明7个乡镇的生态环境状况略有变差；东岳路街道、金湖街道、灵乡镇和罗家桥街道的生态环境状况指数都呈较明显的下降趋势，降幅为5~10，说明这4个乡镇的生态环境状况明显变差。

大冶市最老、最大的铜绿山矿区坐落于金湖街道，老矿区的存在应是金湖街道2000~2010年生态环境状况变差的主要原因，另外2000~2005年金湖街道的城镇面积由6.5 km²扩展到11 km²，大幅度的城镇扩展也是金湖街道生态环境状况下降的原因之一。2000~2010年灵乡镇的矿区面积增长迅速，由2000年的0.52 km²增长到2010年的1.91km²，增长率约为300%，矿区面积的急速增长使灵乡镇的生态环境状况有明显的变化。罗家桥街道和东岳路街道虽然没有大面积的矿区，但2000年后筹建的大冶市开发区使东岳路街道和罗家桥街道的城镇用地面积翻番，罗家桥街道的城镇面积由2000年的6.3 km²增长为2010年的24 km²，东岳路街道的城镇面积由2000年的8.3 km²增长为18.8 km²，城镇建设扩展占用大量的耕地，对东岳路街道生态环境状况造成较大影响。因此，矿区和城镇用地的扩张是区域生态环境状况的主要影响因素。

5.6 大冶多金属矿开发区存在的生态环境问题与风险

矿产资源开发造成的土地资源破坏和引发的严重生态环境问题，主要包括以下6个方面：①尾矿滥排对水资源和周边环境的污染；②尾矿坝满容后存在溃堤或崩塌的风险矿产开发；③与铜绿山古铜矿遗址保护区的严重冲突；④矿区扩展主要侵占林地；⑤恢复治理率和土地复垦率较低；⑥形成了露天开采大坑等。

(1) 尾矿滥排对水资源和周边环境的污染

图5-29来源于2010年10月的野外调查，图5-29（a）、（b）、（c）为对一个小型矿山尾矿排放的追踪，尾矿在未经过处理的情况下直接排放到河流，对河水造成了污染。由于该河流宽度在3m左右，因此在分辨率为2.5m的卫星影像上难以监测。

| (a) | (b) |

(c)

图 5-29　大冶多金属矿开发区某尾矿排放对河流的污染

　　图 5-30（a）、（b）为一个私矿的尾矿排放图，经过洗矿之后的废水直接排放到山间洼地，对生态环境产生直接影响。

(a)　　　　　　　　　　　　　　　　　　　(b)

图 5-30　大冶多金属矿开发区山间洼地积存的尾矿废水

（2）尾矿坝满容后存在溃堤或崩塌的风险

　　在极端天气下或缺少管理的情况下，小型尾矿坝存在崩塌和溃堤的风险。图 5-31 为 2010 年 10 月野外调查拍摄到的。在遭遇暴雨情况下，这种尾矿坝极易溃堤。

(a)　　　　　　　　　　　　　　　　　　　(b)

图 5-31　大冶多金属矿开发区小型尾矿坝

（3）矿产开发与铜绿山古铜矿遗址保护区的严重冲突

铜绿山古铜矿遗址，位于大冶市金湖街道行政辖区内，这里也是大冶的主要矿区之一，约 1/3 的探明资源储量压在古铜矿遗址下。因此，矿产开采与遗产地保护之间的冲突明显。

（4）矿区扩展主要侵占了林地

2000 年、2005 年和 2010 年侵占林地的面积分别占矿区扩张面积的 55.96%、81.13% 和 77.20%。此外，还有耕地和草地。矿产开采造成了地表的破坏，同时，对土地存在压占，对自然景观造成了破坏。

（5）恢复治理率和土地复垦率较低

从统计数据看，复垦面积占新增矿区面积的比例比较低，2000～2005 年的比例为 19.25%，2005～2010 年的比例仅为 12.93%。相对大量的开采而言，恢复治理和土地复垦的比例较低。

（6）形成了露天开采大坑

历经 3000 多年的开采，大冶市多处矿区形成了巨大的矿坑。大冶市国土资源局的一项统计表明，全市共有塌陷区 80 多处，滑坡、泥石流 30 多处，采矿形成的矿坑容易引起一系列地质灾害。

第6章 辽宁鞍山铁矿开发区生态环境遥感监测与评估

鞍山，辽宁省第三大城市，地处环渤海经济区腹地，辽东半岛中部，是辽宁中部城市群与辽东半岛开放区的重要连接带。鞍山铁矿位于辽宁省鞍山市，属沉积变质型矿，埋深较浅、规模较大，开采方式为深凹式露天剥离开采，鞍山市区周边主要的6个铁矿山（西鞍山、东鞍山、大孤山、眼前山、齐大山和小岭子）自南向东依成矿地质带呈半月状西向环抱鞍山市市区。

由于铁矿的典型光谱特性，开采区在TM、SPOT 5、ALOS等光学遥感影像模拟真彩色合成图上呈暗黑色、圆状，环状道路较为明显；周边的剥离区呈红褐色或紫色。由于剥采较多，矿区形成的排岩场堆放多为原地或就近纵向垂直堆放，且在附近有大型尾矿库。尾矿库由排放的粉碎矿石和泥浆组成，长期处于氧化、风蚀状态，受雨水淋滤、冲刷，光学遥感影像上表现为形状清晰的尾矿坝坝体以及色调为红蓝色的废水。

鞍山是一座依托铁矿资源发展起来的城市，是东北地区最大的钢铁工业城市，铁矿较大规模开采历史已逾百年。新中国成立之初，鞍山钢铁为社会主义建设插上了腾飞的翅膀，"钢铁之都"的称号享誉国内外。铁矿开采在带来经济效益的同时，也存在较大的生态环境问题和风险。

6.1 辽宁鞍山铁矿开发区概况

6.1.1 地理位置

鞍山，辽宁省省辖市，是沈阳经济区副中心城市，因市区南部一座形似马鞍的山峰而得名。地处41.1°N，122.98°E，环渤海经济区腹地，辽东半岛中部，是沈大黄金经济带的重要支点，辽宁中部城市群与辽东半岛开放区的重要连接带。辽宁鞍山铁矿开发区主要选取鞍山市城市周边的西鞍山、东鞍山、大孤山、眼前山、齐大山和新开发的小岭子等6个铁矿山为研究对象，辽宁鞍山铁矿开发区的调查范围如图6-1所示。

6.1.2 地形地貌

鞍山市的地势地貌特征是东南高西北低，自东南向西北倾斜。东南属于千山山脉延伸

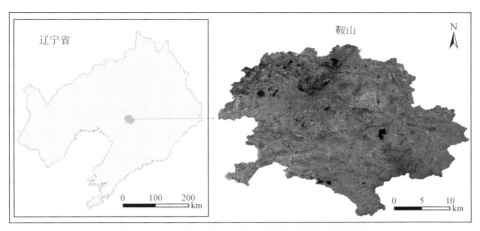

图6-1 辽宁鞍山铁矿开发区调查范围空间位置

部分的山区，海拔为 400 ~ 600m；最高为岫岩的帽盔山，海拔 1141m，海城一棵树岭次之；山区主峰海拔 931m，面积为 5271.44km²，占鞍山市总面积的 56.97%。中部为千山山脉向西部冲积平原过渡地带，属低山坡岗丘陵区，海拔为 100 ~ 200m，面积为 1232.56km²，占鞍山市总面积的 13.32%。长（春）大（连）铁路以西系辽河、浑河、太子河冲积平原，海拔为 5 ~ 20m，鞍山市海拔最低的是台安县韭菜台乡杨塘村，海拔仅 2m；平原面积为 2748.4256km²，占鞍山市总面积的 29.71%。

6.1.3 气候状况

鞍山市地处中纬度的松辽平原的东南部边缘，属于温带季风性气候区，主要气候特点是：四季分明，雨热同期，干冷同季，降水充沛，温度适宜，光照丰富，大风、冰雹、旱涝、霜冻等灾害性天气在不同年份和季节均有不同程度的发生。春季（3 ~ 5 月）大风多，降水少，日照长，回暖快，蒸发大，湿度小；夏季（6 ~ 8 月）降水多且集中，暴雨多发生在此季，气温高而少酷热；秋季（9 ~ 11 月）天高气爽，雨量骤减，气温急降；冬季（12 月至次年 2 月）雪少北风多，干燥寒冷。鞍山所辖区域虽属同一个气候带，但因地理环境（地形、地貌、距海远近）不同而有差异。年降水量为 640 ~ 880mm，自东南向西北逐次减少；年平均气温平原地区为 8.0 ~ 9.0℃，而东部和东南部山区为 6.3 ~ 7.0℃；日照时数年平均为 2350 ~ 2700 小时，西北部多于东南部。

6.1.4 矿产资源

鞍山境内已探明的矿产资源有 35 种，储量最丰富的有铁矿、菱镁矿、滑石、玉石、理石、石灰石、花岗岩、硼等。铁矿，探明储量为 100 亿 t，居中国之首，主要分布在鞍山市区周围及辽阳市的弓长岭。除分布在海城、岫岩的小部分中小型铁矿由乡、镇开采外，东鞍山、大孤山、齐大山、眼前山、弓长岭等大型铁矿均由国家开采。

6.2　生态系统现状及动态

对 3 期中分辨率、高分辨率的遥感影像原始数据进行正射校正、融合、镶嵌、裁剪等一系列的数据预处理（详见 2.2 节所述），最终得到 2000 年、2005 年和 2010 年辽宁鞍山铁矿开发区的遥感影像图（图 6-2 ~ 图 6-4）。

图 6-2　2000 年辽宁鞍山铁矿开发区卫星遥感影像图

图 6-2 由 SPOT 2 全色与 Landsat 7 多光谱波段融合得到，SPOT 2 成像时间为 2000 年 9 月 24 日，Landsat 7 成像时间为 2000 年 9 月 25 日，波段组合为 5（R）4（G）3（B）。

图 6-3 由 SPOT 5 全色与多光谱波段融合得到，全色和多光谱成像时间均为 2005 年 9 月 18 日，波段组合为 2（R）3（G）1（B）。

图 6-4 由 ALOS 全色与多光谱波段进行融合得到，全色和多光谱的成像时间均为 2010 年 5 月 20 日，波段组合为 3（R）4（G）2（B）。

6.2.1　生态系统遥感分类

受计算机技术、图像处理与分析等相关技术的制约，遥感影像的早期分类主要依靠人工目视解译的方法进行。在目视解译的过程中，解译者把专业知识、背景环境知识及个人

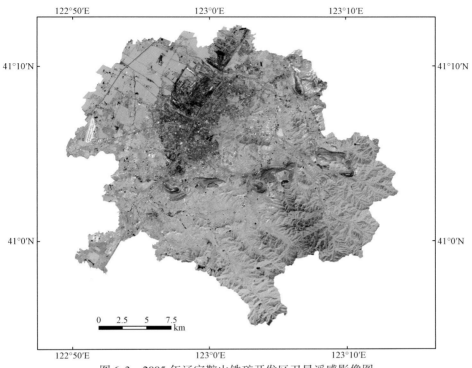

图 6-3　2005 年辽宁鞍山铁矿开发区卫星遥感影像图

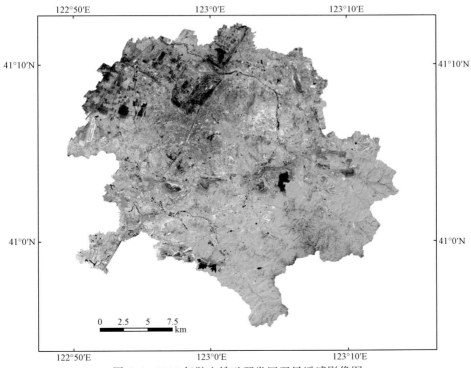

图 6-4　2010 年鞍山铁矿开发区卫星遥感影像图

的经验知识应用于目标解译，根据图像上地物目标及其邻域的影像特征——颜色、形状、纹理、空间结构等，利用地物间的相互关系进行分析与推理来识别目标。目视解译能够获得高质量的分类结果，但是解译的过程需要投入大量的人力、物力，并且解译的精度与解译者的经验知识和认知水平直接相关。随着计算机视觉、模式识别、人工智能及机器学习等相关技术的快速发展，基于上述相关技术研究自动智能的遥感图像分类模式与方法成为遥感图像信息提取的研究热点。按照不同的划分标准，遥感图像的分类方法可划分为不同的体系。按照是否有先验知识的参与，可将分类方法分为：监督分类、非监督分类和两者相结合的分类方法。按照分类处理的基本单元不同，可将分类方法分为：基于像元的分类方法、基于混合像元分解的分类方法、基于区域的面向对象的分类方法和多种相结合的分类方法。

针对研究区高分辨率遥感影像的特点，采用面向对象的分类方法对 2010 年的辽宁鞍山铁矿区遥感数据进行生态系统分类，并依据 2010 年的分类结果和 2000 年、2005 年两期遥感影像，基于回朔方法得到了 2000 年和 2005 年的生态系统分类图。2000 年、2005 年和 2010 年辽宁鞍山铁矿区生态系统遥感分类图见图 6-5、图 6-6 和图 6-7。

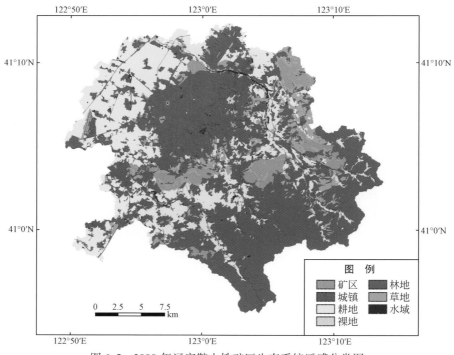

图 6-5　2000 年辽宁鞍山铁矿区生态系统遥感分类图

应用混淆矩阵对 3 期生态系统分类结果进行精度评价，采用等样随机选点的方法得到样本验证点。分别对 2000 年、2005 年、2010 年的生态系统分类结果，每类选取 50 个点，总计选取 350 个点，以 Google Earth 以及野外实观测点为参考数据进行精度分析评价。混淆矩阵和精度对比结果，如表 6-1 ~ 表 6-4 所示。

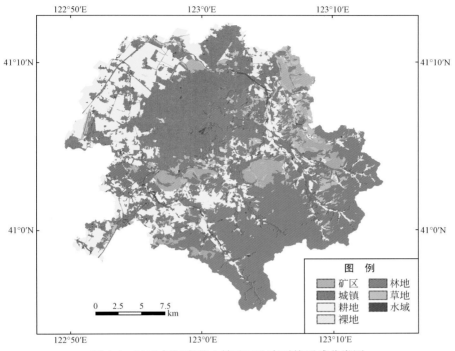

图 6-6　2005 年辽宁鞍山铁矿区生态系统遥感分类图

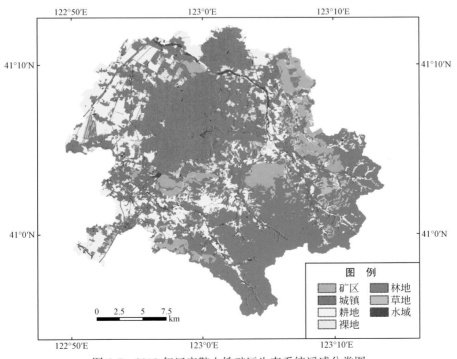

图 6-7　2010 年辽宁鞍山铁矿区生态系统遥感分类图

表 6-1　2000 年辽宁鞍山铁矿区生态系统遥感分类混淆矩阵

类名	工矿	城镇	耕地	裸地	林地	草地	水域	总计
工矿	49	0	0	0	0	1	0	50
城镇	0	50	0	0	0	0	0	50
耕地	0	3	43	0	1	3	0	50
裸地	0	2	0	46	0	2	0	50
林地	0	2	0	0	47	1	0	50
草地	0	0	2	0	3	45	0	50
水域	0	1	0	1	0	0	48	50
总计	49	58	45	47	51	52	48	350

表 6-2　2005 年辽宁鞍山铁矿区生态系统遥感分类混淆矩阵

类名	工矿	城镇	耕地	裸地	林地	草地	水域	总计
工矿	45	0	0	0	2	2	0	50
城镇	0	45	4	1	0	0	0	50
耕地	0	1	43	0	1	5	0	50
裸地	2	2	4	36	1	5	0	50
林地	0	3	0	0	45	2	0	50
草地	0	5	0	0	7	38	0	50
水域	0	0	1	1	1	4	42	50
总计	49	56	52	38	57	58	42	350

表 6-3　2010 年辽宁鞍山铁矿区生态系统遥感分类混淆矩阵

类名	工矿	城镇	耕地	裸地	林地	草地	水域	总计
工矿	50	0	0	0	0	0	0	50
城镇	0	44	0	1	0	5	0	50
耕地	0	0	44	0	1	5	0	50
裸地	1	0	0	42	0	7	0	50
林地	0	0	1	0	48	1	0	50
草地	0	0	1	0	5	44	0	50
水域	0	0	2	1	1	2	44	50
总计	51	44	48	44	55	67	44	350

表 6-4　2000 年、2005 年、2010 年辽宁鞍山铁矿区生态系统分类精度统计表

类型	2000 年		2005 年		2010 年	
	生产者精度/%	用户精度/%	生产者精度/%	用户精度/%	生产者精度/%	用户精度/%
工矿	100.00	98.00	91.84	90.00	98.04	100.00
城镇	86.21	100.00	80.36	90.00	100.00	88.00
耕地	95.56	86.00	82.69	86.00	91.67	88.00
裸地	97.87	92.00	94.74	72.00	95.45	84.00
林地	92.16	94.00	78.95	90.00	87.27	96.00
草地	86.54	90.00	65.52	76.00	65.67	88.00

续表

类型	2000 年		2005 年		2010 年	
	生产者精度/%	用户精度/%	生产者精度/%	用户精度/%	生产者精度/%	用户精度/%
水域	100.00	96.00	100.00	84.00	100.00	88.00
总体精度	94.89%		86.67%		91.56%	
Kappa 系数	0.9425		0.8500		0.905	

由表 6-1 ~ 表 6-4 可以看出，3 期遥感数据的生态系统分类总体精度均达到了 86% 以上，Kappa 系数达到了 0.85 以上，满足生态系统解译和后期统计分析的精度要求。通过对比 3 期分类结果的精度可知，2000 年的精度最高，其次是 2010 年的，2005 年的分类精度最低。

6.2.2 野外调查及实地验证

为了验证研究区生态系统分类结果的精度，课题组于 2013 年 9 月赴辽宁省鞍山市，在鞍山市环保局相关人员的陪同下，进行野外实地考察与验证，拍摄大量的图片，获取了大量的第一手资料，解决了内业一些解译中的不确定问题，有效地提高了解译精度。

野外调查主要内容包括：大孤山铁矿、东鞍山铁矿、小岭子尾矿库以及主要地类的采样调查，野外调查点分布图如图 6-8 所示，野外调查典型地类实地照片如表 6-5 和图 6-9 ~ 图 6-14 所示。

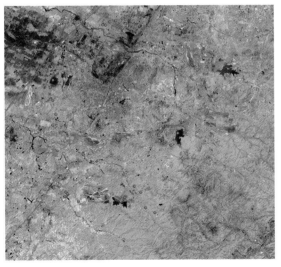

图 6-8　辽宁鞍山铁矿野外调查点分布

注：红色圆点为野外调查点

表 6-5   辽宁鞍山铁矿野外验证

生态系统类别	子类	UTM 坐标	遥感影像地物特征	实地考察拍摄地物特征
林地		X：504 245.435 919m Y：4 534 876.304 98m		
草地		X：498 497.707 508m Y：4 560 378.410 35m		
耕地		X：490 974.732 535m Y：4 546 609.582 49m		
居民点	农村	X：492 638.483 944m Y：4 537 614.014 44m		

生态系统类别	子类	UTM 坐标	遥感影像地物特征	实地考察拍摄地物特征
工矿用地	绿房顶工厂	X：490 652.889 716m Y：4 551 645.580 63m		
	大棚	X：491 392.228 328m Y：4 548 065.650 65m		
	排石场	X：507 269.884 836m Y：4 545 449.885 98m		
	大孤山尾矿库	X：507 286.708 167m Y：4 545 483.524 98m		

生态系统类别	子类	UTM 坐标	遥感影像地物特征	实地考察拍摄地物特征
工矿用地	大孤山矿坑	X：504 775.428 82m Y：4 545 139.598 02m		
	复垦	X：506 404.529 22m Y：4 543 864.240 72m		
水域		X：492 864.192 185m Y：4 537 428.002 82m		

图 6-9　大孤山铁矿矿区遥感影像图

A：采矿坑；B：尾矿库；C：排岩场

(a)大孤山铁矿的采矿坑

(b)尾矿库

(c)排岩场

图 6-10　大孤山铁矿实地照片

注：（a）、（b）、（c）分别与图 6-9 中的 A、B、C 对应。

图 6-11　东鞍山尾矿库遥感影像图

A：尾矿库

图 6-12　东鞍山尾矿库实地照片

注：与图 6-9 中 A 暗红色的区域对应。

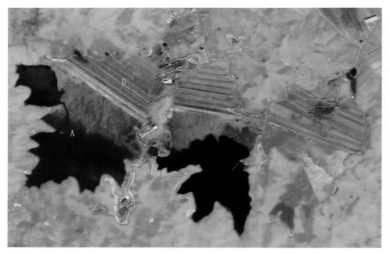

图 6-13　小岭子尾矿库遥感影像图

(a)尾矿库

(b)植被复垦

图 6-14　小岭子尾矿库实地照片

注：(a)、(b) 对应于图 6-13 的 A、B 点。

6.2.3　生态系统类型分析

对 2000 年、2005 年、2010 年辽宁鞍山铁矿区生态系统遥感分类结果进行数值统计并计算了 10 年间的面积变化，统计结果见表 6-6。图 6-15 ~图 6-17 分别为 2000 年、2005 年、2010 年辽宁鞍山铁矿区生态系统遥感分类面积统计图；图 6-18 为辽宁鞍山铁矿区 2000 年、2005 年、2010 年生态系统分类面积统计对比图。

表 6-6　辽宁鞍山铁矿区生态系统遥感分类面积统计表　　（单位：km²）

类别	2000 年统计面积	2005 年统计面积	2010 年统计面积	2000 ~2005 年变化	2005 ~2010 年变化	2000 ~2010 年变化
工矿	33.6187	33.3091	40.0374	-0.3096	6.7283	6.4187
城镇	157.1561	192.0252	212.2991	34.8691	20.2739	55.1430
耕地	156.4042	132.0758	107.4050	-24.3284	-24.6708	-48.9992
裸地	3.7373	7.0563	21.7346	3.3190	14.6783	17.9973
林地	217.2511	214.5462	205.9547	-2.7049	-8.5915	-11.2964
草地	52.3338	40.4497	29.3527	-11.8841	-11.0970	-22.9811
水域	5.3002	6.3391	9.0179	1.0389	2.6788	3.7177
总计	625.8014	625.8014	625.8014	0	0	0

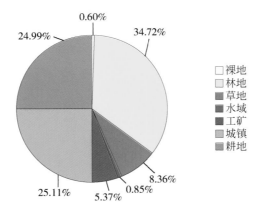

图 6-15　2000 年辽宁鞍山铁矿矿区生态系统遥感分类面积统计图

从 3 期分类面积统计结果可以看出，工矿用地、城镇建设用地以及裸地均有增长，耕地和草地的面积有所减少，林地面积相对稳定。随着城镇化进程的加快，导致建设用地占地增加，裸地面积增加，同时耕地面积减少。由于 10 年间已开采完的矿区进行了复垦还林，使林地面积基本保持稳定；同时，新增加开矿区的压占等导致耕地和草地面积减少。从图 6-18 可以看出，水体呈增长趋势，这是由于数据时相和空间分辨率的差异导致。2000 ~2005 年采矿面积略有减少，这与 2003 年西鞍山矿区关闭与复垦有关，2005 ~2010 年采矿面积有明显的增长。

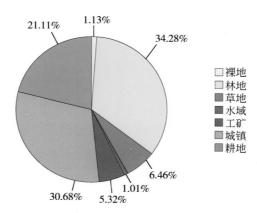

图 6-16　2005 年辽宁鞍山铁矿矿区生态系统分类面积统计图

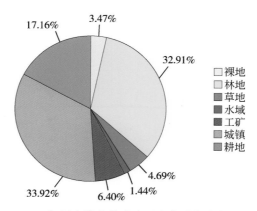

图 6-17　2010 年辽宁鞍山铁矿矿区生态系统分类面积统计图

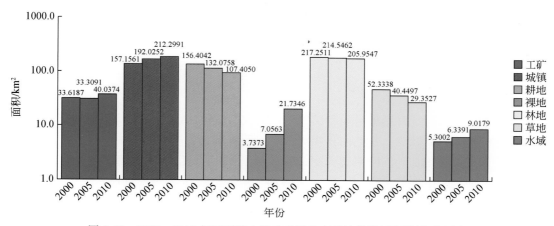

图 6-18　2000～2010 年辽宁鞍山铁矿矿区生态系统分类面积统计对比图

6.3 鞍山铁矿开发区分布及时空变化分析

6.3.1 鞍山铁矿矿区空间分布

鞍山市城市周边铁矿山是指西鞍山、东鞍山、大孤山、眼前山、齐大山和新开发的小岭子铁矿山。其中，西鞍山、东鞍山、大孤山、眼前山和齐大山五大铁矿山，自南向东而北呈半月状西向环抱鞍山市城区。这 5 座矿山最远的离市区 13km，最近的仅 2km。1916 年至今，分别开采 14 ~ 77 年不等。五大矿山现在的矿石年产量分别是：西鞍山铁矿 66 万 t，东鞍山矿 228.4 万 t，大孤山矿 450 万 t，眼前山矿 200 万 t，齐大山矿 921 万 t（赵世亮，2011）。由于西鞍山具有较高的风景旅游价值和文化遗产价值，鞍山市政府在 2003 年决定关闭西鞍山矿区（赵世亮，2011）。基于研究区 2000 年、2005 年和 2010 年卫星数据，分别提取了 2000 年、2005 年和 2010 年典型矿区空间分布信息，重点提取露天开采的矿区，含开采区、恢复区和尾矿区的范围，在此基础上分析矿区空间分布及 10 年的动态变化。鞍山典型矿区主要包括：西鞍山、东鞍山、大孤山、齐大山（包含了行政边界以外的尾矿库和开采面积）、眼前山和小岭子铁矿，典型矿山的空间分布如图 6-19 所示。2000 年、2005 年和 2010 年典型矿区空间分布信息如图 6-20 ~ 图 6-22 所示。3 期矿区总面积统计见表 6-7。

图 6-19　辽宁鞍山铁矿矿区空间分布示意图

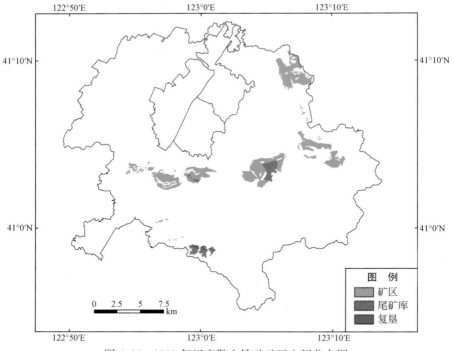

图 6-20　2000 年辽宁鞍山铁矿矿区空间分布图

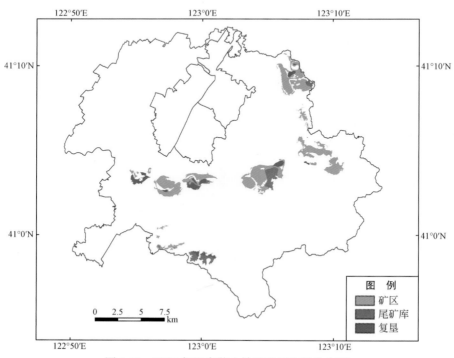

图 6-21　2005 年辽宁鞍山铁矿矿区空间分布图

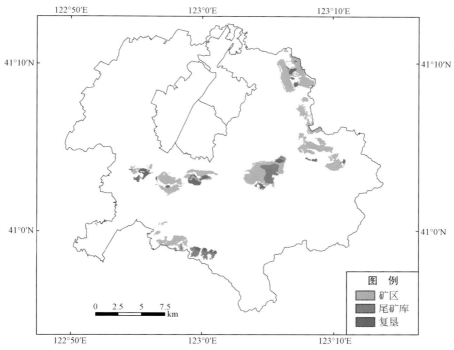

图 6-22　2010 年辽宁鞍山铁矿矿区空间分布图

表 6-7　辽宁鞍山铁矿典型矿区占地面积统计表　　　　　　（单位：km²）

类型	2000 年	2005 年	2010 年
开采面积	27.4427	27.2461	32.6736
尾矿库	6.3367	6.7792	9.3222
复垦林地	0.5305	4.0964	4.9824
总计	34.3099	38.1217	46.9782

　　由鞍山铁矿矿区 2000 年、2005 年和 2010 年的整体分布图（图 6-20～图 6-22）和矿区占地面积统计表（表 6-7）可以分析矿产开发用地的空间分布和面积变化情况。2000 年矿山占地总面积为 33.7794km²；2005 年矿山占地为 34.0253km²；2010 年矿山占地为 41.9958km²，相比 2000 年净增加了 8.2164km²。从 3 期的复垦林地面积可以看出，复垦林地增加较快，也从侧面说明生态环境治理和恢复已见成效。

　　为了进一步分析鞍山铁矿矿区开采情况，对鞍山市的 6 个典型矿区分别进行了 10 年变化面积统计分析，统计结果如表 6-8 所示。

表 6-8　典型矿区 10 年变化面积统计分析　　　　　　（单位：km²）

矿山	2000 年			2005 年			2010 年		
	开采面积	尾矿库	复垦林地	开采面积	尾矿库	复垦林地	开采面积	尾矿库	复垦林地
东鞍山矿区	6.5649	0.2998	—	6.3075	0.0511	1.3415	6.1375	0.0829	1.2628
西鞍山矿区	1.246	—	—	0.4504	—	1.1027	0.7678	—	1.1614

矿山	2000 年			2005 年			2010 年		
	开采面积	尾矿库	复垦林地	开采面积	尾矿库	复垦林地	开采面积	尾矿库	复垦林地
齐大山矿区	7.1964	2.3868	—	6.4996	3.0236	0.395	7.4443	4.7613	0.8141
大孤山矿区	6.4905	2.182165	—	6.2028	2.1343	0.4992	6.1715	2.7605	0.7183
眼前山矿区	5.8386	—	—	6.6894	—	0.1043	8.9645	—	0.347
小岭子矿区	0.1063	1.4679	0.5305	1.0964	1.5697	0.6537	3.188	1.7175	0.6788

从鞍山 6 个典型矿区的 10 年面积变化统计分析表可以看出（表 6-8），西鞍山自 2003 年关闭生产以来，开采面积从 2000 年的 1.246km² 减少到 2005 年的 0.4504km²，后来又增加到 2010 年为 0.7678km²。东鞍山铁矿、齐大山铁矿、大孤山铁矿由于是成熟的矿区，开采面积基本保持不变，这与鞍山铁矿深坑式露天开采的开采方式有直接的关系（其中齐大山铁矿处在鞍山市市区的边界处，相关的统计面积包含了行政边界以外的尾矿库和开采面积，因此，矿山的总体面积大于按行政区划统计的总面积）。眼前山和小岭子铁矿为新开发的矿山，10 年间矿山开采面积发生了较大的变化。眼前山的开采面积 2000 年为 5.8386km²，2005 年变为 6.6894km²，到 2010 年变为 8.9645km²，变化较大。小岭子矿区 2000 年处于开发初期，开采面积仅为 0.1063km²，到 2005 年增长为 1.0946km²，2010 年则扩大到 3.188km²。

6.3.2 鞍山铁矿矿区开采 10 年变化

基于研究区 2000 年和 2010 年生态系统分类结果，利用变化检测技术方法，得到各个生态系统类别之间的变化图。

6.3.2.1 鞍山铁矿开发区 2000～2010 年 10 年变化统计与分析

基于 2000 年和 2010 年的生态系统分类结果，对鞍山铁矿开发区工矿用地 10 年变化进行监测，监测结果分别见图 6-23 和表 6-9。

表 6-9　2000～2010 年辽宁鞍山铁矿区工矿用地面积变化统计表　（单位：km²）

类型	2000 年面积	2010 年面积	工矿–复垦	非工矿–工矿	净增加
工矿用地	33.6187	40.0374	6.8006	13.2193	6.4187

由 2000～2010 年鞍山铁矿区工矿用地 10 年变化图（图 6-23）以及工矿用地面积统计表（表 6-9），可以得到研究区工矿用地的空间分布和面积变化情况。2000 年工矿用地面积为 33.6187km²，2010 年为 40.0374km²，2010 年比 2000 年净增加了 6.4187km²，其中 2000～2010 年工矿用地复垦的面积为 6.8006km²，开矿新占用土地面积为 13.2193km²。

6.3.2.2 鞍山铁矿开发区 2000～2005 年 5 年变化统计与分析

基于研究区 2000 和 2005 年生态系统分类结果，利用变化检测技术，重点对研究区工矿用地 2000～2005 年 5 年的变化进行监测，结果分别见表 6-10 和图 6-24。

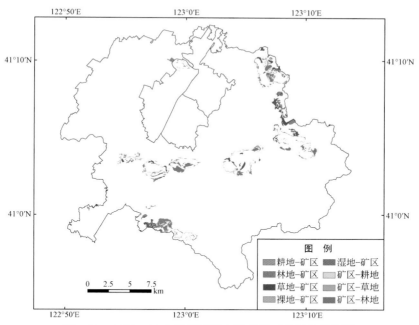

图 6-23　2000～2010 年辽宁鞍山铁矿区工矿用地变化图

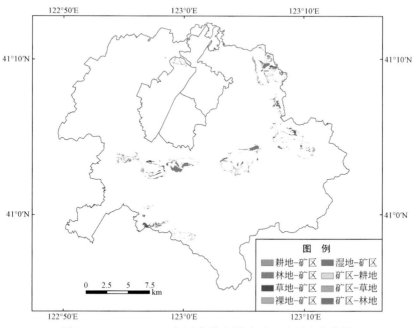

图 6-24　2000～2005 年辽宁鞍山铁矿区工矿用地变化图

表 6-10　2000～2005 年辽宁鞍山铁矿区工矿用地面积变化统计表　（单位：km²）

类型	2000 年面积	2005 年面积	工矿-复垦	非工矿-工矿	净增加
工矿用地	33.6187	33.3091	6.6022	6.2926	-0.3096

由鞍山铁矿 2000 ~ 2005 年工矿用地 5 年变化图（图 6-24）以及工矿用地面积统计表（表 6-10），可以得到研究区工矿用地的空间分布和面积变化情况。2000 年工矿用地面积为 33. 6187km², 2005 年为 33. 3091km², 其中 2000 ~ 2005 年工矿用地复垦的面积为 6. 6022km², 开矿新占用面积为 6. 2926km²。矿区总面积出现负增长，初步分析原因，一方面由于矿区的复垦引起矿区占地面积的减少，另一方面由于矿区相关的附属设施与城镇建设用地混淆，导致矿区统计面积相对减少。

6.3.2.3　鞍山铁矿开发区 2005 ~ 2010 年 5 年变化统计与分析

基于研究区 2005 年和 2010 年生态系统分类结果，利用变化检测技术，重点对研究区 2005 ~ 2010 年工矿用地 5 年变化进行监测，结果分别见图 6-25 和表 6-11。

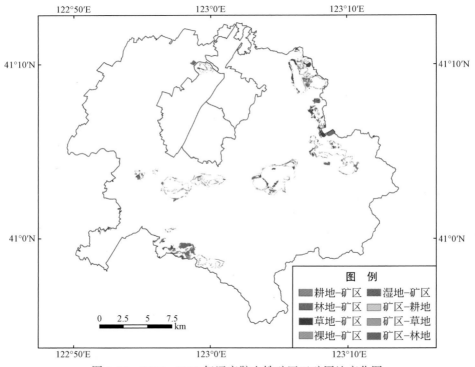

图 6-25　2005 ~ 2010 年辽宁鞍山铁矿区工矿用地变化图

表 6-11　2005 ~ 2010 年辽宁鞍山铁矿区工矿用地面积变化统计表　（单位：km²）

类型	2005 年面积	2010 年面积	工矿−复垦	非工矿−工矿	净增加
工矿用地	33. 3091	40. 0374	3. 6157	10. 344	6. 7283

由 2005 ~ 2010 年鞍山铁矿矿区工矿用地 5 年变化图（图 6-25）以及工矿用地面积统计表（表 6-11），可以得到研究区工矿用地的空间分布和面积变化情况。2005 年工矿用地面积为 33. 3091km²，2010 年为 40. 0374km²，2010 年比 2005 年净增加了 6. 7283km²，其中

2005～2010 年工矿用地复垦面积为 3.6157km², 开矿新占用面积为 10.344km²。

6.4 鞍山铁矿开采对周边环境的影响

6.4.1 鞍山铁矿矿区对周边城镇扩展的影响

6.4.1.1 鞍山铁矿矿区周边城镇扩展 10 年变化监测与分析

基于研究区 2000 年和 2010 年生态系统分类结果, 利用变化检测技术, 重点对研究区 2000～2010 年城镇用地 10 年变化进行监测, 结果分别见图 6-26 和表 6-12。

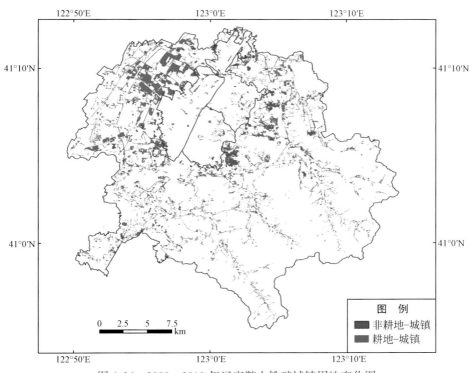

图 6-26 2000～2010 年辽宁鞍山铁矿城镇用地变化图

表 6-12 2000～2010 年辽宁鞍山铁矿城镇扩展变化统计表　　（单位：km²）

类型	2000 年总面积	2010 年总面积	非城镇–城镇
城镇	157.1561	212.2991	55.1430

根据城镇变化图（图 6-26）和面积统计结果（表 6-12）可知, 2000 年城镇面积为 157.1561km², 2010 年为 212.2991km², 2010 年比 2000 年增加了 55.1430km²。从鞍山市

的 10 年城镇扩展变化图可以看出，城镇扩展方向主要集中在东北和西北方向。向东北方向发展的主要原因是齐大山等矿区处在鞍山市的东北方向，矿区配套设施及生活区等建设导致城市向东北扩展相对较快。同时，在鞍山市的西部有高速公路，大批的企业在西北方向建厂，同时工厂的建设带动周边的居住区的建设，进而导致鞍山城镇往西北方向扩展。

6.4.1.2 鞍山铁矿矿区周边城镇扩展 5 年变化监测与分析

（1）2000～2005 年 5 年变化分析

基于研究区 2000 年和 2005 年生态系统分类结果，利用变化检测技术，重点对研究区 2000～2005 年城镇用地 5 年变化进行监测，结果分别见图 6-27 和表 6-13。

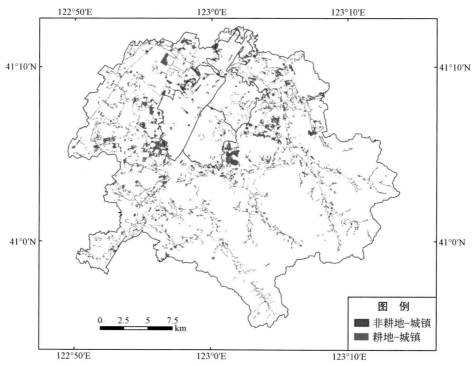

图 6-27　2000～2005 年辽宁鞍山铁矿城镇用地变化图

表 6-13　2000～2005 年辽宁鞍山铁矿城镇扩展变化统计表　（单位：km²）

类型	2000 年总面积	2005 年总面积	非城镇–城镇
城镇	157.1561	192.0252	34.8691

根据城镇变化图（图 6-27）和面积统计结果（表 6-13）可知，2000 年城镇面积为 157.1561km²，2005 年为 192.0252 km²，比 2000 年增加了 34.8691km²。

（2）2005～2010 年 5 年变化分析

基于研究区 2005 年和 2010 年生态系统分类结果，利用变化检测技术，重点对研究区

2005～2010 年城镇用地 5 年变化进行监测，结果分别见图 6-28 和表 6-14。

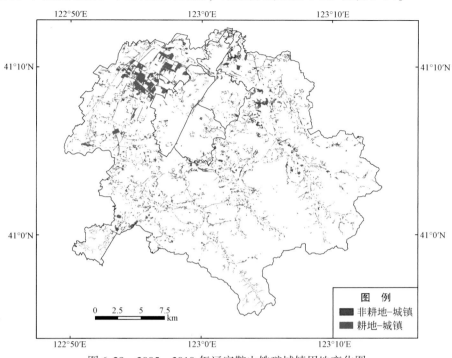

图 6-28 2005～2010 年辽宁鞍山铁矿城镇用地变化图

表 6-14 2005～2010 年辽宁鞍山铁矿城镇扩展变化统计表 （单位：km²）

类型	2005 年总面积	2010 年总面积	非城镇-城镇变化
城镇	192.0252	212.2991	20.2739

根据城镇变化图（图 6-28）和面积统计结果（表 6-14）可知，2005 年城镇面积为 192.0252km²，2010 年为 212.2991km²，比 2005 年增加了 20.2739km²。

从辽宁鞍山铁矿城镇 10 年扩展变化可以看出，鞍山市的矿产资源开发对城市扩展的方向产生了较大的影响。由于鞍山的铁矿山自南向东而北呈半月状西向环抱鞍山市城区，同时受西部高速公路等基础设施影响，城市扩展的主要方向集中在西北和东北方向。

6.5 生态系统质量十年变化

6.5.1 鞍山铁矿开发区生态系统格局及演变

6.5.1.1 各生态系统类型面积比例

对研究区 2000 年、2005 年和 2010 年 3 期生态系统分类结果进行各生态系统类型的面积比例统计分析，如表6-15所示。

表6-15　各生态系统类型面积比例　　　　　　　　　（单位：%）

类型	2000 年	2005 年	2010 年
工矿	5.3721	5.3226	6.3978
城镇	25.1128	30.6847	33.9244
耕地	24.9926	21.1051	17.1628
裸地	0.5972	1.1276	3.4731
林地	34.7157	34.2834	32.9106
草地	8.3627	6.4637	4.6904
水域	0.8469	1.0130	1.4410
总计	100.0000	100.0000	100.0000

生态系统主要分为七大类，由各期生态系统各类型面积比例分析可以看出，工矿用地的总体面积变化不大，究其原因，主要是铁矿的开采方式、矿区的复垦和植被恢复综合作用的结果。城镇面积比例增加较大，反映了近 10 年较快的城市扩展速度。耕地面积逐渐减少，源于大量的耕地被工矿和城市建设占用。生态恢复治理工作进行得相对稳定，林地面积基本保持不变。总体来看，城镇建设用地和裸地面积比例增加，草地和耕地的面积比例减少，导致矿区的生态系统质量总体呈现下降的趋势。

6.5.1.2　生态系统转移矩阵

根据研究区 2000 年、2005 年、2010 年的生态系统分类图，通过计算可得到 2000 ~ 2005 年、2005 ~ 2010 年、2000 ~ 2010 年生态系统类型转移矩阵，如表 6-16，表 6-17，表 6-18 所示。

表6-16　2000 ~ 2005 年鞍山铁矿矿区生态系统转移矩阵　　　（单位：km²）

类型	工矿	城镇	耕地	裸地	林地	草地	水体
工矿	27.2729	0.6163	0.0605	0.1195	3.5302	2.008	0.0113
城镇	0.2201	152.7394	1.1371	1.0035	0.9853	0.5058	0.5649
耕地	0.2542	19.5424	122.0883	1.3081	7.3993	4.7211	1.0908
裸地	0.0346	0.6204	0.2468	1.3226	0.3213	0.9322	0.2594
林地	1.6297	7.2867	5.5886	0.9399	196.3144	4.8958	0.596
草地	3.8871	10.45	2.5142	2.0993	5.6791	26.7856	0.9185
水体	0.0105	0.77	0.4403	0.2634	0.3166	0.6012	2.8982

表6-17　2005 ~ 2010 年鞍山铁矿矿区生态系统转移矩阵　　　（单位：km²）

类型	工矿	城镇	耕地	裸地	林地	草地	水体
工矿	29.8182	0.3296	0.0814	0.1506	2.1606	0.7107	0.058
城镇	0.5856	180.5074	0.9951	7.3175	0.918	0.3149	1.3867
耕地	0.6162	18.9492	94.3807	4.8759	8.7649	3.4582	1.0307

类型	工矿	城镇	耕地	裸地	林地	草地	水体
裸地	0.096	1.1723	0.4804	3.8869	0.5804	0.4705	0.3698
林地	4.038	4.7057	8.7046	2.0052	187.1115	7.3232	0.658
草地	4.8652	5.9745	2.1253	3.11	6.0395	16.8353	1.4999
水体	0.0182	0.6604	0.6375	0.3885	0.3798	0.2399	4.0148

表 6-18　2000～2010 年鞍山铁矿矿区生态系统转移矩阵　　（单位：km²）

类型	工矿	城镇	耕地	裸地	林地	草地	水体
工矿	26.9043	0.7497	0.0639	0.3083	4.7807	0.7594	0.0524
城镇	0.3784	147.7845	0.9212	6.0367	0.877	0.3372	0.8211
耕地	0.8611	37.7923	93.8948	6.2571	10.9938	4.4103	2.1948
裸地	0.0537	0.7545	0.2416	1.7657	0.3383	0.2711	0.3124
林地	4.7173	10.6145	9.1116	2.5921	181.6283	7.6846	0.9027
草地	7.1077	13.9152	2.666	4.296	7.0112	15.6803	1.6574
水体	0.0149	0.6884	0.5059	0.4787	0.3254	0.2098	3.0771

2000～2010 年 10 年，矿产资源开发区生态系统类型、分布、面积与构成都发生了较大的变化，其中以工矿、城镇、耕地、林地和草地的变化为主，水体和裸地有较小变化。城市建设用地主要由耕地、林地和草地转化而来；工矿用地主要由林地和草地转化而来；工矿用地向林地和草地的转化体现了矿山复垦的效果。城镇的扩张造成耕地、林地和草地减少，同时矿区开采和压占也使林地、草地和耕地的面积减少。这些变化都对鞍山市区域的生态系统造成了较大影响，使生态系统质量发生了变化。

6.5.2　鞍山铁矿开发区景观指数

景观格局主要通过计算斑块数和类平均斑块面积来评估。应用 GIS 技术以及景观结构分析软件 Fragstats 3.3 分析斑块数（NP）和类平均斑块面积，相应的统计结果如表 6-19 和表 6-20 所示。

表 6-19　各生态系统类型斑块数

类型	2000 年	2005 年	2010 年
工矿	41	44	53
城镇	578	448	524
耕地	317	408	463
裸地	142	204	394
林地	307	410	587
草地	609	479	510
水域	205	340	382
总计	2199	2333	2913

表 6-20　生态系统各类型斑块平均面积　　　　（单位：km²）

类型	2000 年	2005 年	2010 年
工矿	0.8200	0.7570	0.7554
城镇	0.2719	0.4286	0.4052
耕地	0.4934	0.3237	0.2320
裸地	0.0263	0.0346	0.0552
林地	0.7077	0.5233	0.3509
草地	0.0859	0.0844	0.0576
水域	0.0259	0.0186	0.0236
总计	0.2846	0.2682	0.2148

在各生态系统类型中，工矿和林地的平均斑块面积较大，水域的面积较小。在 10 年变化分析中，研究区的总体斑块数以及生态系统各个类别的斑块数保持增长趋势。同时，研究区的总体平均斑块面积和各生态系统类型的平均斑块面积逐步缩减，可以认为矿区开采和城镇化等人类活动对生态系统产生了影响。

6.5.3　鞍山铁矿开发区植被覆盖情况

应用研究区的 TM 遥感影像计算了 2000 年、2005 年和 2010 年辽宁鞍山矿区的 3 期植被覆盖度图，并依据植被覆盖度划分标准，生成植被覆盖度等级图，如图 6-29 ~ 图 6-31 所示。同时，对 3 期植被覆盖度等级图进行统计分析，如表 6-21 所示。

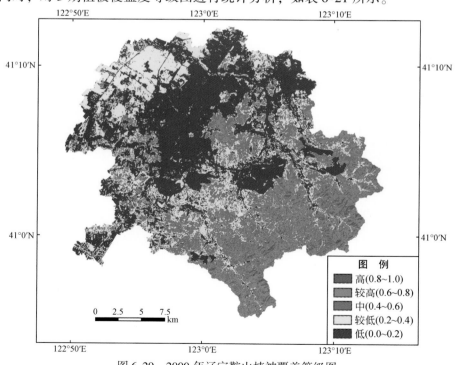

图 6-29　2000 年辽宁鞍山植被覆盖等级图

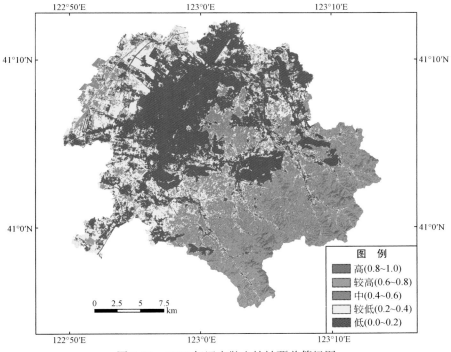

图 6-30 2005 年辽宁鞍山植被覆盖等级图

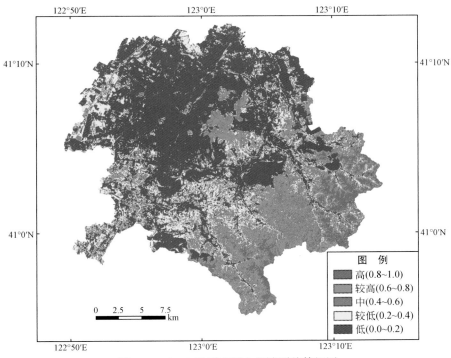

图 6-31 2010 年辽宁鞍山植被覆盖等级图

表 6-21　鞍山铁矿矿区植被盖度面积统计

植被覆盖度	2000 年		2005 年		2010 年	
	面积/km²	百分比/%	面积/km²	百分比/%	面积/km²	百分比/%
低植被覆盖度	256.2642	40.9122	249.1056	39.7724	325.0755	51.8983
较低植被覆盖度	163.7118	26.1363	154.2996	24.6356	124.2162	19.8311
中植被覆盖度	117.0522	18.6872	112.653	17.9863	75.2184	12.0086
较高植被覆盖度	71.8659	11.4733	83.2311	13.2887	66.7188	10.6517
高植被覆盖度	17.4825	2.79105	27.0387	4.3170	35.1414	5.6103

根据 2000 年、2005 年以及 2010 年的植被覆盖度等级图（图 6-29 ~ 图 6-31）可知，鞍山矿区植被覆盖情况总体逐渐变差，植被覆盖度较低的区域主要位于建设用地、矿区开采区及周边等。2000 ~ 2010 年，植被覆盖度逐渐变差，说明铁矿矿山开采及城镇扩展严重破坏了生态系统，导致整体生态环境质量变差。因此，人类应当加强环保意识，生态系统恢复治理的规模和强度应该增加。

6.5.4　鞍山铁矿开发区生态系统质量

应用生态系统分类结果和生物量反演数据，计算了研究区的草地生态系统质量、森林生态系统质量和区域生态系统质量。3 期数据的计算结果如表 6-22 所示。

表 6-22　鞍山矿产资源开发区生态系统质量统计

年份	草地	林地	区域
2000	0.0793	0.2974	0.2949
2005	0.1710	0.2400	0.2386
2010	0.1235	0.3072	0.2984

从表 6-22 可以看出，鞍山生态系统质量整体变化比较平稳。2000 ~ 2010 年鞍山的区域生态系统质量先下降再回升；林地生态系统质量相对于草地的生态系统质量要好，林地的生态系统质量先下降再回升，草地生态系统质量先提升然后再下降。

6.5.5　生态环境影响——鞍山铁矿区生态环境遥感评价

通过遥感手段，选取合适的评价指标，建立适合鞍山铁矿区的生态环境质量监测与评价指标系统，为生态环境保护提供管理和决策的依据。研究中采用基于遥感的 PSR 模型对鞍山市铁矿开发区进行生态环境遥感评价。

6.5.5.1　相关指标的计算

基于 2000 年、2005 年和 2010 年 3 期生态系统分类结果，利用 2.4.2.2 中的指标计算公式得到整个研究区 3 个时相的结果（表 6-23）。

表 6-23　鞍山生态环境遥感评价指标

年份	基本生态功能组分的覆盖率 +	极低生态功能组分指标 −	较高生态功能组分指标 +	较高生态功能组分的重要值 +	较高生态功能组分平均斑块面积/km² +	人类干扰指数 −	退化土地比例指标 −
2000 年	68.9179	0.0597	0.4057	0.4111	0.2943	0.5548	0.0597
2005 年	62.8652	0.0645	0.3881	0.3846	0.2868	0.5711	0.0645
2010 年	56.2048	0.0987	0.3619	0.3693	0.2145	0.5749	0.0987
生态质量变化趋势	下降	下降	下降	下降	下降	下降	下降

注："+"代表生态环境指标数值变化的正向作用，数值越大，生态环境质量越好；"−"则相反。

通过上述指标可以定性地分析出评价指标值对生态环境质量正向影响的大小，可以定性地分析出，2000～2010 年鞍山矿区整体生态环境质量呈下降趋势。

6.5.5.2　缓冲区分析

为了分析辽宁鞍山铁矿矿区对其周边生态环境的影响，对矿区周边生态环境质量进行综合评价，分析矿区对周边生态环境影响趋势。选取了 4 个相对较大的矿区做为研究对象，分别选定 0.5km、1km、1.5km、2km、2.5km、3km、3.5km、4km 范围进行缓冲区分析，结果见图 6-32，然后采用生态环境遥感评价指标进行定量评价，如表 6-24 所示。

表 6-24　鞍山矿区缓冲区生态环境遥感评价指标

缓冲区/km	基本生态功能组分的覆盖率 +	极低生态功能组分指标 −	较高生态功能组分指标 +	较高生态功能组分的重要值 +	较高生态功能组分平均斑块面积/km² +	人类干扰指数 −	退化土地比例指标 −
0.5	34.51	51.86	26.79	34.27	10.35	19.83	51.86
1	42.34	39.46	29.92	35.03	12.00	28.45	39.46
1.5	46.38	32.44	31.66	35.90	13.25	33.53	32.44
2	50.52	27.77	33.32	36.98	14.50	36.43	27.77
2.5	53.46	24.37	34.01	37.03	15.60	39.15	24.37
3	55.37	21.88	35.11	37.13	16.96	40.52	21.88
3.5	56.27	19.90	36.26	37.05	18.58	41.27	19.90
4	56.86	18.47	37.25	37.21	19.65	41.68	18.47
生态质量变化趋势	上升	上升	上升	上升	上升	下降	上升

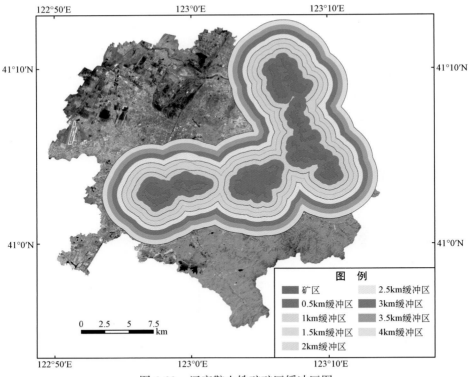

图 6-32　辽宁鞍山铁矿矿区缓冲区图

由表 6-24 和图 6-33 矿区缓冲区生态环境遥感评价指标可以看出，随着到矿区距离增加，基本生态功能组分的覆盖率、较高生态功能组分指标等整体呈上升趋势，3km 以外保持稳定。各项指标中，只有人类干扰指数随着离矿区距离增加呈下降趋势，这主要是由于离矿区越远，建筑用地、耕地等增加，人类活动频繁。

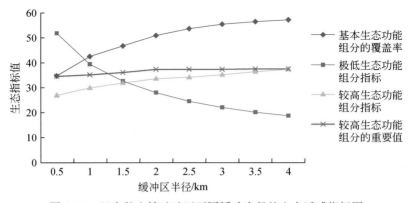

图 6-33　辽宁鞍山铁矿矿区不同缓冲半径的生态遥感指标图

此外，对千山风景区周边生态环境质量进行了评价，分析了矿区开采对千山风景区周边生态环境的影响，分析采用了不同距离缓冲区评价方法（以千山主风景区五佛顶为中心），缓冲区范围为 1～5km（图 6-34），生态环境遥感评价指标如表 6-25 所示。

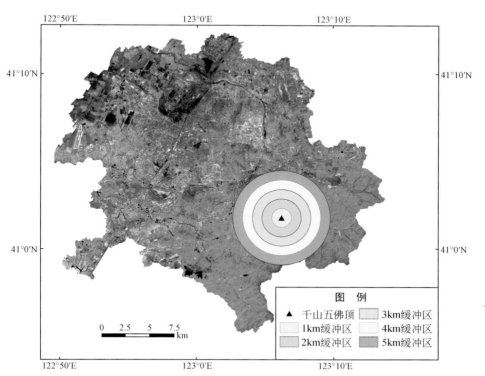

图 6-34　辽宁省鞍山市千山风景区缓冲区图

表 6-25　千山风景区生态环境遥感评价指标

缓冲区/km	基本生态功能组分的覆盖率 +	极低生态功能组分指标 −	较高生态功能组分指标 +	较高生态功能组分的重要值 +	较高生态功能组分平均斑块面积/km² +	人类干扰指数 −	退化土地比例指标 −
1	95.80	4.20	95.59	0.59	1.50	0.00	0.04
2	93.75	6.23	93.16	0.64	1.06	0.00	0.06
3	89.01	8.41	85.89	0.57	1.01	0.05	0.08
4	80.34	12.47	72.55	0.47	0.92	0.14	0.12
5	75.92	16.08	66.41	0.46	0.75	0.17	0.16
生态质量变化趋势	下降	下降	下降	下降	下降	下降	下降

　　由表 6-25 和图 6-34～图 6-35 可以看出，随着到千山风景区的距离增加，生态质量整体处于下降趋势，尤其是在 3km 之后，受大孤山矿区影响，生态质量下降趋势愈加明显，表明鞍山矿山的开采已对千山风景区周边的环境造成了一定的影响。

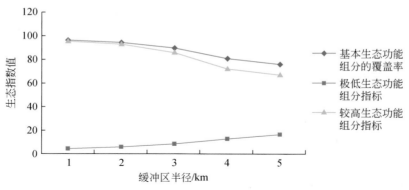

图 6-35　千山风景区不同缓冲半径的生态遥感指标图

6.6　鞍山铁矿开发区存在的生态环境问题与风险

6.6.1　鞍山铁矿开发存在的问题

鞍山市的铁矿多采用露天开采，露天采场、尾矿、废石堆放占用土地等形成了较大面积的废弃地，并导致严重水土流失、水体污染，增加了扬尘，严重破坏了生态环境。

1）露天采场和排岩场带来的粉尘污染。2010 年鞍山铁矿开发区占地为 41.9958km²，比 2000 年净增加了 8.2164km²。铁矿的露天开采和纵向深凹剥离岩石，排岩场一般就近堆放，随着采矿和碎矿工艺的进行，产生大量的粉尘。由于部分矿山距离城区很近，受季风气候的影响，带来的扬尘严重影响城区的生活。

2）尾矿库和排岩场对地表水和浅层地下水环境的污染。排岩场和尾矿长期处于氧化、风蚀，受雨水淋滤、冲刷，废水污染了周边土壤和地表水资源。小岭子矿山附近的河流受污染严重，河水颜色呈铁红色（图 6-36）。

(a)　　　　　　　　　　　　　　　　　　　(b)

图 6-36　小岭子铁矿附近河流实地拍摄照片

3）空气污染。2000～2010 年鞍山市工业废气、工业固体废物和工业二氧化硫排放量呈现大规模增长的趋势，对当地的环境造成了负面影响（表 6-26，图 6-37）。

表 6-26　2000～2010 年工业废气、固体废物、二氧化硫排放量

年份	工业废气排放总量（万标立方米）	工业固体废物产生量/万 t	工业二氧化硫排放量/t
2000	17 764 014	1 849	64 078
2005	29 987 732	2 626	21 737
2010	48 423 090	5 176	77 532

资料来源：鞍山市统计年鉴

(a)　　　　　　　　　　　　　　　(b)

图 6-37　鞍山小岭子铁矿周边工厂废气排放照片

4）鞍山铁矿开采对生态保护地范围的影响。大孤山铁矿位于辽宁省鞍山市东南部，与其毗邻的是国家 4A 级的千山风景区（景区中心距大孤山铁矿开采区最近距离为5.8km），铁矿长期露天开采是否对景区生态环境产生一定的影响，值得关注。

6.6.2　鞍山铁矿开发存在的风险

鞍山地区铁矿山全部露天开采，露天矿排土场是采矿剥离废弃物的堆放场所，人工形成散体状态边坡。随着排土场高度增加，边坡失稳，某些矿山排土场出现塌方、滑坡、泥石流和酸性水污染地质灾害，不仅影响了矿山正常生产，而且破坏了矿区及周边生态环境。排岩场地质灾害主要有排岩场地面沉降、排岩场滑坡和排岩场泥石流 3 种类型。1985年以来，齐大山铁矿和大孤山铁矿曾发生多次边坡变形地质灾害。鞍山铁矿主要采取的深坑式露天开采，开采的矿坑也容易导致边坡失稳和泥石流等地质灾害，因此，应该对相应的地质灾害采取监测和预防措施，做到早发现早预防。

第7章 山西平朔煤矿开发区生态环境遥感监测与评估

平朔煤矿是中国最大的露天煤矿，位于朔州市区与平鲁区交界处，总面积达382km²，地质储量约为126亿t。煤矿全部采用美国CAT、日本小松、英国P&H等欧美国家进口设备进行挖掘、实行全方位现代化管理。安太堡露天矿区开工初曾引起党和国家领导人邓小平的关心和重视，是当年邓小平同志亲切关怀诞生的改革开放的"试验田"，为当时世界最大的露天煤矿。1984年4月29日，中国煤炭开发总公司与美国西方石油公司在北京正式签订了合作开发平朔安太堡一号露天煤矿的协议，合作开采年限为30年。后因哈默去世，美方中止了合同，成为中国自行开采矿的露天煤矿。目前，山西平朔煤矿已经成为中国规模最大、现代化程度最高的煤炭生产基地之一。平朔矿区是中国晋北地区能源发展总体战略的重要组成部分，已列入国家国民经济和社会发展十年规划纲要，是中国规划建设的13个大型能源基地之一，其开发主体为中煤能源集团平朔煤炭工业公司。

7.1 平朔煤矿开发区概况

平朔煤矿区为露井联合开发，现在以露天开发为主，分布在山西省朔州市的平鲁区和朔城区，其中主要矿区大部分位于平鲁区境内。矿区地处黄土高原东部，属黄土丘陵—强烈侵蚀生态脆弱系统，对环境改变反应敏感，维持自身稳定的可塑性小。平鲁区疆域基本呈正三角形，南北长69.5km，东西宽67.9km，总面积2314.5km²，人口18.5万人，平均海拔1400m。区域地形主要为丘陵缓坡区，为典型的黄土高原地貌景观。地表水系属海河流域永定河水系。土壤为栗钙土与栗褐土的过渡带，植被覆盖率低。该区属典型的温带半干旱大陆性季风气候区。冬春干旱少雨、寒冷、多风，夏秋降水集中、温凉少风。

平朔露天煤矿现有安太堡露天矿、安家岭露天矿以及在建的东露天矿三大矿区。安太堡露天煤矿是第一个开发投产的大型露天煤矿，也是中国五大露天煤矿开发投产最早、机械化程度最高的一个。矿区主要是由采场、排土场、挖损区等构成，10年间新增矿区主要集中在安家岭矿和东露天矿，东露天矿是在2009年1月正式开工的，至2010年安太堡煤矿矿区的林草农复垦工作陆续进行，经过多年土地复垦，平朔煤业有限公司安太堡露天煤矿昔日寸草不生的矿区现已绿树成荫。

7.2 生态系统现状及动态

对原始数据（2.2节所述）经过正射校正、融合、镶嵌等一系列的数据预处理，最终得到 2000 年、2005 年和 2010 年山西平朔的影像图，分别如图 7-1 ~ 图 7-3 所示。

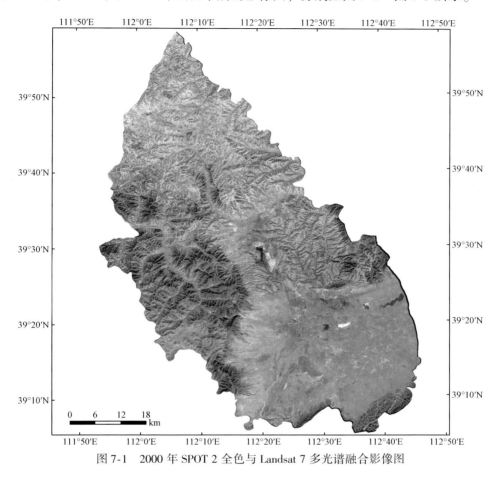

图 7-1　2000 年 SPOT 2 全色与 Landsat 7 多光谱融合影像图

图 7-1 由 SPOT 2 全色与 Landsat 7 多光谱波段融合而成，SPOT 2 成像时间为 1999 年 10 月 28 日，Landsat 7 成像时间为 1999 年 11 月 11 日，波段组合为 7（R）4（G）3（B）。

图 7-2 由 4 景 SPOT 5 多光谱影像镶嵌而成，卫星过境时间分别为 2004 年 7 月 2 日、2004 年 5 月 31 日、2004 年 9 月 7 日和 2004 年 5 月 22 日，波段组合为 2（R）3（G）1（B）。

图 7-3 由 4 景天绘一号卫星影像镶嵌而成，成像时间为 2011 年 6 月 2 日和 2012 年 9 月 29 日，波段组合为 1（R）4（G）2（B）。

平朔露天煤矿矿区面积只占整个行政辖区界（平鲁区和朔城区）的 2.6%，其对行政辖区内大部分地区的生态环境影响极其微弱，为了更好地评价矿山开发对周边生态环境的影响，借鉴国家环境保护标准 HJ 619—2011 "环境影响评价技术导则煤炭采选工程"中露天煤矿开采项目一般以采掘场、外排土场边界外扩 1 ~ 2km 作为煤炭采选工程生态评价范围的要求，结合平朔露天煤矿实际开采的状况，本书将整个矿区范围外扩了 5km 进行生态环境质量十年变化评价。裁切后的影像图如图 7-4 ~ 图 7-6 所示。

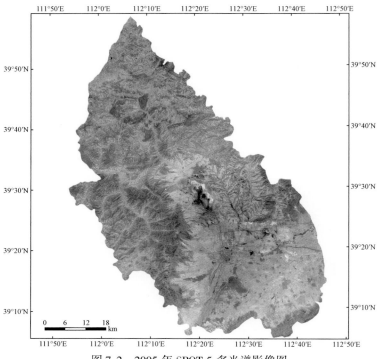

图 7-2　2005 年 SPOT 5 多光谱影像图

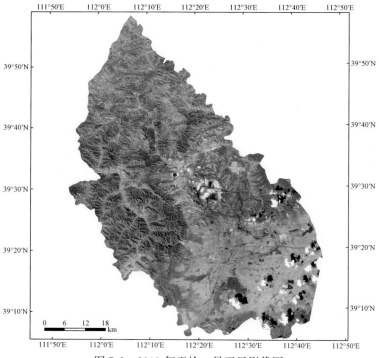

图 7-3　2010 年天绘一号卫星影像图

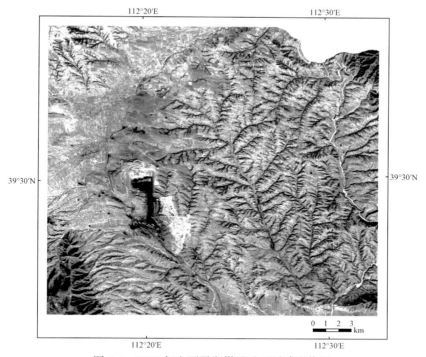

图 7-4 2000 年山西平朔煤矿矿区遥感影像图

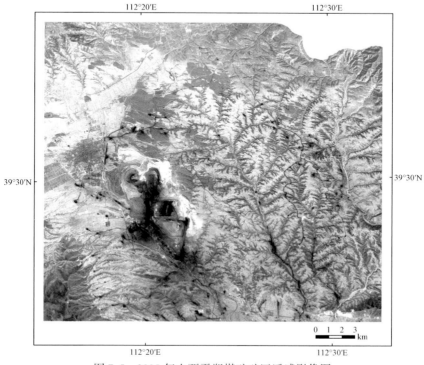

图 7-5 2005 年山西平朔煤矿矿区遥感影像图

图 7-6　2010 年山西平朔煤矿矿区遥感影像图

7.2.1　生态系统遥感分类及精度评价

采用面向对象的分类方法，对 2010 年的山西平朔矿区遥感数据进行生态系统分类，并依据 2010 年的分类结果和 2000 年、2005 年两期遥感影像，基于回朔方法得到 2000 年和 2005 年的生态系统分类结果。2000 年、2005 年、2010 年山西省平朔矿区所在行政区生态系统遥感分类图见图 7-7 ～图 7-9。裁切后的平朔煤矿矿区生态系统遥感分类图见图7-10 ～图 7-12。

采用等样随机选点的方法，分别对 2000 年、2005 年和 2010 年的分类结果选取 500 点，其中每类选取 50 个点，以 Google Earth、野外实地验证以及高分辨率影像为参考数据进行精度评价，其混淆矩阵和精度对比分析结果分别如表 7-1 ～表 7-4 所示。

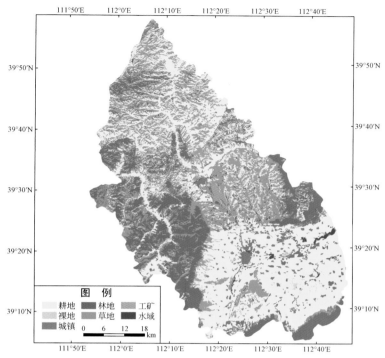

图 7-7　2000 年山西平朔煤矿矿区所在行政区生态系统遥感分类图

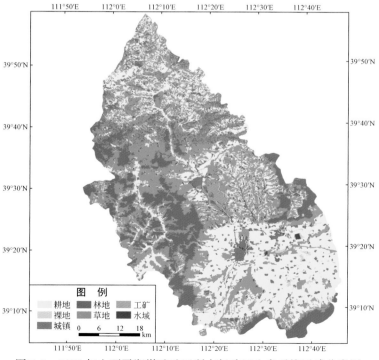

图 7-8　2005 年山西平朔煤矿矿区所在行政区生态系统遥感分类图

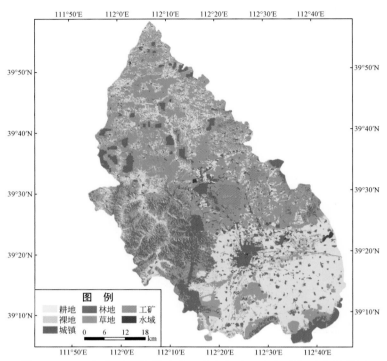

图 7-9 2010 年山西平朔煤矿矿区所在行政区生态系统遥感分类图

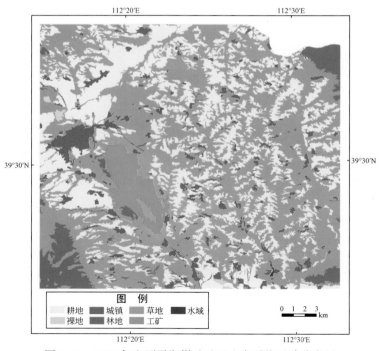

图 7-10 2000 年山西平朔煤矿矿区生态系统遥感分类图

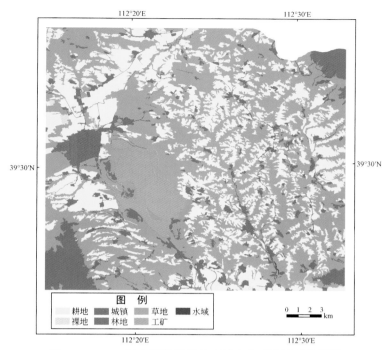

图 7-11　2005 年山西平朔煤矿矿区生态系统遥感分类图

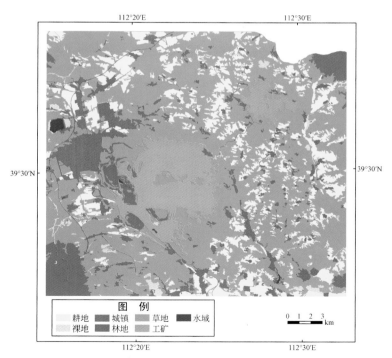

图 7-12　2010 年山西平朔煤矿矿区生态系统遥感分类图

表 7-1　2000 年山西平朔煤矿矿区生态系统遥感分类混淆矩阵

类名	耕地	裸地	城镇	林地	草地	采矿区	压占	水域	复垦林地	复垦草地	总计
耕地	44	0	1	0	5	0	0	0	0	0	50
裸地	0	42	1	0	7	0	0	0	0	0	50
城镇	0	1	49	0	0	0	0	0	0	0	50
林地	0	0	0	48	2	0	0	0	0	0	50
草地	0	0	0	1	49	0	0	0	0	0	50
采矿区	0	0	0	0	0	45	5	0	0	0	50
压占	0	0	1	0	2	0	47	0	0	0	50
水域	0	0	0	0	2	0	0	48	0	0	50
复垦林地	0	0	0	0	0	0	0	0	43	7	50
复垦草地	0	0	2	0	0	0	0	0	4	44	50
总计	44	43	54	49	67	45	52	48	47	51	500

表 7-2　2005 年山西平朔煤矿矿区生态系统遥感分类混淆矩阵

类名	耕地	裸地	城镇	林地	草地	采矿区	压占	水域	复垦林地	复垦草地	总计
耕地	45	0	0	0	5	0	0	0	0	0	50
裸地	0	44	5	0	1	0	0	0	0	0	50
城镇	0	0	50	0	0	0	0	0	0	0	50
林地	0	0	2	45	3	0	0	0	0	0	50
草地	1	0	0	0	49	0	0	0	0	0	50
采矿区	0	0	0	0	0	45	5	0	0	0	50
压占	0	0	1	2	1	1	45	0	0	0	50
水域	0	0	0	0	12	0	0	38	0	0	50
复垦林地	0	0	4	0	0	0	0	0	39	7	50
复垦草地	0	0	0	0	0	0	0	0	2	48	50
总计	46	44	62	47	71	46	50	38	41	55	500

表 7-3　2010 年山西平朔煤矿矿区生态系统遥感分类混淆矩阵

类名	耕地	裸地	城镇	林地	草地	采矿区	压占	水域	复垦林地	复垦草地	总计
耕地	46	3	0	1	0	0	0	0	0	0	50
裸地	0	50	0	0	0	0	0	0	0	0	50
城镇	0	1	45	1	3	0	0	0	0	0	50
林地	0	0	1	45	4	0	0	0	0	0	50
草地	0	0	0	1	49	0	0	0	0	0	50

续表

类名	耕地	裸地	城镇	林地	草地	采矿区	压占	水域	复垦林地	复垦草地	总计
采矿区	0	0	0	0	0	43	0	7	0	0	50
水域	0	1	0	0	0	0	49	0	0	0	50
压占	0	0	0	0	0	0	0	50	0	0	50
复垦草地	0	0	0	0	0	0	0	0	49	1	50
复垦林地	0	0	1	0	1	0	0	0	6	43	51
总计	46	55	47	48	57	43	49	57	55	43	500

表 7-4　2000 年、2005 年、2010 年山西平朔矿区生态系统分类精度统计表

类型	2000 年		2005 年		2010 年	
	生产者精度/%	用户精度/%	生产者精度/%	用户精度/%	生产者精度/%	用户精度/%
采矿区	100.00	90.00	97.83	90.00	100.00	86.00
城镇	90.74	98.00	80.65	100.00	95.74	90.00
耕地	100.00	88.00	97.83	90.00	100.00	92.00
裸地	97.67	84.00	100.00	88.00	90.91	100.00
林地	97.96	96.00	95.74	90.00	93.75	90.00
草地	73.13	98.00	69.01	98.00	87.50	98.00
水域	100.00	90.00	100.00	76.00	100.00	98.00
压占	90.38	94.00	90.00	90.00	87.72	100.00
复垦林地	91.49	86.00	95.12	78.00	100.00	86.00
复垦草地	86.27	88.00	87.27	96.00	89.09	98.00
总体精度	91.80%		89.60%		93.80%	
Kappa 系数	0.9089		0.8844		0.9311	

从混淆矩阵和分类精度对比分析表（表 7-1 ~ 表 7-4）可以看出，3 期遥感数据的生态系统分类精度均达到了 85% 以上，满足生态系统解译和统计分析的精度要求。

7.2.2　野外调查及实地验证

为了对获得的生态系统分类结果进行进一步的验证，课题组于 2013 年 9 月赴山西省朔州市，进行野外实地考察与验证，拍摄大量的图片，获取了大量的第一手资料，解决了许多内业解译中的不确定地物属性问题，有效地提高了解译精度。

野外调查内容包括安太堡矿、安家岭矿和东露天矿以及主要地类采样调查，野外调查点分布图如图 7-13 所示，野外调查典型地类实地照片如表 7-5 所示。

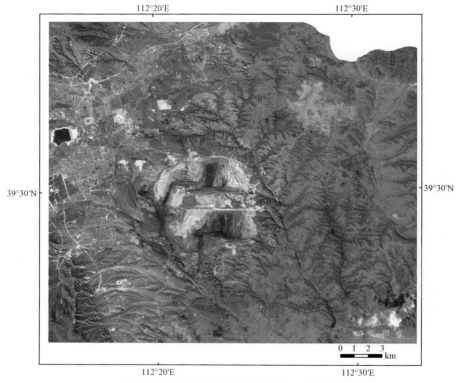

图 7-13 山西平朔煤矿野外调查点分布图

表 7-5 山西平朔煤矿野外验证

生态系统类别	子类	地理位置	遥感影像地物特征	实地考察拍摄地物特征
草地	复垦草地	112°21′42.45″E 39°34′45.78″N		
耕地	农田	112°16′10.05″E 39°33′26.16″N		

生态系统类别	子类	地理位置	遥感影像地物特征	实地考察拍摄地物特征
居民点	农村	112°15′57.94″E 39°32′57.78″N		
基础设施	大梁水库	112°15′59.86″E 39°32′23.34″N		
	垃圾填埋场	112°21′21.82″E 39°33′14.39″N		
	如意湖	112°14′51.87″E 39°30′5.79″N		

续表

生态系统类别	子类	地理位置	遥感影像地物特征	实地考察拍摄地物特征
工矿用地	安太堡矿采矿区	112°22′44.63″E 39°30′39.26″N		
	工业广场	112°19′34.03″E 39°28′15.34″N		
	选煤厂	112°20′3.08″E 39°28′6.08″N		
西排土场复垦	植被	112°18′47.91″E 39°29′46.49″N		

续表

生态系统类别	子类	地理位置	遥感影像地物特征	实地考察拍摄地物特征
内排土场复垦	植被	112°19′21.43″E 39°29′16.73″N		
	大棚	112°19′31.46″E 39°29′30.20″N		
	水库	112°19′13.41″E 39°29′29.87″N		
东露天矿	开采矿区	112°28′3.49″E 39°33′10.63″N		

7.2.3 生态系统类型分析

对 2000 年、2005 年和 2010 年山西平朔煤矿矿区生态系统遥感分类结果进行数值统计，并计算了 5 年和 10 年的面积变化，统计结果见表 7-6 和表 7-7。图 7-14、图 7-15、图 7-16 分别为 2000 年、2005 年和 2010 年山西平朔煤矿矿区生态系统遥感分类面积统计图；图 7-17 为山西平朔煤矿矿区 2000 年、2005 年和 2010 年生态系统分类面积统计对比图。

表 7-6   2000～2010 年山西平朔煤矿矿区生态系统遥感分类面积统计表   （单位：km²）

类别	2000 年面积	2005 年面积	2010 年面积
工矿	20.4844	28.0837	57.0672
城镇	31.8776	48.2051	56.7731
耕地	188.6369	187.9050	90.7063
裸地	2.0944	2.1861	10.0563
林地	28.4572	30.0483	29.7443
草地	322.2136	295.5023	347.9642
水域	0.173	0.1399	1.5346
总计	593.9371	593.5015	593.846

表 7-7   2000～2010 年山西平朔煤矿矿区生态系统遥感分类面积变化统计表   （单位：km²）

类别	2000～2005 年面积变化	2005～2010 年面积变化	2000～2010 年面积变化
工矿	7.5993	28.9835	36.5828
城镇	16.3275	8.568	24.8955
耕地	-0.7319	-97.1987	-97.9306
裸地	0.0917	7.8702	7.9619
林地	1.5911	-0.304	1.2871
草地	-26.7113	52.4619	25.7506
水域	-0.0331	1.3947	1.3616

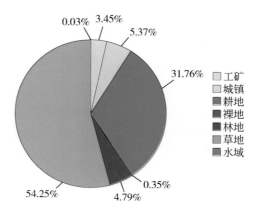

图 7-14   2000 年山西平朔矿区生态系统遥感分类面积统计图

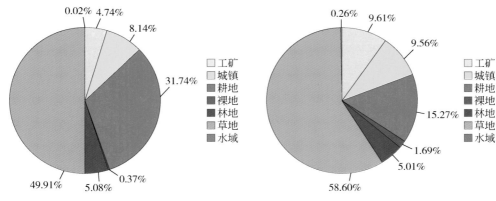

图 7-15　2005 年山西平朔煤矿矿区生态系统
遥感分类面积统计图

图 7-16　2010 年山西平朔煤矿矿区生态系统
遥感分类面积统计图

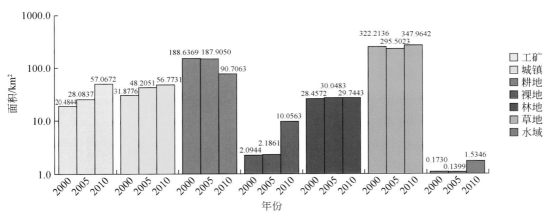

图 7-17　2000 年、2005 年、2010 年山西平朔矿区生态系统遥感分类面积统计对比图

　　从 3 期分类面积统计结果可以看出，工矿用地、城镇建设用地、裸地、林地、草地以及水域均有增长，耕地的面积明显减少。2010 年的工矿用地面积是 2005 年的两倍，原因主要是露天煤矿的开采增加了矿区面积，其中有安太堡和安家岭开采区的东侧排土场面积的显著增加以及东露天矿新挖损占用的土地；矿区的生产带动城市发展，直接导致附近城镇建设用地面积增加；矿区的开采和城镇建设用地占用大量的耕地和林地，因而使耕地面积减少；草地的变化是先减少后增多，主要是 2005～2010 年矿区的扩充，征用附近的村庄，致使大部分的耕地撂荒转化为草地；林地变化不大，是因为矿区内的土地复垦种植的林地取得了一定的阶段效果；水域的增加主要来自水库的建设，从 2010 年影像上看，新增了大梁水库、如意湖以及复垦区的水库，其他水域的变化可能是由于影像时相所致，2000 年影像时间为 11 月，而 2005 年的影像为 5 月、7 月和 9 月，2010 年影像时间为 6 月和 9 月。

7.3　平朔煤矿开发区分布及时空变化分析

7.3.1　平朔煤矿开发区分布

　　平朔露天煤矿现有安太堡露天矿、安家岭露天矿以及在建的东露天矿。安太堡露天矿是中国"七五"期间煤炭行业引进资金、设备、技术和管理的重点建设项目。该矿从1982年开始筹建，经过3年准备、两年建设，于1987年9月建成投产，1988年7月正式转入生产阶段。安家岭露天矿是安家岭煤炭项目4个子项目之一，2001年6月进入试生产期。东露天矿是继安太堡、安家岭露天矿之后，平朔开发建设的第3座特大型露天煤矿，是国家煤炭工业"十一五"规划重点建设项目，包括露天矿、选煤厂、铁路专用线3个单项工程。该项目于2008年4月获得国家发改委核准，2009年1月正式开工建设。

　　目前，典型矿山的空间分布如图7-18所示，主要有三大采矿区。2000年、2005年和2010年典型矿区空间分布信息分别如图7-19、图7-20、图7-21所示，采矿区由2000年的1个主采矿区发展到2010年的三大采矿区。

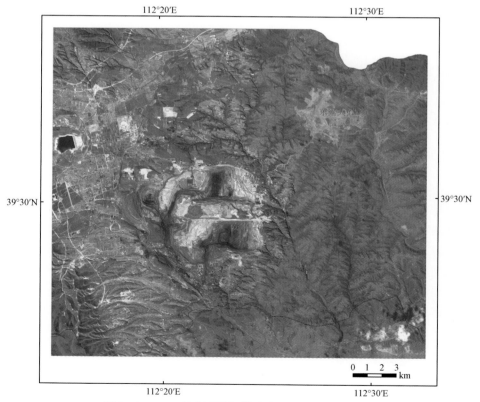

图 7-18　2010 年山西平朔煤矿矿区空间分布示意图

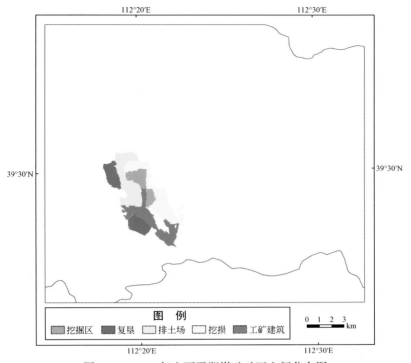

图 7-19　2000 年山西平朔煤矿矿区空间分布图

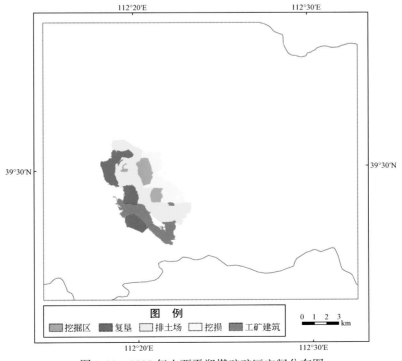

图 7-20　2005 年山西平朔煤矿矿区空间分布图

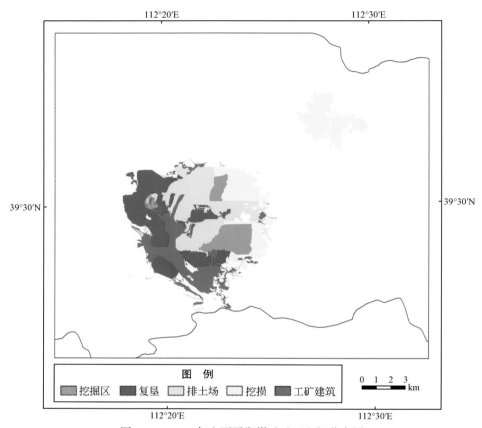

图 7-21　2010 年山西平朔煤矿矿区空间分布图

表 7-8　山西平朔煤矿典型矿区占地面积统计表　　　　（单位：km²）

类型	2000 年	2005 年	2010 年
挖掘区	2.95	3.5117	7.4892
排土场	5.0879	12.2151	18.0184
挖损	6.5357	5.4094	17.6160
复垦	3.7972	7.0248	17.9366
工矿建筑	5.5669	6.9753	13.4747
水库	—	—	0.1467
总计	24.138	35.136	74.682

　　由 2000～2010 年山西平朔煤矿矿区工矿用地整体分布和面积统计表可以得到研究区工矿用地的空间分布和面积变化情况。2000 年矿山占地（包括复垦）总面积为 24.138km²，2005 年矿山占地（包括复垦）为 35.136 km²，2010 年矿山占地（包括复垦）

为 74.682 km²。

对平朔典型矿区分别进行了 10 年变化面积统计分析，统计结果如表 7-9 所示。

表 7-9　典型矿区分布 10 年变化面积统计分析　　　　（单位：km²）

类型	2000 年			2005 年			2010 年		
	安太堡矿	安家岭矿	东露天矿	安太堡矿	安家岭矿	东露天矿	安太堡矿	安家岭矿	东露天矿
挖掘区	1.8872	1.0628	—	2.2433	1.0604	—	2.0013	5.4879	
排土场	5.0879	—		6.1967	6.0184		13.4592	4.5592	
复垦	3.7972			7.0248			14.3668	2.7976	
挖损	6.5357			5.4094			5.5631	3.6940	8.5151
工矿建筑	5.5669			6.9753			13.4747		

从平朔 3 个典型矿区的 10 年面积变化统计分析表（表 7-9）可以看出，安太堡矿开采面积从 2000 年的 1.8872km² 增加到 2005 年的 2.2433km²，到 2010 年为 2.0013 km²，开采面积 2005 ~ 2010 年变化较小，符合实地调查与了解的状况。安家岭矿开采面积从 2000 年的 1.0628 km² 减少到 2005 年的 1.0604 km²，到 2010 年为 5.4879 km²，开采面积 2000 ~ 2005 年基本没有变化，但后 5 年扩展很快。东露天矿在 2009 年 1 月正式开工建设，在 2010 年还没有开始生产，挖损面积为 8.5151 km²，占新增矿区面积的 24%；10 年间排土场的面积增长迅速，且呈递增的趋势。

7.3.2　平朔煤矿开发区时空变化分析

基于研究区 2000 年和 2010 年生态系统分类结果，利用变化检测技术，重点对工矿用地 10 年变化进行监测，监测结果分别见表 7-10 和图 7-22。

表 7-10　2000 ~ 2010 年山西平朔煤矿工矿用地面积变化统计表　　（单位：km²）

类别	2000 年	2010 年	工矿-复垦	非工矿-工矿	净增加
工矿用地	20.4844	57.0672	7.017	43.5998	36.5828

由 2000 ~ 2010 年山西煤矿工矿用地 10 年变化图（图 7-22）以及工矿用地面积统计表（表 7-10），可以得到研究区工矿用地的空间分布和面积变化情况。2000 年工矿用地面积为 20.4844km²，2010 年为 57.0672 km²，比 2000 年净增加 36.5828 km²；随着矿区土地复垦工作的开展，2000 ~ 2010 年工矿用地复垦的面积为 7.017 km²，主要集中在安太堡矿区。通过平朔煤矿工矿用地变化图可以直观地看出，2000 年影像上的主矿区安太堡煤矿在 2010 年已经逐渐缩小，煤矿开采开始转向其他矿区，原采矿区的林草农复垦工作陆续进行。

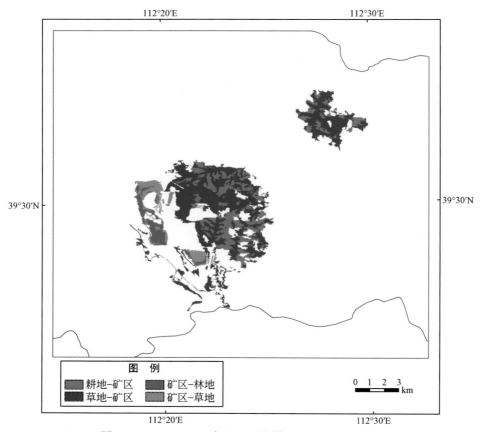

图 7-22　2000～2010 年山西平朔煤矿工矿用地变化图

7.4　平朔煤矿开发对周边环境的影响

7.4.1　平朔煤矿开发对生态系统的破坏

7.4.1.1　2000～2005 年 5 年变化分析

　　基于研究区 2000 年和 2005 年生态系统分类结果，利用变化检测技术，重点对研究区工矿用地 5 年变化进行监测，监测结果分别见表 7-11 和图 7-23。

表 7-11　2000～2005 年山西平朔煤矿工矿用地面积变化统计表　　（单位：km²）

类型	2000 年	2005 年	工矿-复垦	非工矿-工矿	净增加
工矿用地	20.4844	28.0837	3.2843	10.8836	7.5993

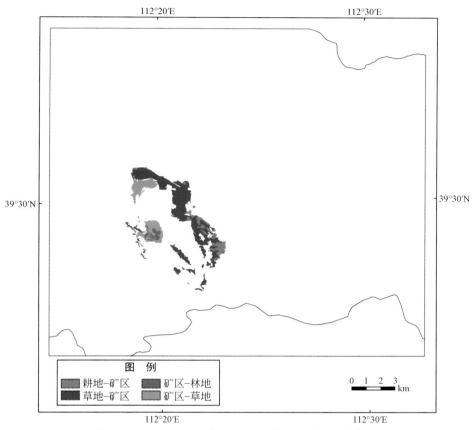

图 7-23 2000～2005 年山西平朔煤矿工矿用地变化图

由 2000～2005 年山西煤矿工矿用地 5 年变化图（图 7-23）以及工矿用地面积统计表（表 7-11），可以得到研究区工矿用地的空间分布和面积变化情况。2000 年工矿用地面积为 20.4844km²，2005 年为 28.0837 km²，比 2000 年净增加 7.5993 km²，其中，2000～2005 年工矿用地复垦的面积为 3.2843 km²，开矿新占用面积为 10.8836 km²。

7.4.1.2 2005～2010 年 5 年变化分析

基于研究区 2005 年和 2010 年生态系统分类结果，利用变化检测技术，重点对研究区工矿用地 5 年变化进行监测，监测结果分别见表 7-12 和图 7-24。

表 7-12 2005～2010 年山西平朔煤矿工矿用地面积变化统计表   （单位：km²）

类型	2005 年	2010 年	工矿-复垦	非工矿-工矿	净增加
工矿用地	28.0837	57.0672	7.3692	36.3527	28.9835

由 2005～2010 年山西平朔煤矿工矿用地五年变化图（图 7-24）以及工矿用地面积统

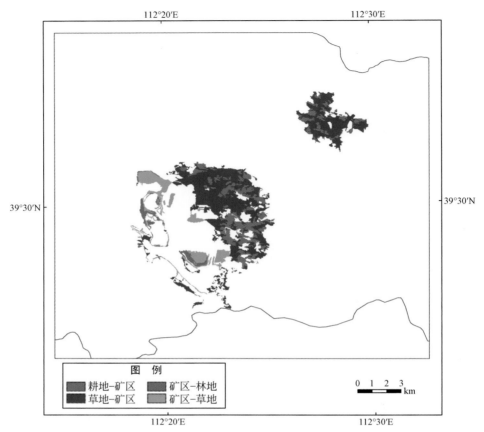

图 7-24　2005～2010 年山西平朔煤矿工矿用地变化图

计表（表 7-12），可以得到研究区工矿用地的空间分布和面积变化情况。2005 年工矿用地面积为 28.0837km²，2010 年为 57.0672 km²，比 2005 年净增加 28.9835 km²，其中，2005～2010 年工矿用地复垦的面积为 7.3692 km²，开矿新占用面积为 36.3527 km²。

7.4.2　平朔煤矿矿区对周边城镇扩展的影响

7.4.2.1　2000～2010 年 10 年变化分析

基于研究区 2000 年和 2010 年生态系统分类结果，利用变化检测技术，重点对研究区城镇用地 10 年变化进行监测，监测结果分别见表 7-13 和图 7-25。

表 7-13　2000～2010 年山西平朔煤矿城镇用地面积变化统计表　（单位：km²）

类型	2000 年面积	2010 年面积	非城镇–城镇变化
城镇	31.8876	56.7731	24.8855

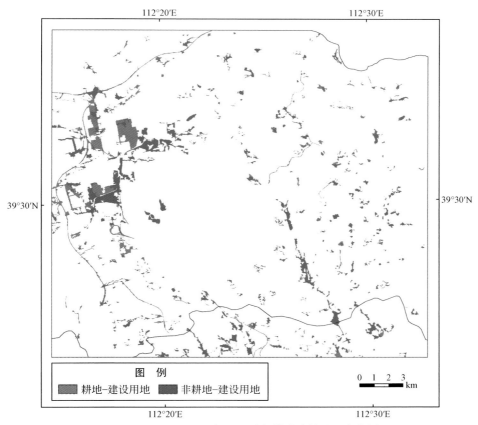

图 7-25   2000～2010 年山西平朔煤矿城镇用地变化图

根据城镇变化图（图 7-25）和面积统计结果（表 7-13）可知，2000 年城镇面积为 31.8876km²，2010 年为 56.7731 km²，比 2000 年增加 24.8855 km²。

7.4.2.2   2000～2005 年 5 年变化分析

基于研究区 2000 年和 2005 年生态系统分类结果，利用变化检测技术，重点对研究区城镇用地 5 年变化进行监测，监测结果分别见表 7-14 和图 7-26。

表 7-14   2000～2005 年山西平朔煤矿城镇用地面积变化统计表   （单位：km²）

类型	2000 年	2005 年	非城镇–城镇变化
城镇	31.8876	48.2051	16.3175

根据城镇变化图（图 7-26）和面积统计结果（表 7-14）可知，2000 年城镇面积为 31.8876km²，2005 年为 48.2051 km²，比 2000 年增加 16.3175 km²。

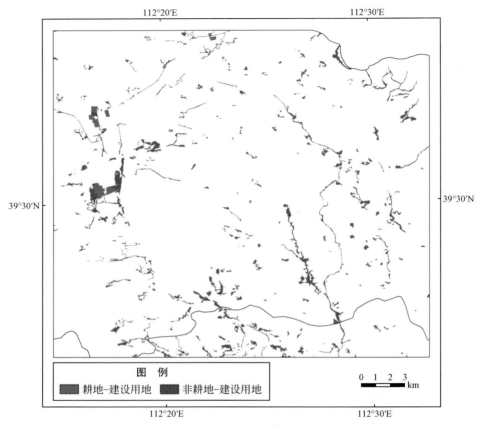

图 7-26　2000～2005 年山西平朔煤矿城镇用地变化图

7.4.2.3　2005～2010 年 5 年变化分析

基于研究区 2005 年和 2010 年生态系统分类结果，利用变化检测技术，重点对研究区城镇用地 5 年变化进行监测，监测结果分别见表 7-15 和图 7-27。

表 7-15　2005～2010 年山西平朔煤矿城镇用地面积变化统计表　　（单位：km²）

类型	2005 年	2010 年	非城镇-城镇变化
城镇	48.2051	56.7731	8.568

根据城镇变化图（图 7-27）和面积统计结果（表 7-15）可知，2005 年城镇面积为 48.2051km²，2010 年为 56.7731 km²，2005 年比 2010 年增加 8.568 km²。城镇的扩张趋势主要是受矿区影响的平朔东北方向和南部通向朔城区主干道路的两侧区域，2005～2010 年的城镇用地面积增长较大，且主要占用的土地类型是耕地。

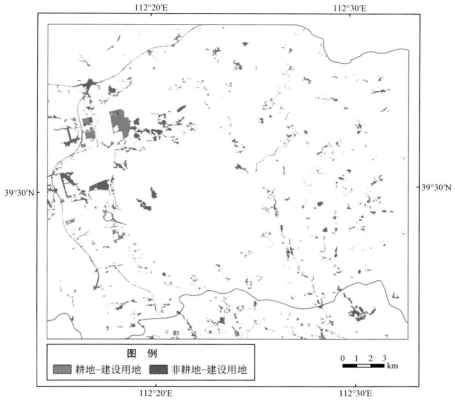

图 7-27 2005～2010 年山西平朔煤矿城镇用地变化图

7.5 生态系统质量十年变化

7.5.1 平朔煤矿开发区生态系统格局及演变

7.5.1.1 2000～2010 年 10 年生态系统演变

基于研究区 2000 年和 2010 年生态系统分类结果，利用变化检测技术，对研究区的生态系统地物类型 10 年变化进行监测，监测结果如表 7-16 所示。

表 7-16 2000～2010 年生态系统演变转移矩阵 （单位：km²）

类型	耕地	草地	林地	城镇	裸地	工矿	水域
耕地	64.2787	97.3603	0.1256	11.9132	1.2707	12.693	0.9117
草地	24.1605	234.2827	6.2903	20.9095	7.1786	29.0156	0.2438
林地	0.125	7.1865	20.0574	0.1507	0.4576	0.4121	0

类型	耕地	草地	林地	城镇	裸地	工矿	水域
城镇	1.8823	4.7449	0.0027	22.8974	0.1632	2.1754	0.0006
裸地	0.1799	0.4389	0.0053	0.3854	0.9762	0	0.1087
工矿	0	3.8292	3.1878	0.5303	0.0014	12.7931	0.1466
水域	0.0001	0.0487	0	0.0038	0	0	0.1204

从表 7-16 可以看出，2000~2010 年，耕地变成草地的面积是 97.3603km²，退耕还林的面积是 0.1256 km²，城镇占用耕地的面积是 11.9132 km²，耕地裸化的面积是 1.2707 km²，工矿占用耕地的面积是 12.693 km²，水域占用耕地的面积是 0.9117 km²。从这些结果可以看出，耕地的减少主要是由于耕地的荒废，其次是城镇扩展和工矿的占用。水库的建设是耕地变成水域的主要原因。

2000~2010 年，城镇占用草地的面积是 20.9095km²，草地裸化的面积是 7.1786 km²，工矿占用草地的面积是 29.0156 km²。从这些统计结果可以看出，城镇的扩展、草地的裸化和工矿的开发对草地的减少影响比较大。

2000~2010 年，工矿用地占用城镇用地的面积是 0.5303km²，主要由于煤矿开发导致农村的迁移所致。

2000~2010 年，工矿用地复垦的面积是 7.017km²，复垦的区域分布如图 7-28 所示，主要集中在安太堡矿区的西排土场、南排土场和大部分西扩排土场。

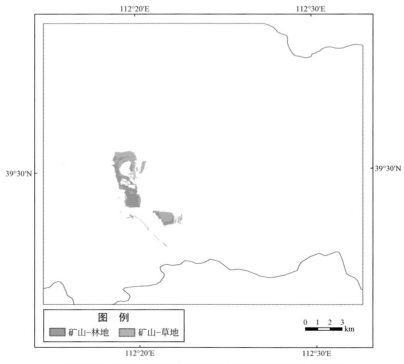

图 7-28　2000~2010 年山西平朔煤矿矿区复垦分布图

7.5.1.2 2000~2005 年 5 年生态系统演变

基于研究区 2000 年和 2005 年生态系统分类结果，利用变化检测技术，对研究区的生态系统地物类型 5 年变化进行监测，监测结果如表 7-17 所示。

表 7-17 2000~2005 年生态系统演变转移矩阵 （单位：km²）

类型	耕地	草地	林地	城镇	裸地	工矿	水域
耕地	144.5258	37.3151	0.0072	4.9051	0.0633	1.7036	0.0004
草地	41.5846	250.131	5.9488	14.9979	0.6552	8.6954	0.0295
林地	0.0308	4.6078	23.5533	0.1321	0.0536	0	0
城镇	1.638	1.6852	0	27.8389	0.212	0.4812	0
裸地	0.1467	0.0512	0	0.3317	1.202	0	0
工矿	0	2.7453	0.539	0.0006	0	17.2035	0
水域	0	0.063	0	0	0	0	0.11

从表 7-17 可以看出，2000~2005 年，耕地变成荒草地的面积是 37.3151km²，退耕还林的面积是 0.0072km²，城镇占用耕地的面积是 4.9051km²，耕地裸化的面积是 0.0633km²，工矿占用耕地的面积是 1.7036km²，水域占用耕地的面积是 0.0004km²。从这些结果可以看出，耕地的减少主要是由于耕地的荒废，其次是城镇扩展和工矿的占用。

2000~2005 年，城镇占用草地的面积是 14.9979km²，草地裸化的面积是 0.6552km²，工矿占用草地的面积是 8.6954km²。

2000~2005 年，工矿用地复垦的面积是 3.2843km²，主要集中在安太堡的西排和南排，如图 7-29 所示。

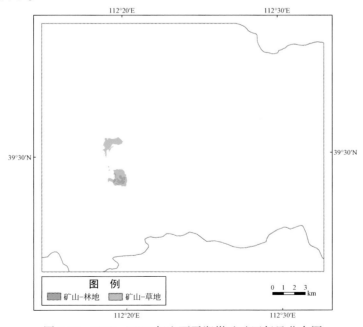

图 7-29 2000~2005 年山西平朔煤矿矿区复垦分布图

7.5.1.3　2005～2010年5年生态系统演变

基于研究区2000年和2010年生态系统分类结果，利用变化检测技术，对研究区的生态系统地物类型5年变化进行监测，监测结果如表7-18所示。

表7-18　2005～2010年生态系统演变转移矩阵　　　　　　（单位：km²）

类型	耕地	草地	林地	城镇	裸地	工矿	水域
耕地	69.4487	95.5516	0.0297	10.0609	1.5615	10.2419	1.0107
草地	0	228.0143	5.3516	14.4087	6.7695	24.299	0.1909
林地	0.3542	6.9237	22.3742	0.1215	0.2349	0.0392	0
城镇	2.8328	11.1817	0.1461	31.4322	0.1514	2.4611	0.001
裸地	0.0784	0.4166	0.0073	0.2611	1.3124	0.0005	0.1098
工矿	0	5.6718	1.6974	0.5242	0.0061	20.038	0.1462
水域	0	0.0599	0	0.0062	0	0	0.0738

从表7-18可以看出，2005～2010年，耕地变成荒草地的面积是95.5516km²，退耕还林的面积是0.0297km²，城镇占用耕地的面积是10.0609km²，耕地裸化的面积是1.5615km²，工矿占用耕地的面积是10.2419km²，水域占用耕地的面积是1.0107km²。从这些结果可以看出，耕地的减少主要是由于耕地的荒废，其次是城镇扩展和工矿的占用。

2005～2010年，城镇占用草地的面积是14.4087km²，草地裸化的面积是6.7695km²，工矿占用草地的面积是24.299km²。从这些统计结果可以看出，城镇的扩展、草地的裸化和工矿的开发对草地的减少影响比较大。

2005～2010年，工矿用地占用城镇用地的面积是2.4611km²，主要由于煤矿开发导致农村的迁移所致。

2005～2010年，工矿用地复垦的面积是7.3692km²；2000～2010年，工矿用地复垦的面积是7.017km²；2000～2005年，工矿用地复垦的面积是3.2843km²。2000～2010年的复垦面积相对2005～2010年复垦面积减少了，主要是因为安家岭矿在2000年还未开采，在生态系统分类中是草地，而2010年却开始复垦，在生态系统分类中已不再是工矿用地，而是草地或者林地（图7-30）。

7.5.2　平朔煤矿开发区景观指数

7.5.2.1　各类生态系统斑块数

评价范围内斑块的数量。应用GIS技术以及景观结构分析软件Fragstats3.3分析斑块数NP（表7-19）。

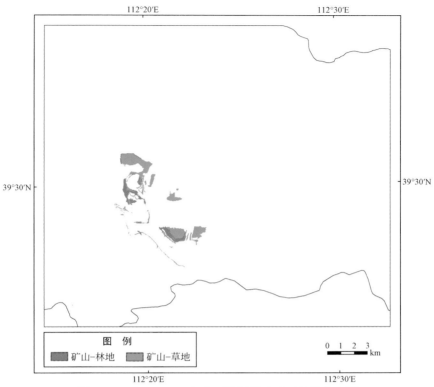

图 7-30　2005 ~ 2010 年山西平朔煤矿矿区复垦分布图

表 7-19　各生态系统类型斑块数统计表

类型	2000 年	2005 年	2010 年
耕地	470	543	490
裸地	13	40	173
城镇	237	241	333
林地	67	46	28
草地	133	162	234
工矿	2	3	28
水域	2	5	8
总计	924	1040	1293

7.5.2.2　类平均斑块面积

经统计得到的各类别平均斑块面积如表 7-20 所示。

表 7-20　类平均斑块面积统计表　　　　　　（单位：km²）

类型	2000 年	2005 年	2010 年
工矿	10.242 2	9.361 233	2.038 114
城镇	0.134 505	0.200 021	0.170 49

类型	2000 年	2005 年	2010 年
耕地	0.401 355	0.346 05	0.185 115
裸地	0.161 108	0.054 653	0.058 129
林地	0.424 734	0.653 224	1.062 296
草地	2.422 659	1.824 088	1.487 026
水域	0.086 5	0.027 98	0.191 825

7.5.3 矿产资源开发区植被覆盖情况

植被覆盖度是反映地表植被覆盖状况和监测生态环境的重要指标。应用原始遥感影像分别计算了平朔煤矿 3 个时期的植被覆盖度，结果如图 7-31、图 7-32 和图 7-33 所示。植被覆盖度等级的划分标准以及 3 期的各个等级的植被覆盖度面积统计见表 7-21。由表 7-21 可知，低和较低植被覆盖在 10 年中逐渐增多，中、较高和高植被覆盖减少；中和较高植被覆盖在 2005 ~ 2010 年有所增多，可能是矿山复垦收到了一定的效果；高植被覆盖虽然在 2005 年增多，但是 2010 年由于矿区的大幅度扩张，导致高植被覆盖大量减少。

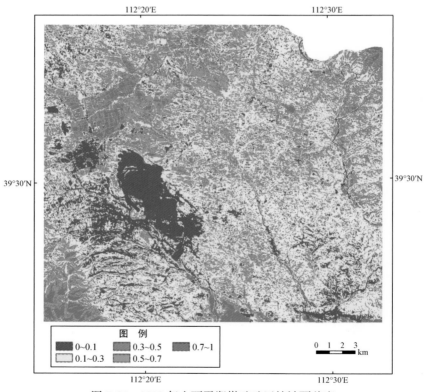

图 7-31　2000 年山西平朔煤矿矿区植被覆盖度

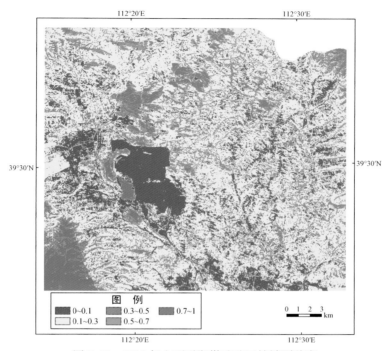

图 7-32　2005 年山西平朔煤矿矿区植被覆盖度

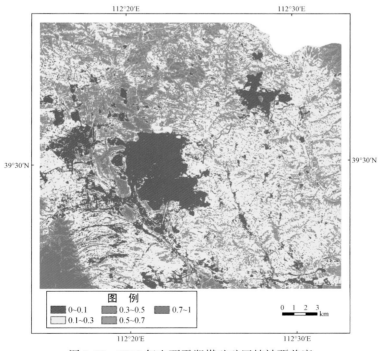

图 7-33　2010 年山西平朔煤矿矿区植被覆盖度

表 7-21   2000 年、2005 年和 2010 年山西平朔煤矿矿区植被覆盖度面积统计表

植被覆盖度	2000 年		2005 年		2010 年	
	面积/km²	百分比/%	面积/km²	百分比/%	面积/km²	百分比/%
低植被覆盖度	116.913 6	19.228 94	150.366 6	24.551 22	163.719 9	26.762 32
较低植被覆盖度	282.947 4	46.536 75	343.571 4	56.096 88	342.959 4	56.061 54
中植被覆盖度	126.081 9	20.736 86	57.925 8	9.457 879	64.913 4	10.611 01
较高植被覆盖度	49.249 8	8.100 183	20.949 3	3.420 513	21.042 9	3.439 758
高植被覆盖度	32.815 8	5.397 26	39.647 7	6.473 508	19.119 6	3.125 368

7.5.4   平朔煤矿开发区生态环境遥感评价

通过遥感手段选取合适的评价指标，建立适合平朔煤矿地区的生态环境质量监测与评价指标系统，为生态环境建设提供管理和决策的依据。借鉴国家环境保护标准 HJ 619—2011 "环境影响评价技术导则煤炭采选工程"中露天开采项目一般以采掘场、外排土场边界外扩 1~2km 作为煤炭采选工程生态评价范围的要求，结合平朔露天煤矿实际开采的状况，本书采用基于遥感的单一指标法对整个矿区范围外扩了 5km 进行生态质量十年变化评价。

7.5.4.1   相关指标的计算

基于 2000 年、2005 年和 2010 年 3 期生态系统分类结果，利用相应的指标计算公式得到整个研究区 3 个时相的结果。结果如表 7-22 所示。

表 7-22   平朔露天煤矿矿区范围内生态环境遥感评价指标

项目	基本生态功能组分的覆盖率 +	极低生态功能组分指标 −	较高生态功能组分指标 +	较高生态功能组分的重要值 +	较高生态功能组分平均斑块面积 +	人类干扰指数 −	退化土地比例指标 −
2000 年	90.831 28	3.801 55	42.766 6	40.343 38	1.753 354	37.127 58	3.801 547
2005 年	86.536 51	5.100 21	39.915 64	37.426 27	1.565 147	39.782 56	5.100 206
2010 年	79.136 58	11.303 2	36.025 27	41.933 37	1.441 635	24.834 62	11.303 18
生态质量变化趋势	下降	下降	下降	先下降后升高	下降	下降	下降

注："+"代表生态环境指标数值变化的正向作用，数值越大，生态环境质量越好；"−"则相反。

从表 7-22 可以看出，2010 年的较高生态功能组分的重要值和人类干扰指数比 2005 年的大，主要是因为 2005 年以后的复垦面积增加和东露天矿的开采影响所致。从这些指标可以定性地分析出，2000~2010 年，平朔矿区整体生态环境质量呈下降趋势。

7.5.4.2 缓冲区评价方法

此外，分别对安太堡和安家岭两个主采矿区和新开工的东露天矿采用不同距离缓冲区（0.25～3km）的评价方法对露天煤矿的生产中期（采矿阶段）和生产初期（挖损阶段）所产生的不同范围的生态环境影响（图7-34）进行评价，为平朔露天煤矿今后的开采方式和生态环境评价提供一定的参考。

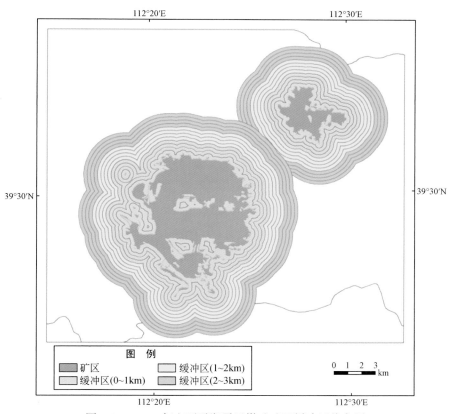

图 7-34 2010 年山西平朔露天煤矿矿区缓冲区分布图

从表7-23和图7-35可以看出，对于露天煤矿的生产中期（安太堡和安家岭采矿阶段），生态环境遥感评价指标大多数在0.5～2km下降较快，2～3km下降趋于平缓。

表 7-23 安太堡矿和安家岭矿缓冲区范围内生态环境遥感评价指标

缓冲区 /km	基本生态功能组分的覆盖率	极低生态功能组分指标	较高生态功能组分指标	较高生态功能组分的重要值	较高生态功能组分平均斑块面积	人类干扰指数	退化土地比例指标
0.25	31.7549	66.8156	23.1992	41.0368	0.3417	1.6687	66.8156
0.50	41.0075	56.3242	30.1264	44.7196	0.4746	3.0741	56.3242
0.75	46.6654	49.8505	33.9692	46.0291	0.5632	4.1846	49.8505

缓冲区/km	基本生态功能组分的覆盖率	极低生态功能组分指标	较高生态功能组分指标	较高生态功能组分的重要值	较高生态功能组分平均斑块面积	人类干扰指数	退化土地比例指标
1.00	50.7438	44.9135	36.5273	46.7384	0.6231	5.4149	44.9135
1.25	53.5375	40.8964	38.0952	46.5824	0.6794	7.0725	40.8964
1.50	55.9197	37.5754	39.0001	46.1812	0.7242	8.9064	37.5754
1.75	57.7588	34.7283	39.4988	45.2996	0.7919	10.8660	34.7283
2.00	59.1821	32.1800	39.7099	44.6300	0.8553	12.9598	32.1800
2.25	60.4364	30.0242	39.7619	43.6810	0.8982	14.9066	30.0242
2.50	61.6667	28.1815	39.8740	43.6683	0.8992	16.4697	28.1815
2.75	62.7408	26.5636	39.8617	43.4984	0.8992	17.9983	26.5636
3.00	63.5506	25.0884	39.7806	43.0961	0.9136	19.4933	25.0884

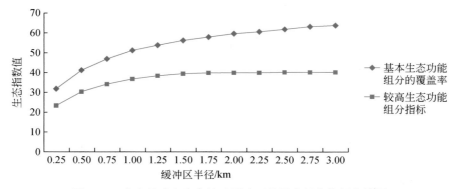

图7-35　安太堡矿和安家岭矿缓冲区范围内部分指标曲线图

从表7-24和图7-36可以看出，对于露天煤矿的生产初期（东露天矿的试生产或基建阶段），生态环境遥感评价指标多数为0.5～2km，比2～3km处下降更加明显。

表7-24　东露天矿缓冲区范围内生态环境遥感评价指标

缓冲区/km	基本生态功能组分的覆盖率	极低生态功能组分指标	较高生态功能组分指标	较高生态功能组分的重要值	较高生态功能组分平均斑块面积	人类干扰指数	退化土地比例指标
0.25	38.6522	57.1981	26.7255	27.7853	1.4209	4.6225	57.1981
0.50	50.5949	43.4295	33.4678	29.4612	2.3436	8.7593	43.4295
0.75	59.0004	34.8570	37.8866	33.4255	1.8888	11.0192	34.8570
1.00	64.7665	28.8282	40.5179	34.3468	2.1392	13.2890	28.8282
1.25	68.1011	24.9883	41.7486	34.7709	2.0900	15.3708	24.9883

续表

缓冲区 /km	基本生态功能组分的覆盖率	极低生态功能组分指标	较高生态功能组分指标	较高生态功能组分的重要值	较高生态功能组分平均斑块面积	人类干扰指数	退化土地比例指标
1.50	71.3241	22.1750	42.0180	34.9236	2.2304	17.7993	22.1750
1.75	74.2769	19.7955	41.8730	35.0274	2.1654	20.3859	19.7955
2.00	76.9796	17.6080	41.9410	34.6680	2.4705	22.4763	17.6080
2.25	78.9556	15.6621	41.6979	34.7207	2.2463	24.7731	15.6621
2.50	80.2977	14.0603	41.7798	35.9861	1.8248	26.2579	14.0603
2.75	81.8325	12.7390	42.2033	36.8600	1.6622	26.9739	12.7390
3.00	83.1358	11.5980	42.7120	36.5609	1.8514	27.3878	11.5980

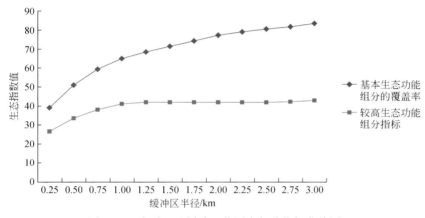

图 7-36　东露天矿缓冲区范围内部分指标曲线图

7.6　平朔煤矿开发区存在的生态环境问题与风险

7.6.1　存在的生态环境问题

平朔煤矿露天矿区地处黄土高原东部、山西省北部的朔州市平鲁区境内，属黄土丘陵-强烈侵蚀生态脆弱系统，对环境改变反应敏感，维持自身稳定的可塑性较小。该区属典型的温带半干旱大陆性季风气候区。

煤矿的露天开采破坏了矿区的土地资源和植被，该区生态环境系统状况明显改变。相对 2000 年而言，2005 年的采矿区增加的面积不是很大，到 2010 年采矿面积显著增加，土地挖损面积是 2005 年的两倍。这主要是 2008 年开始的东露天矿新矿区（面积为 8.5151km²）的增加导致的，并且从东向西逐步开采，每年的土地挖损量呈逐年扩大趋势；

新煤矿开采区建设和生产要开挖地表，弃土弃渣，破坏土地和植被，从而减少了地面植被的覆盖。

7.6.2 存在的生态环境风险

平朔煤矿露天矿区地处黄土高原东部、山西省北部的朔州市平鲁区境内，该区属典型的温带半干旱大陆性季风气候区，地处黄土丘陵-强烈侵蚀的生态脆弱系统范围内，对环境改变反应敏感，维持自身稳定的可塑性较小。

（1）土地的大量开发，植被的破坏，加剧土地的沙漠化

煤矿的露天开采破坏了矿区原有的土地资源和植被，改变了矿区地貌，导致该区生态环境系统状况明显改变，植被覆盖率的减少将加剧土地的沙漠化。

（2）矿区占地引起的村庄迁移

矿区的占地直接影响到了周边的村庄，村庄的迁移和耕地的摞荒将会使耕地快速转化为草地或裸地。2000～2010 年植被的减少量为 76.3km²，其中耕地和草地均减少。村庄的迁移虽然能加快煤矿业的发展，但耕地的摞荒和农村的劳动力转移都会成为未来社会发展的潜在风险。[图 7-38（a）]。

（3）生态景观的突变性明显

集中的矿山露天开采活动由于挖损、剥采、搬运、排弃和堆垫，矿区地形地貌发生的显著的正向和负向地貌的出现，改变原来地貌的坡度、坡向、地表面积以及地貌景观的特征，景观的突变性和异质性都非常明显（图 7-37）。

图 7-37　原始地貌的改变导致生态景观格局突变

（4）空气质量的影响

煤矿的露天开采和排土场的迅速增加都会加剧土地的沙化和沙尘的漂移，甚至微小颗粒中会带有微量有害物质如 As 等，直接影响到周边的空气质量；排土场虽然多数作为复垦的重点区域，但是排土场的土壤肥力难以支撑林草甚至是农作物的健康成长，加上自然降雨的冲刷、淋滤，会使土壤恶化［图 7-38（a）］；村庄的迁移虽然加快煤矿的发展，但耕地的摞荒和农村的劳动力转移都会成为未来经济发展的潜在风险［图 7-38（b）］。

(a)土地沙化   (b)村庄迁移

图 7-38 土地沙化和村庄迁移

|第8章| 不同矿产开发遥感监测与评估对比分析

8.1 五种典型矿产资源开发区的卫星影像特征

矿产资源开发典型区域生态环境十年变化调查与评估宜采用中高分辨率卫星数据，分辨率 2.5m 左右的卫星数据基本能满足监测需求。在进行生态系统分类等遥感信息提取时，可采用面向对象的方法以取得较高的分类精度，通过波谱、纹理、上下文关系等不同参数的组合选择，实现特定矿产开采区域的区分与识别。另外，可通过时间回溯实现区域生态环境的变化监测与分析。从 5 个矿产开发典型区域的结果看，生态系统分类精度均在 85% 以上。

五种典型矿产资源开发区在高分辨率遥感影像上特征各异。

8.1.1 江西赣南稀土矿

赣南稀土矿基本位于山区，有池浸法、堆浸法和原地浸矿法 3 种开采方式。池浸法和堆浸法这两种方法其实质都是"搬山运动"，因而在影像上呈大片的地表裸露区，而原地浸矿法是在山坡上打注液井，在遥感影像上沿着山坡呈明暗相间的密集带状区域。另外，在矿区均设有长方形或圆形的沉淀池。

8.1.2 福建罗源石材矿

石材矿由于大多采用轨道锯开采，矿区开采区基本呈矩形，棱角分明。开采区和压占区主要由石料组成，在影像上色调均呈白色，呈现"青山挂白"的特征，这些形状和色调特征是遥感影像信息提取的重要依据。

8.1.3 湖北大冶多金属矿

大冶多金属矿采用露天开采和深坑采矿方式，大冶地处长江中游南岸，植被覆盖良好，露天矿区在真彩色模拟遥感图像上容易区分，色调呈亮白色，略带粉红。大型尾矿库由于面积较大，纹理特征单一，在遥感影像上也很容易识别。大型开采区往往伴随着尾矿坝，这种特征可用于区分金属矿。

8.1.4　辽宁鞍山铁矿

辽宁鞍山铁矿属沉积变质型矿，埋深较浅，规模较大，采用深凹式露天剥离开采方式，开采区在遥感影像上呈暗黑色圆形状，环状道路较为明显；周边的剥离区呈红褐色或紫色，由于剥采比较高，矿区形成的排岩场堆放多为原地或就近纵向垂直堆放，且附近有明显的大型尾矿库，尾矿库由于是排放的粉碎矿石和泥浆组成，长期处于氧化、风蚀，受雨水淋滤、冲刷，影像上表现为形状清晰的尾矿坝以及色调为红蓝色的废水。

8.1.5　山西平朔露天煤矿

山西平朔煤矿为露天深凹式开采方式，开采规模大，占地面积较大，矿区尾矿堆积如山，一般有明显的铁路运输线和大型煤炭堆积场（排土场）。在高分辨率遥感影像中可清楚地分辨出矿区尾矿界限和大型煤矿堆积场。由于煤炭特殊的光谱特性，深凹挖掘区在遥感影像上均呈片状灰、黑色调。排土场由露天煤矿开采以后的残土多数就近堆积而成，其基质由剥离的表层土和煤矸石等组成，经过多年风化，排土场表层呈现的状态不均匀，以块状或条带形式分布。未复垦的排土场多为新剥离的表层土呈白亮色调，复垦的排土场由于复垦的类型和程度不同呈浅绿（复垦初期）或绿色调（植被生长状况良好）。

8.2　不同矿产开发对生态环境的影响存在较大差异

江西赣南稀土矿、福建罗源石材矿、湖北大冶多金属矿、辽宁鞍山铁矿以及山西平朔露天煤矿其矿产开采方式、面积分布、变化特点以及对生态环境的影响存在较大的差别。

8.2.1　江西赣南稀土矿

江西赣南稀土矿的开采方式主要有池浸法、堆浸法和原地浸矿法 3 种工艺。其中池浸法和堆浸法的开采方式实质类似于"搬山运动"，会大面积破坏地表植被，因此对地表的破坏是以挖损和压占为主。原地浸矿法的开采方式是在山坡上打注液井，因此只有零星的植被会被破坏，对地表破坏较小，既无挖损，也无压占，对植被的破坏主要是因灌注的硫酸铵等药剂造成植被的萎缩。稀土矿的开采从区域上看主要集中在几个乡镇，但从局部看单个矿区规模较小，呈遍地开花的分布模式。2010 年矿区平均斑块面积为 $0.0207km^2$。

2000 年、2005 年、2010 年赣南稀土矿区开采面积分别为 $36.0166km^2$、$48.5308km^2$ 和 $49.5808km^2$。$2005 \sim 2010$ 年，稀土矿区面积增加了 $1.050km^2$，其中新增稀土矿区面积为 $18.6026km^2$，矿区复垦面积为 $17.5526km^2$，复垦的面积与新增的稀土矿区面积相当，特别是信丰县政府针对稀土矿开采生态环境治理方面采取的相关措施取得了显著的成效，其废弃稀土矿区复垦面积达 $12.4989km^2$，占赣南总复垦面积的 71% 左右。$2000 \sim 2010$ 年赣南稀土矿开发过程中因挖损和压占而破坏的生态系统类型主要为林地。

表面看，赣南稀土矿区对周边 1000m 范围内的生态环境有较强的影响。对 1000 ~ 2000m 的生态环境影响比较弱，对超出 2000m 范围的生态环境几乎没有影响。

8.2.2　福建罗源石材矿

福建罗源石材矿为露天开采，经统计，2000 年、2005 年和 2010 年石材矿开采区域面积分别为 2.7029km^2、5.4399km^2 和 10.1894km^2。由于以小型开矿企业为主，矿区的分布比较分散，矿区斑块平均面积为 0.0393km^2。统计发现开采区的面积仅占矿区总面积的 14.3%，矿区绝大部分为压占区。因此，石材矿开发对周边生态环境影响的主要特点表现为矿山固体废弃物对地表植被（尤其是对林地）的压占，也导致矿区复垦难度较大。

8.2.3　湖北大冶多金属矿

湖北大冶矿产资源的特点是矿产资源种类多，中、小型矿床多，分布面广，矿产开发区相对集中。从地域上看，能源矿产煤主要分布在还地桥、保安和汪仁等地，金属矿则主要在陈贵镇、大箕铺镇、金湖街道、金山店镇和灵乡镇。矿产开发种类主要包括铁矿、铜矿、金矿、煤矿等。多金属矿产开发方式以露天开采和深坑采矿为主，也有少量的地下开采。

多金属矿区主要由开采区和尾矿坝组成，开采区面积占矿区面积的 75% 以上。矿区面积呈逐年增加的趋势，2000 ~ 2005 年和 2005 ~ 2010 年新增面积分别为 2.6876km^2 和 10.0405km^2，斑块数则呈减少的趋势，平均斑块面积增大。同期的复垦面积仅为 0.5174km^2 和 1.2982km^2，占新增矿区比例偏低。这说明大冶资源开发逐渐走规模化、集约化发展道路，初步建立了矿山环境恢复治理机制，但由于历史遗留矿山面积大，恢复工作还远远不够。矿区扩张主要是侵占了林地，其次是耕地和草地。2000 年、2005 年和 2010 年侵占林地的面积占总扩展面积的比例分别为 55.96%、81.13% 和 77.20%。

研究发现，金属矿开发所在主要地区的生态环境在 2005 ~ 2010 年有明显降低。另外，矿区对生态环境的影响强度与矿区的面积有关，同时也与矿区生态环境修复的重视程度有关，矿区面积越大，其对周边生态环境的影响强度越大，矿区生态环境修复工程做得越好，周边生态环境改善越好，矿区对周边生态环境的影响范围从 2000m 到 3500m 不等。

8.2.4　辽宁鞍山铁矿

鞍山城市周边铁矿山自南向东呈半月状西向环抱鞍山市城区，单个矿区开发面积相对较大，矿区斑块平均面积为 0.7554km^2。矿山最远者离市区 13km，最近者仅 2km。2010 年矿山占地面积为 41.9958km^2，比 2000 年净增加了 8.2164km^2。东鞍山铁矿、齐大山铁矿、大孤山铁矿由于是成熟的矿区，10 年间开采面积基本保持不变，这与鞍山铁矿深坑式露天开采的开采方式有直接关系，其中齐大山的开采范围已向邻近的辽阳市方向开采；排岩场的堆放为原地或就近纵向垂直堆放。2000 年工矿用地面积为 33.6187km^2，2010 年为 40.0374km^2，比 2000 年净增加了 6.4187km^2，其中，2000 ~ 2010 年工矿用地复垦的面积为 6.8006km^2，开矿新占用面积为 13.2193km^2。

鞍山铁矿山开展了以生态重建（林地、草地）为目标的土地复垦。复垦面积 10 年间有很大的增加，尤其是具有旅游价值和文化遗产的西鞍山矿区。

8.2.5　山西平朔露天煤矿

山西平朔煤矿的开采方式为露天深凹式剥离开采，矿区集中，单个矿区开采面积大，为三大国家特大型露天矿，即安太堡露天矿、安家岭露天矿、东露天矿，开采面积已达 75km^2；与 2000 年相比，2005 年采矿区增加的面积不是很大，到 2010 年采矿面积有显著增加，土地挖损面积是 2005 年的两倍，净增加 36.5828km^2；变化区域相对集中在主采矿区周围；排土场的堆放为原地或就近纵向垂直堆放；东露天矿距两大主采矿区约 5km，按矿区的采矿规划三大采矿区将逐渐合为一体。

平朔煤矿在开发之初就十分重视生态系统的恢复，制订了较为完整的生态重建规划，建立了以生物措施和工程措施相结合的生态环境防护体系，开展了以造地造土、水土保持、土壤培肥、植被重建为核心的矿区土地复垦工程。复垦面积 10 年间均有很大的增加，西排、南排均已完成了复垦工作，西扩排土场也已建成大规模的生态农业基地，复垦面积已达 7.017km^2。10 年间植被覆盖度的分级变化（低、较低植被覆盖度区域所占比例逐年增加）表明生态重建需要一个长期的过程，林草的复垦远不及矿山开采的破坏速度。

8.3　五种典型矿产开发区存在的生态环境问题及建议

8.3.1　江西赣南稀土矿

稀土矿的开采方式主要有池浸法，堆浸法和原地浸矿法。不同的开采方式产生的生态环境问题和风险不一样。池浸法和堆浸法这两种稀土矿开采方法，其实质类似于"搬山运动"，严重地破坏了地表的植被，容易导致土壤流失等问题。这两种"搬山运动"的采矿工艺，对稀土的回收率相对较低，却对生态环境造成严重污染和破坏。原地浸矿工艺是在不剥离表土、不开挖矿石的情况下，将浸矿溶液（硫酸铵溶液）通过网格布置的注液井直接注入山体中。该方法虽不需要开挖表土，在表面上对地表植被的破坏较小，但由于灌注的硫酸铵浓度大，浸泡时间长，这种化学剂容易导致植被根系萎缩，从而导致植被大面积枯死，植物水土保持功能丧失，容易产生山体滑坡隐患。堆积的稀土矿尾矿和残渣中含有大量与矿物伴生的重金属元素，如铜、锌、镉等重金属。如果残渣和尾矿未经相关处理或进行防护，必然导致重金属对周边土壤的严重影响。离子型稀土矿的开采，需使用硫酸铵、碳酸氢铵等化学药剂将稀土元素交换解析进而获得混合稀土氧化物。排放的废水含有大量的氨氮和硫酸根离子，将严重污染周边地表水、地下水、河流以及土壤，影响当地居民的日常生活与健康。

建议按照"谁投入、谁开发、谁治理、谁受益"的原则，鼓励企业、单位和个人开发治理稀土尾矿，采取"以奖代补"的方式引导投资者以种植果树等生态化方式在废弃稀土矿区试验和推广经济作物种植。同时，加强对矿山开发的管理。

8.3.2 福建罗源石材矿

石材矿开发造成的生态环境问题主要表现为矿山固体废弃物不仅压占了大量地表植被，还容易引起山石滑落等地质灾害和安全隐患。石材矿开发导致的生态环境问题还表现为石材开采加工产生的废渣废水对河流水体造成的污染。从污染物的角度看，石材矿开发中较少使用化学试剂，化学污染物较少，但是石材开采加工产生的大量废渣废水对河流水体也会造成严重污染，出现"牛奶溪"。环境治理的重点在于对矿山固体废弃物和废渣的减量化和资源化处理。

建议进一步加强福建罗源石材矿矿山规模结构调整，通过整合，引导规模开采，集约经营，大幅提高大中型矿山比例；发展循环经济，加大利用石材矿业废石、废粉生产新型建材产品，拓展矿山废弃物的综合利用领域，节约利用矿产资源，减少废弃物的总排放量。

8.3.3 湖北大冶多金属矿

大冶多金属矿开发造成的生态环境问题主要包括以下 3 个方面：①对地表的破坏，容易引发塌陷、泥石流等地质灾害的发生。长达 3000 多年的采冶史使大冶多处形成了巨大的矿坑，大量侵占林地、耕地和草地，对地表造成了严重的破坏，容易引起一系列地质灾害。大冶市国土资源局的一项统计表明，全市共有塌陷区 80 多处，滑坡、泥石流 30 多处。②尾矿滥排对水资源和周边环境的污染。一些小型私人矿山的尾矿未经过处理直接排放到河流或山间洼地，造成了水污染，严重破坏周边环境，如植被破坏和重金属污染。此外，在极端天气条件下，小型尾矿坝存在崩塌和溃堤的风险。③矿产开发与铜绿山古铜矿遗址保护区存在严重冲突。铜绿山古铜矿遗址位于大冶市金湖街道行政辖区内，正是大冶的主要矿区之一，约有 1/3 的探明资源储量压在古铜矿遗址下，矿产开采与遗产地的保护冲突明显。

建议加强尾矿资源综合评价，提高尾矿成分分析技术。做好利用尾矿进行矿山采空区回填，矿地复垦回填等工作，解决矿山尾矿生态环境恢复技术，加强矿区生态环境恢复治理，减少地质灾害发生。同时，建议加强小型矿山及私矿管理，严格管理尾矿排放，减少对水资源及周边生态环境的影响。

8.3.4　辽宁鞍山铁矿

集中的矿山露天开采活动彻底改变了原有的地形地貌，新剥离的岩土堆放重新塑造了各种微地貌，破坏了原有地表景观。耕地和林地减少，裸露的地表增多，景观的突变性和异质性都非常明显。六大矿区的采石场、排岩场、尾矿库，不但占用了大量土地资源（矿区的面积已达 41.9958km^2），排岩场表层的细粒砂土，经过风吹产生大量粉尘，影响鞍山市城区的大气环境质量（矿区与市区距离最近只有 2km）；同时排岩场和尾矿长期氧化、风蚀，受雨水淋滤、冲刷，废水污染了周边土壤和地表水资源，矿区及周边地区土地、地质生态环境遭到严重破坏。

随着鞍山城市扩展与矿区面积扩大，两者之间的距离日益拉近，矿区对城市建设的发展影响也越来越明显。

此外，大孤山铁矿位于辽宁鞍山东南部，与其毗邻的是国家 4A 级的千山风景区，铁矿长期露天开采是否对景区生态环境产生一定的影响，值得关注。

建议注意鞍山铁矿排岩场和尾矿库的合理堆放、粉尘的管控、边坡稳定的治理、水污染的监控和矿区周边土壤质量的探测，同时需要关注矿山开采对周边生态保护区的影响。

8.3.5　山西平朔露天煤矿

山西平朔煤矿的露天开采破坏了矿区的土地资源和植被，生态环境系统状况明显改变。矿区挖损和排土场压占等对地表的破坏严重，村庄的迁移和耕地的撂荒将会使耕地快速转化为草地和裸地，从而减少了地表植被的覆盖，使土壤抗蚀指数降低，加剧了土地荒漠化。排土场的向上堆积和采矿区的深凹开采，矿区出现了显著的正向和负向地貌，改变原来地貌的坡度、坡向、地表面积以及地貌景观的特征，景观的突变性和异质性都非常明显。

另外，煤矿的露天开采和排土场的迅速增加会加剧土地的沙化和沙尘的漂移，甚至微小颗粒中会带有微量有害物质，如 As 等，会直接影响周边的空气质量；排土场虽然多数作为复垦的重点区域，但是排土场的土壤肥力难以支撑林、草地和耕地农作物的健康成长。

建议加强排土场的有效复垦、粉尘的管控和煤矸石堆放的合理布局以及耕地的转移恢复。

第9章 展望：人类视觉注意模型在高分辨率矿山遥感监测中的应用

9.1 大数据时代的遥感信息提取

随着传感器技术、航空和航天平台技术以及信息存储和处理技术的发展，现代遥感对地观测技术，尤其是卫星遥感技术，发展迅猛，已经能够对地球实施快速、动态、多平台立体观测，遥感图像的空间分辨率，时间分辨率，辐射分辨率和光谱分辨率不断提高，遥感图像的数据量和信息量急剧增加，遥感对地观测技术进入了大数据时代。

遥感图像的特点是图像数据量大，而研究目标的面积小，背景较为复杂；图像获取的季节气候、大气条件、光照条件、传感器视角等因素也会发生难以预知的变化，导致图像中目标的大小、姿态、光谱、形状、纹理、方向随之发生较大变化，目标特性极不稳定。尤其是高分辨率遥感影像，地物细节更加复杂，同物异谱和同谱异物现象严重，使遥感图像处理比自然场景图像处理复杂很多。

遥感图像处理过程除了包括前期的光学处理，几何校正，图像增强之外，还包括图像目标检测和识别、图像分割，信息提取以及图像分类等过程。其中对于复杂场景的遥感图像而言，目标检测的问题贯穿于遥感图像的获取、处理与分析、解译各阶段，是实现遥感图像的自动获取、自动处理与分析以及自动解译中任何一个步骤的基础，也是其中的难点。所以遥感图像目标检测问题也一直是计算机视觉与模式识别研究领域的研究热点。目标检测作为遥感图像处理的一个重要部分，在军事领域和民用领域都具有重要的意义和研究价值。

然而，遥感图像获取能力的发展并没有带来人类处理数据和图像的能力的相应增加。当前，人类所获遥感图像的数量急剧增加，已经远远超出了现有遥感图像分析处理技术的能力，而遥感影像处理目前还基本处在人工解译或半自动解译状态，效率低，普适性不高，从而导致了遥感影像利用很不充分（利用率仅为10%左右），高分辨率遥感卫星的相继发射带来巨量的遥感数据更是显现出当前遥感图像处理能力的不足，这也一直是遥感应用所面临的一个十分重要而又迫切需要解决的瓶颈难题。面对海量的遥感数据需要判读和解译，仅仅依靠人工或者半自动的解译方式当然是不切实际的。这就要求我们必须发展一种自动化智能化的遥感图像解译方式，而目标检测贯穿了遥感图像的获取、处理与分析、解译各阶段，是实现遥感图像的后续自动处理与解译，如图像分割，图像信息提取，图像分类等任何一个步骤的基础，所以解决当前高分辨率遥感图像自动解译问题的突破口，也在于在复杂多变的目标环境中高效准确地检测出感兴趣的目标，即遥感图像目标检测问题，对于矿山高分辨率遥感监测而言，就要求我们从海量的高分遥感影像数据中快速准确地检测出矿山开发相关的信息（矿区开采区、尾矿库等）。

实际上，我们所关心的目标通常仅占整个数据集合很小的一部分，传统方法一视同仁地处理所有数据，为了对占图像很小一部分的特定目标的存在性做出判断，需要对所有图像区域进行验证，这一过程存在盲目性，不现实也没有必要，导致了不必要的计算浪费。如果遥感图像目标检测方法引入或只引入了一部分选择性注意机制，能进行某种必要的数据筛选，快速地找到或者提取出与任务有关的那部分信息，不仅能提高图像分析计算的效率，降低处理过程中的复杂度，也能有效防止不必要的资源浪费。

9.2　人类视觉感知

当前，随着遥感技术的发展，迅速膨胀的数据和日益增长的需求对遥感图像目标检测技术的效率和精度提出了越来越高的要求。但是目前却没有一种有效的、适用于各类目标的遥感图像全自动目标检测方法。而人类视觉系统（human visual system，HVS）在检测场景时却表现出巨大的优势。人类视觉系统每时每刻都在接收大量的视觉信息，却能实时地做出反应，并准确地定位所搜索的目标（Treisman and Sato，1990）。这种实时的反应能力来自视觉信息处理过程的高速度和并行化。同时，面对一个复杂的场景，人类总会选择少数几个显著区域或者对象进行优先处理，而忽略或者舍弃其他的非显著区域或者对象，具有异常突出的数据筛选能力。这一过程被称为视觉注意（vision attention）。实际上，对视觉注意机制的研究是心理学以及神经生物学领域一个非常重要的研究课题，研究可以追溯到 20 世纪 70 年代末，至今仍在不断的探索之中，并有蓬勃发展之势，视觉注意源于人的选择性注意机制，是人类信息处理过程中的一项重要的心理调节机制，是人类长期进化的结果，通常，实际场景图像除了包含感兴趣的目标之外，通常还包含着大量干扰信息。认知心理学研究表明，在分析复杂的输入景象时，人类视觉系统采取了一种串行的计算策略，即利用选择性注意机制，根据图像的局部特征，选择景象的特定区域，并通过快速的眼动扫描，将该区域移到具有高分辨率的视网膜中央凹区，实现对该区域的注意，以便对其进行更精细的观察与分析。视觉注意机制能够帮助大脑滤除其中的干扰信息，并将注意力集中在感兴趣的目标上。这可看做是将全视场的图像分析与景象理解通过较小的局部分析任务的分时处理来完成（柯鑫，2013）。在研究和应用视觉注意机制的过程中，大量的视觉注意模型被提取且不断完善。

人类的视觉感知系统具有非常优秀的数据筛选能力。面对时刻都在变化的各种信息，人类能从进入人眼的海量信息中，选择部分重要的视觉信息做出响应，这种具有选择性和主动性的生理和心理活动被称为视觉注意机制。在计算机视觉处理中引入并研究这种注意机制对于更好地解决数据筛选问题，提高机器视觉的智能性具有重大意义。

视觉注意机制是一个多学科交叉的研究领域。视觉生理学与认知心理学等领域的学者，主要研究视觉注意机制的神经机理和认知模型；计算机视觉、模式识别、人工智能与信息处理等领域的学者，在视觉生理学和认知心理学对视觉注意的研究成果和提出的假设的基础上，主要研究如何建立模拟视觉注意机制的计算模型。该项研究不是对传统的图像信息处理方法的否定，而是探索将传统的图像信息处理方法和人类视觉过程相结合。研究目的在于模拟人类视觉的定位过程，快速搜索到容易引起观察者注意的图像区域，为后续的图像处理任务提供便利。通过视觉注意机制，可以把复杂的视觉任务分解为一系列简单任务的组合，称之为视觉任务的串行化分解。这些视觉任务的目的可以分为两种：定位和识别。在视觉注意过程中，并不要求一开始就对注意区域做出精确详尽的描述，可以先从一些简单明显的特征，比如亮度、颜色、方向等，开始搜索和匹配。当目标物的这些特征与模型匹配成功后，再移动注意焦点，使目标位于注视中心，进一步提取特征并进行匹配，选择出图像中的待检测区域或目标。

人类认知图像的过程在很大程度上受观察者和观察任务的影响，观察者和观察目的不同，感兴趣的内容也不同。最直接的方法是把人眼观察图像时的注视点作为感兴趣点。这是因为通过漫长的生物进化过程形成的视觉系统总是在最短的时间内、用最少的资源获得最多的外界信息。视觉系统利用视觉注意机制保证所选择的注视点是图像中内容最丰富的区域。认知心理学的眼动实验和视觉注意的研究就验证了这一点。实验表明，人在观看图像时，大部分注视点都集中在信息量大的区域上，如观看人脸时注视点相对集中在眼睛和嘴角上。

由于人类的图像认知过程存在着这些共性，人们提出了许多视觉注意的数学模型来模拟视觉系统的数据筛选和注视点转移过程，但目前尚未形成统一的视觉注意机制计算理论与视觉注意计算模型，普遍认为注意机制既可以是自下而上的，即图像数据驱动的，也可以是自上而下，即任务驱动的。因此，在研究方法上就产生了两条路线，一条路线是从低层的图像处理和分析方法入手，重点研究图像数据驱动的视觉注意显著图的建立；一条路线是从高层的知识表达和推理入手，重点研究视觉显著性度量方法，两种研究思路都取得了一定的进展。目前对注意机制计算模型的研究尚处于起步阶段，往往是从局部应用出发，还未形成一个完整的发展思路。相比于人类视觉系统本身的复杂性，目前出现的方法和模型较简单，仍存在不少需解决的问题。

9.3　视觉注意模型及其在遥感影像矿山提取中的应用

9.3.1　视觉注意模型的发展与分类

视觉注意机制是维持人类视觉认知过程较高效率的关键，它能对外界信息做出选择，将筛选后的重要信息提供给视知觉，从而保证视觉认知的主动性与选择性。视觉注意模型的研究是以人类的视觉注意机制为基础的。目前，关于视觉注意的研究主要有两种思路，一种是基于位置的视觉注意，也称为自底而上（bottom-up）数据驱动的视觉注意；另一种是基于目标的视觉注意，也称为自顶而下（top-down）任务驱动的视觉注意。

按照注意的形成过程，视觉注意机制分为两种，一种是自底而上的视觉注意机制，自底而上的感兴趣区域检测由图像数据驱动，与处理任务无关。这种集中对提高无先验信息的图像信息处理过程的计算效率有着非常重要的意义。对于自底而上选择性注意机制，目前的研究较多，其总体思路是在注意前期，进行早期特征的初级特征提取，然后把初级特征按照合适的方式进行整合，形成显著性图，在显著性图的基础上选择性地搜索感兴趣区域，并进行感兴趣区域的转移。

基于自底而上的视觉注意的研究较早，源于 David Marr 的三表象理论。该观点认为视觉注意机制选取的是场景图像中的位置，目标与周围环境相互竞争从而使目标的位置突出出来。其中影响力最大的是 1980 年美国普林斯顿大学 Tresiman 和 Gelade 提出的特征整合理论（Treisman and Gelade, 1980）。特征整合理论认为，视觉注意机制的作用是把目标的各种属性以一种恰当的方式整合在一起，形成了目标雏形。在视觉注意的初期，输入信息被拆分为颜色、亮度、方位、大小等特征并分别进行平行的加工，在这一过程中并不存在视觉注意机制，视网膜平行地处理各种特征；在此之后，各种特征将会逐步整合，整个整合过程需要视觉注意的参与，最终形成显著性图。

在特征整合理论基础之上，1985 年提出首个较为完整的自底而上视觉注意计算框架，掀起了视觉注意相关建模的热潮（Koch and Ullman, 1985）。该框架认为：在人类的视觉世界中，外界的内容是以一种二维图形式表示，在该图中，外界的每一个位置都被一种全局显著级描述。该图反映了人类自底而上视觉选择注意特性，它的最终目的是描述空间视觉选择注意搜索场景内容的顺序。为了计算该二维显著图，须提取来自不同属性的特征，包括：强度、颜色、方向、运动和立体差异等。然后使用图像高斯金字塔在不同的空间尺度上描述这些属性，采用不同级金字塔图像间交叉相减的方式产生一系列特征图，运用非线性标准化方式突出特征图中的显著性内容，使用线性或非线性的方式叠加所有标准化后的特征图形成综合显著图。为了获得显著图中显著区域的处理次序，使用了全局竞争方式（winner-take-all）处理显著图。为了避免再次处理已处理过的显著区域，采用了视觉研究中的返回抑制策略。该计算模型完全来源于对视觉的研究，是对人类视觉运行机制的一个模仿。

Itti 等在 1998 年利用计算机视觉算法实现了 Koch 和 Ullman 提出的视觉计算框架（Itti 等，1998）。通过实验发现，该算法能够快速找到人类感兴趣的目标。2001 年，Itti 等从神经学和生物视觉角度重新分析了该计算机视觉模型。另一种基于自顶而下（top-down）的视觉注意是近几年才提出来的并引起了广泛的兴趣。按照这个观点，视觉注意机制选取的不仅仅是空间中的一个位置，还包括一个概念上的目标或者多个目标形成的编组口。在这个框架下，空间位置只是目标诸多属性中的一个属性。目前，基于目标的视觉注意还没有形成系统的理论体系和实用的系统，存在很多尚未解决的问题。值得一提的是，Itti 和 Koch 构建了一个任务导向的注意模型，提出了一个用来估计与场景中注意位置的任务相关的结构（Itti and Koch, 2001）。他们采用任务图，并使用包含真实世界实体和它们之间关系的本体论来计算显著点的相关性。2003 年 Navalpakkam 与 Itti 又使用目标对象的已知表示执行自顶而下的控制，改进原有的自底向上的显著模型，增强其目标检测和识别的能力，实现对简单目标的快速、可靠地定位、检测和识别（Navalpakkam and Itti, 2003）。

2005 年，Navalpakkam 与 Itti 提出了一个新的模型组合了自底而上和自顶而下的注意。用目标的统计知识和混乱的背景作为自顶向下的注意信息，最优化不同特征维的自底而上显著图的相关权值（Navalpakkam and Itti，2005）。但是，他们的研究出发点都是自底而上的注意，即 Itti 提出的基于自底而上线索的注意显著性引导的感知模型，有一定的局限性。这些模拟自顶而下注意的感知模型使用的"高层信息"包括存储在记忆中的模板、可以调节视觉感知的阈值、根据需求或动机设置的偏置或权重等，都只是简化后的近似高层信息，仅模拟了注意机制的调制作用，只适用于解释视觉感知的初级阶段。

目前对于自顶而下的和自底而上的注意之间的关系还不是很清楚，如：谁指导谁，高层感知优先还是初级视觉优先等（Roils and Deco，2006）。无论它们之间的关系如何，这两个方面的线索是不能相互脱离的，仅凭某一方面都不能完整地完成模拟视觉注意的任务。基于自顶而下的视觉注意和基于自底而上的视觉注意两者的形成机理虽然不同，但构成了视觉注意机制的两个方面，是两个相辅相成的过程，符合人类视觉形成的过程。后者体现的主要是底层视觉特征对于视觉注意机制的影响，是数据驱动的从下向上的注意；前者体现的主要是高层目标知识对于视觉注意机制的影响，是知识驱动的从上向下的注意。

按照计算方式的不同，自底向上的视觉注意机制建模可以分为 3 种计算模型：基于空间邻域对比度的模型、基于频域分析的模型和基于区域分割模型。

（1）基于空间邻域对比度的模型

其思想是在空间域中计算图像中各个位置的视觉显著程度。采用显著度来衡量。首先定义图像中的感知单元，可以是像素或者图像块，计算图像或场景中的每个感知单元相对于四周邻域或者整幅图像在不同计算特征的相对对比度，将这种对比度作为该位置的显著度来衡量，并定义特征之间的竞争或者融合的关系，最终确定图像或场景中的每个位置的显著度，形成一幅视觉显著度图。同时，根据显著度图的特点，定义某种机制来选择图像中的显著区域（即感兴趣区域），进而实现视觉注意机制的模拟。

（2）基于频域分析的模型

该模型的思想是利用傅里叶变换或特征值极坐标变换等方法将图像从空间域变换到频域，并对频域进行分析处理，试图寻找出其显著性特征，之后再反变换回空间域得到显著对象图。此类方法的优点是对于噪声具有一定的鲁棒性，并对部分简单自然场景图像和许多心理学模式的图像有较好的效果，但缺点是只能得到显著对象的大致位置形状，对于某些复杂自然场景图像的处理效果不尽人意而且精确度不高。

（3）基于区域分割的模型

此类模型的思路是首先利用图像分割算法将图像按照颜色、亮度、方向、纹理等特征的同质性分割成不同的区域，并将这些区域看做是显著性对象潜在的候选区域，由此分析以区域为单元的邻域对比性或全局对比性，通过区域竞争定位显著对象区域。

无论国内还是国外，对视觉注意的研究，都开始于认知心理学，伴随计算机处理能力的不断提升，人类视觉系统对图像主动性、选择性、高效性的处理特点受到信息处理领域的重视，越来越多的视觉研究人员基于人类视觉系统展开了视觉注意计算模型方面的研究。从理论模型假设到完整理论体系构建，再到视觉注意模型在真实场景图像中的分析，期间已相继产生了大量的研究成果。大量学者对模型的研究都是基于数据的，这种模型通常包含初级视觉特征的提取，显著图的生成，注意区域的选取与注意焦点的转移。

9.3.2　Itti 视觉注意模型简介

Itti 视觉注意模型是基于人类视觉系统的视觉注意力机制提出的模型，其显著性原理主要是利用成像场景中目标在颜色、亮度、方向等特征与周围背景有明显差异，视觉系统有选择的保留这些关键信息并传递给大脑，引起人类视觉的注意，形成场景中的感兴趣区域。以上模型框架主要包括以下 5 个部分。

1）图像预处理。遥感图像的预处理，主要包括几何校正、影像融合等。

2）建立特征通道高斯金字塔。对于输入的 RGB 彩色图像用式（9-1）计算图像的亮度图，r、g 和 b 分别为图像的红色、绿色和蓝色通道，根据 r、g 和 b 通道由式（9-2）构造 4 个颜色通道（R，G，B，Y）。然后对亮度图 I 和 4 个新的颜色通道构造高斯金字塔 $I(\sigma)$，通过高斯滤波和不断的下采样，可得到 9 个不同尺度的高斯金字塔 $I(\sigma)$，σ 为尺度且 $\sigma \in [0, \cdots, 8]$。

$$I = (r+g+b)/3 \tag{9-1}$$

$$\begin{cases} R = r - (g+b)/2 \\ G = g - (r+b)/2 \\ B = b - (r+g)/2 \\ Y = (r+g)/2 - |r-g|/2 - b \end{cases} \tag{9-2}$$

式中，r、g 和 b 分别为图像的红色、绿色和蓝色通道，R，G，B 为 3 个颜色通道。Y 为颜色通道平均值。

由于人类的初级视觉皮层上对红和绿、黄和蓝存在着空间色彩对立的情况，即红和绿、蓝和黄必须是成对出现的，在视皮层中用颜色拮抗系统来表达。所以金字塔计算突显颜色特征时，其计算公式为

$$RG(c, s) = |(R(c) - G(c)) \Theta (G(s) - R(s))|$$
$$BY(c, s) = |(B(c) - Y(c)) \Theta (Y(s) - B(s))| \tag{9-3}$$

式中，Θ 表示对应像素值相减；c、s 分别为两种颜色图像上同一点的像素值。$RG(c, s)$ 为红/绿和绿/红拮抗的特征图，$BY(c, s)$ 对应于蓝/黄和黄/蓝拮抗的特征图。

用 Gabor 滤波器对亮度图 I 构造 4 个方向上的方向金字塔 C，包括 0°、45°、90°以及 135°四个方向。

$$C_i = b_i - \frac{1}{N-1} \sum_{j \in [1, N] \text{且} j \neq i} b_j \tag{9-4}$$

式中，N 是波段数；b_i 是第 i 波段；颜色值为负的赋为 0。其中 C_i 为亮度图 I 构造出的每个波段 4 个方向上的方向金字塔，j 包括 0°、45°、90°以及 135°4 个方向，b_i 是第 i 波段，N 是波段数。颜色值为负的赋为 0。

3）用中央周边差机制计算金字塔不同尺度的特征图。建立高斯金字塔后，每个特征的提取通过线性的"中央周边差（center-surround）"操作计算。视网膜中的双极性细胞的感受野具有中央—周边特性，这种结构可以有效地完成锥形细胞层提供的中央区视觉信号和水平细胞层提供的周围区视觉信号的差分操作。"中央周边差"操作是通过中央层和周边层之间的相减操作来计算不同分辨率对应不同尺度之间的差值实现。引入中央周边差是因为吸引注意的是与周围其他部分相比更加显著的部分。实际计算中，特征对比度转化为不同尺度下图像特征的差值。具体算法是：在两个不同尺度的金字塔层之间进行运算，首先把高级金字塔图像利用插值放大到低一级图像的尺寸，再对两图像进行点对点的减法操作。粗尺度能突出低频部分，检测的是大的图像区域；细尺度能发现高频部分，检测的是小的图像区域。所以，粗尺度特征图代表周边，区域细尺度特征图代表中央区域。中心围绕机制中选取金字塔的 $c = \{2，3，4\}$ 层为中心层，$s = c + \phi$ 层为相应的围绕层，其中 $\phi = \{3，4\}$。由此得到各个尺度上的方向特征为

$$O(c, s, \theta) = | O(c, s) \Theta O(s, \theta) | \tag{9-5}$$

式中，Θ 表示中心层与围绕层对应像素值相减，由于尺度不同，相减时要将不同尺度的围绕层用最近邻插值法放大到中心层尺寸再相减；$c，s$ 分别为两种尺度图像上同一点的像素值；θ 为 $0°$、$45°$、$90°$、$135°$ 的 4 个方向。最终得到的 $O(c, s, \theta)$ 为各个尺度上的方向特征图。$O(c, s)$ 为两种尺度图像上同一点像素值之差，$O(s, \theta)$ 为围绕层 s 各个方向上的像素值。

不同尺度相减运算最终得到 2、3、4 层尺度上的 42 张特征图，其中 6 张基于亮度金字塔，12 张基于颜色金字塔，24 张基于 4 个方向的方向金字塔。

4）特征归一化。该步骤主要是为了在后续显著图生成中，消除各个特征之间不同的量纲属性。用高斯差分滤波器（DoG）迭代每张特征图，目的是引入空间竞争机制抑制背景突显峰值区域。DoG 的构造方程为

$$\text{DoG}(x, y) = \frac{c_{\text{ex}}^2}{2\pi\sigma_{\text{ex}}^2}e^{-\frac{x^2+y^2}{2\sigma_{\text{ex}}^2}} - \frac{c_{\text{inh}}^2}{2\pi\sigma_{\text{inh}}^2}e^{-\frac{x^2+y^2}{2\sigma_{\text{inh}}^2}} \tag{9-6}$$

式中，$\sigma_{\text{ex}} = 0.02W$；$\sigma_{\text{inh}} = 0.25W$；$c_{\text{ex}} = 0.5$；$c_{\text{inh}} = 1.5$；$W$ 为图像的宽度。

5）显著图生成。将每个特征通道的显著图归一化并加权组合成最终显著图，3 个特征通道的显著图组合公式为

$$S = \frac{1}{3}\left[N(\bar{I}) + N(\bar{C}) + N(\bar{O})\right] \tag{9-7}$$

式中，N 表示归一化处理；S 为得到的最终显著图；$\bar{I}$ 为亮度特征图平均值；$\bar{C}$ 为颜色特征图平均值；$\bar{O}$ 为各个尺度下方向特征图归一化后平均值。

9.3.3　矿山目标边缘提取方法

常用的目标边缘提取方法主要包括以下几个方面。

（1）基于阈值的算法

通过设定不同的特征阈值，把图像像素点分为具有不同灰度级的目标区域和背景区域的若干类，如基于灰度直方图的阈值选择方法。基于灰度直方图的阈值选择方法是利用图像的灰度直方图进行分析，从而来选择阈值的一种方法。处理图像时，首先进行直方图分析，确定所给图像是单峰、双峰还是多峰图，然后针对具体问题选择合适的阈值分割方法。

（2）基于数学形态学的提取算法

依据图像信息进行曲线演化，使其最终找到目标物体的边界，如 Snake 模型。Snake 模型又称为主动轮廓线模型。其基本思想是依据图像信息进行曲线（曲面）演化，使其最终找到目标物体的边界。这种方法将分割问题转化为最优化问题，利用闭合曲线形变的特定规律，定义度量闭合曲线形变的能量函数，通过最小化能量函数使曲线逐渐逼近图像中目标物体的边缘。

（3）区域增长法

把一幅图像分成许多小区域，在每个区域中，对经过适当定义的能反映一个物体内成员隶属程度的性质进行计算，用于区分不同物体内像素的性质。即相似性质的像素区域不断地增大。

（4）基于聚类的算法

首先将像素灰度等性质映射到根据一定的规则分为几个区域的特征空间，然后根据像素的性质判定其所属的区域，并对此加以标记，进行目标提取，如 K 均值聚类算法。

9.3.4 矿山目标与干扰目标的认知

由于山区矿区目标常与居民区、山区裸地等目标混淆，因此引入 LBP 纹理特征，对以上干扰目标进行排除。

LBP（local binary pattern，局部二值模式）是一种用来描述图像局部纹理特征的算子，它具有旋转不变性和灰度不变性等显著的优点。原始的 LBP 算子定义为在 3×3 的窗口内，以窗口中心像素为参考，将相邻的 8 个像素的灰度值与其进行比较，若周围像素值大于中心像素值，则该像素点的位置被标记为 1，否则为 0。这样，3×3 邻域内的 8 个点经比较可产生 8 位二进制数（通常转换为十进制数即 LBP 码，共 256 种），即得到该窗口中心像素点的 LBP 值，并用这个值来反映该区域的纹理信息。

LBP 的应用中，以 LBP 特征谱的统计直方图作为特征向量用于分类识别。从上面的分析可以看出，这个"特征"跟位置信息是紧密相关的。直接对两幅图片提取这种"特征"，并进行判别分析的话，会因为"位置没有对准"而产生很大的误差。后来，研究人员发现，可以将一幅图片划分为若干的子区域，对每个子区域内的每个像素点都提取 LBP 特征，然后，在每个子区域内建立 LBP 特征的统计直方图。这样，每个子区域就可以用一个统计直方图来进行描述；整个图片就由若干个统计直方图组成。

对 LBP 特征向量进行提取的步骤如下：①首先将检测窗口划分为 16×16 的小区

域（cell）。②对于每个 cell 中的一个像素，将相邻的 8 个像素的灰度值与其进行比较，若周围像素值大于中心像素值，则该像素点的位置被标记为 1，否则为 0。这样，3×3 邻域内的 8 个点经比较可产生 8 位二进制数，即得到该窗口中心像素点的 LBP 值。③然后计算每个 cell 的直方图，即每个数字出现的频率；然后对该直方图进行归一化处理。④最后将得到的每个 cell 的统计直方图进行连接成为一个特征向量，也就是整幅图的 LBP 纹理特征向量。

9.4　高分遥感图像矿区目标认知技术路线框架

参考 Itti 视觉注意模型，提出了面向高分遥感图像矿区目标认知的技术路线框架如下：

1）图像预处理。遥感图像的预处理，主要包括几何校正、影像融合等。

2）视觉注意特征初步提取。该部分主要进行遥感图像的基于视觉理论的特征提取，主要有亮度、颜色、方向特征。其中颜色特征指高分辨率遥感影像不同波段的光谱特征，方向特征指 Gabor 方向特征，包括 0°、45°、90°以及 135°共 4 个方向。

3）特征归一化。该步骤主要是为了在后续的显著图生成中，消除各个特征之间的不同量纲属性。

4）显著图生成。通过以上模块计算的特征整合权重，以及归一化的特征图，生成突出感兴趣目标的有偏显著图。根据实验所得的阈值，初步确定目标所在位置。

5）对于特征比较明显（此处表现为特征值偏高）的目标，直接进入下一步目标边缘提取。特征不明显的（如山区裸地、居民区等）引入 LBP 纹理特征进行筛选与认知。

6）采用边缘算子进一步提取目标准确轮廓。

采用图 9-1 所示的技术路线，利用江西省定南县的 ALOS 2.5m 全色与 10m 多光谱遥感图像，开展稀土矿矿山目标认知研究。遥感数据预处理包括几何校正、数据融合。其中几何校正利用 RPC 模型进行正射校正，影像融合选择了 Pansharp 融合方法，融合结果如图 9-2 所示，得到矿山信息提取的结果，如图 9-3 所示。

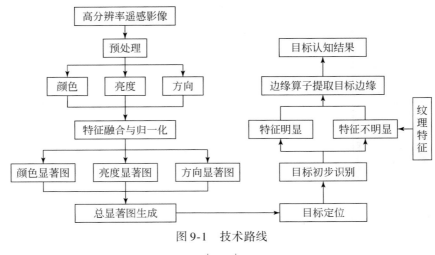

图 9-1　技术路线

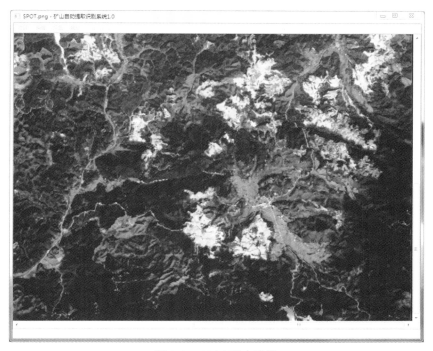

图 9-2　ALOS 融合影像

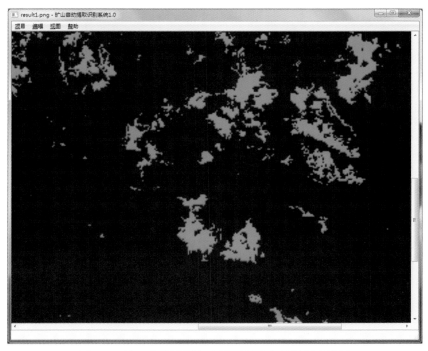

图 9-3　基于人类视觉注意模型的矿山目标提取结果

参 考 文 献

安志宏，聂洪峰，王昊，等．2015. ZY-1 02C 星数据在矿山遥感监测中的应用研究与分析．国土资源遥感，27（2）：174-182.

蔡冬梅，李明哲，曹继如．2011. 矿产资源开发动态监测中遥感技术应用综述．矿山测量，4：32-33.

曹宏伟．2007. 鞍山市生态环境遥感评价指标体系．辽宁城乡环境科技，27（2）：45-55.

陈华丽，陈刚，李敬兰，等．2004. 湖北大冶矿区生态环境动态遥感监测．资源科学，26（5）：132-138.

陈利顶，傅伯杰．1996. 黄河三角洲地区人类活动队景观结果的影响分析——以山东省东营市为例．生态学报，16（4）：337-343.

陈云浩，冯通，史培军，等．2005. 基于面向对象和规则的遥感影像分类研究．武汉大学学报（信息科学版），31（4）：316-317.

戴瑞．2009. 规划环评下生态环境质量的评价与研究——基于 GIS 和遥感技术．厦门：厦门大学硕士学位论文．

邓劲松，王珂，李君，等．2006. 乡镇耕地整理对耕地景观破碎度的影响研究．应用生态学报，17（1）：41-44.

董广军．2004. 高光谱与高空间分辨率影像融合技术研究．郑州：解放军信息工程大学硕士学位论文．

杜培军．2001. 高分辨率卫星遥感的发展及其在矿山的应用．煤炭学报，1（1）：5-7.

高志强，周启星．2011. 稀土矿露天开采过程的污染及对资源和生态环境的影响．生态学杂志，12：2915-2922.

龚燃．2014a．"哨兵"卫星家族概览．国际太空，7（427）：23-28.

龚燃．2014b．欧洲"哥白尼"计划的首颗卫星哨兵-1A 入轨．国际太空，5（425）：41-44.

龚燃．2015. 哨兵-2A 光学成像卫星发射升空．国际太空，8（440）：36-40.

郭建平，李凤霞．2007. 中国生态环境评价研究进展．气象科技，35（2）：227-231.

郝利娜．2013. 矿山环境效应遥感研究-以湖北省重点矿集区为例．中国地质大学博士学位论文．

何宇华，谢俊奇，孙毅．2005. FAO/UNEP 土地覆被分类系统及其借鉴．中国土地科学，19（6）：45-49.

何原荣．2011. 矿区环境高分辨率遥感监测及其信息资源开发利用的方法与应用研究．中南大学博士学位论文．

黄宝华．2007. 遥感在德兴铜矿污染监测分析中的应用．中南大学硕士学位论文．

黄慧萍，吴炳方．2006. 地物大小、对象尺度、影像分辨率的关系分析．遥感技术与应用，21（3）：233.

霍宏涛．2001. 数据融合技术在植被信息提取中的应用研究．北京：北京林业大学博士学位论文．

贾宝全，慈龙骏，杨晓辉，等．2001. 石河子莫索湾垦区绿洲景观格局变化分析．生态学报，21（1）：34-40.

贾坤，姚云军，魏香琴，等．2013. 植被覆盖度遥感估算研究进展．地球科学进展，28（7）：774-782.

姜红艳，邢立新，梁立恒，等．2008. Pansharpening 自动融合算法及应用研究测绘与空间地理信息．31（5）：73-78.

柯鑫．2013. 基于视觉注意的高分辨率遥感图像目标检测．北京：中国科学院大学硕士论文．

李苗苗，吴炳方，颜长珍，等．2004. 密云水库上游植被覆盖度的遥感估算．资源科学，26（4）：153-159.

柳文祎，何国金，张兆明，等．2008. ALOS 全色波段与多光谱影像融合方法的比较研究．科学技术与工程，18（11）：2864-2869.

刘圣伟，甘甫平，王润生．2004．用卫星高光谱数据提取德兴铜矿区植被污染信息．国土资源遥感，1：6-10．

刘毅．2002．稀土开采工艺改进后的水土流失现状和水土保持对策．水利发展研究，2（2）：30-32．

刘元慧，李钢．2010．基于PSR模型和遥感的矿区生态安全评价-以兖州矿区为例．测绘与空间地理信息，33（5）：134-138．

卢盛良，卢朝晖，吴朝晖，等．1997．淋积型稀土矿原地浸矿几项技术问题的解决途径．湿法冶金，2：22-24．

路云阁，樊双亮，李春霖．2015．高分二号卫星在西藏矿山遥感监测中的应用研究．航天返回与遥感，36（4）：73-83．

梅安新，彭望琭，秦其明，等．2001．遥感导论．北京：高等教育出版社．

聂洪峰，杨金中，王晓红，等．2007．矿产资源开发遥感监测技术问题与对策研究．国土资源遥感，74（4）：11-13．

彭燕，何国金，曹辉．2013．基于纹理的面向对象分类的稀土矿开采地信息提取．科学技术与工程，19（13）：1671-1815．

彭燕，何国金，张兆明，等．2016．赣南稀土矿开发区生态环境遥感动态监测与评估．生态学报，36（3）：1676-1685．

钱丽萍．2008．遥感技术在矿山环境动态监测中的应用研究．安全与环境工程，15（4）：5-9．

宋冬梅，肖笃宁，张志城．2003．甘肃民勤绿洲的景观格局变化及驱动力分析．应用生态学报，14（4）：535-539．

孙月峰．2002．IKONOS全色与多光谱数据融合方法的比较研究．遥感技术与应用，（1）：19-23．

谭琨，叶元元，杜培军，等．2014．矿区复垦农田土壤重金属含量的高光谱反演分析．光谱学与光谱分析，34（12）：3317-3322．

王春泉．2005．面向对象的遥感影像信息提取技术研究与实现．山东：山东科技大学硕士学位论文．

王海庆，聂洪峰，陈玲，等．2016．采矿沉陷遥感调查与危害性研究．国土资源遥感，28（1）：114-121．

王少华．2011．基于多源遥感数据的矿山开发占地信息提取技术研究．北京：中国地质大学硕士学位论文．

王瑜玲．2007．江西定南北部地区稀土矿矿山开发状况与环境效应遥感研究．北京：中国地质大学硕士学位论文．

王志华，何国金，张兆明．2014．福建省罗源县石材矿开采区高分遥感十年变化监测，遥感信息，（6）：41-46．

王文杰，蒋卫国，王维，等．2011．环境遥感监测与应用．北京：中国环境科学出版社．

吴立新．2008．中国数字矿山进展．地理信息世界，5：6-13．

吴立新，高均海，葛大庆，等．2004．基于D-InSAR的煤矿区开采沉陷遥感监测技术分析．地理与地理信息科学，20（2）：22-25．

夏军．2014．准东煤田土壤重金属污染高光谱遥感监测研究．新疆大学博士学位论文．

薛跃明，郭华东，王长林，等．2008．基于D-InSAR技术的矿区地表形变监测研究．遥感信息，5：33-36．

许亚夫，李银保，陈海花．2012．定南县废弃稀土矿物土壤中重金属Pb、Cr和Cu的测定．广东微量元素科学，10：10-14．

徐友宁，何芳，袁汉春，等．2006．中国西北地区矿山环境地质问题调查与评价．北京：地质出版社．

杨芳英，廖合群，金姝兰．2013．赣南稀土矿产开采环境代价分析．价格月刊，6：87-90．

杨金中，秦绪文，聂洪峰，等．2015．全国重点矿区矿山遥感监测综合研究．中国地质调查，2（4）：24-30.

杨亚莉，马超，成晓倩．2016．煤矿 InSAR 沉陷区 NDVI 变化的对比研究．煤炭技术，35（2）：327-329.

于海霞．2014．遥感图像变化检测及其在赣南稀土开采监测中的应用研究．江西：理工大学硕士学位论文．

袁伯鑫，刘畅．2012．江西赣州稀土之痛．中国质量万里行，6：48-52.

曾勇．2010．区域生态风险评价-以呼和浩特市区为例．生态学报，30（3）：668-673.

赵世亮．2011．鞍山铁矿山土地复垦评价体系研究．中国地质大学硕士学位论文．

赵英时．2003．遥感应用分析原理与方法．北京：科学出版社．

周春燕．2006．面向对象的高分辨率遥感影像信息提取技术．山东：山东科技大学硕士学位论文．

周佳．2007．面向对象分类技术在农用地覆盖信息提取中的方法研究．北京：中国农业大学．

张培善．1985．中国稀土矿主要矿物学特征．中国稀土学报，3：1-5.

朱述龙，张占睦．2000．遥感图像获取与分析．北京：科学出版社．

中华人民共和国水利行业标准，2008．土壤侵蚀分类分级标准（SL 190-2007）．中华人民共和国水利部发布．

中华人民共和国环境保护行业标准（HJ/T 192—2006）．2006．生态环境状况评价技术规范（试行）．

中国环境监测总站．2004．中国生态环境质量评价研究．北京：中国环境科学出版社．

Baatz M，Schape A．2000．Multiresolution segmentation-an optimization approach for high quality multiscale image segmentation．InAngewandte Geographische Informationsverarbeitung XII．（Eds：Strobl J Blaschke T），Beitrage zum AGIT-Symposium Salzburg 2000，Karhlsruhe，Herbert Wichmann Verlag，12-23.

Benz U C，Peter H，Gregor W，et al．2004．Multi-resolution，object-oriented fuzzy analysis of remote sensing data for GIS-ready information．ISPRS Journal of Photogrammetry & Remote Sensing，（58）：239-258.

Berardino P，Fornaro G，Lanari R，et al．2002．A new algorithm for surface deformation monitoring based on small baseline differential interferograms．IEEE Transactions on Geoscience and Remote Sensing，40：2375-2383.

Blaschke T，Lang S，Hay G J．2008．Object-Based Image Analysis，Spatial Concepts for Knowledge-Driven Remote Sensing Applications．Springer Berlin.

Congalton R G．1991．A review of assessing the accuracy of classifications of remotely sensed data．Remote Sens．Environ．，37：35-46.

Carnec C，Delacourt C．2000．Three years of mining subsidence monitored by SAR interferometry，near Gardanne，France．Journal of Applied Geophysics，43（1）：43-54.

Demirel N，Emil M K，Duzgun H S．2011．Surface coal mine area monitoring using multi-temporal high-resolution satellite imagery．Internal Journal of Coal Geology，86：3-11.

Ehlers M．1991．Multisensor image fusion techniques in remote sensing．ISPRS．Journal of Photogrammetry and Remote Sensing，46（3）：19-30.

Erener A．2011．Remote sensing of vegetation health for reclaimed areas of Seyitomer open cast coal mine．International Journal of Coal Geology，（86）：20-26.

Fujiwara S，Rosen P A．1998．Crustal deformation measurements using repeat-pass JERS-1 Sythetic Aperture Radar Interferometry near the Izu Peninsula，Japan．Journal of Geophysical Research，103（B2）：2411-2426.

Ferretti A，Fumagalli A，Novali F，et al．2011．A new algorithm for processing interferometric data-stacks：SqueeSAR．IEEE Transactions on Geoscience and Remote Sensing，49（9）：3460-3470.

Ferretti A，Prati C，Rocca，F．2001．Permanent scatterers in SAR interferometry．IEEE Transactions on

Geoscience and Remote Sensing, 39: 8-20.

Fujiwara S, Rosen P A. Crustal deformation measurements using repeat-pass JERS-1 Sythetic Aperture Radar Interferometry near the Izu Peninsula, Japan. Journal of Geophysical Research, 1998, 103 (B2): 2411- 2426.

Gottwald M, Diekmann F J, Fehr T. 2011. SCIAMACHY- Exploring the Changing Earth's Atmosphere. Amsterdam: Springer: 19-28.

Greene G W, Moxham R M, Harvey A H. 1969. Aerial Infrared surveys and borehole temperature measurements of coal mine fires in Pennsylvania. In Proceeding of the 6th Symposium on Remote Sensing of Envrionment, Ann Arbor, Michigan, USA. 13-16 October: 517-525.

Han J W, Micheline K, Pei J. 2011. Data Mining Concepts and Techniques, Third Edition. USA: Morgan Kaufmann Publisher, 330-349.

He G J, Peng Y. 2016. Application of remote sensing technology to the ecology quality evaluation of opencast mine area. International Journal of Engineering and Technology, 8 (6): 434-438.

Itti L, Koch C, Niebur E. A model of saliency-based visual attention for rapid scene analysis. IEEE Transactions on Pattern Analysis and Machine Intelligence, 1998, 20 (11): 1254-1259.

Itti L, Koch. Computational Modeling of Visual Attention. Nature Reviews Neuroscience, 2001, 2 (3): 194-203.

Kauth R J, Thomas G S. 1976. A graphic description of the spectral-temporal development of agricultural crops as seen by LANDSAT. ABC Proceedings of the Symposium on Machine Processing of Remotely Sensed Data, Purdue University of West Lafayette, Indiana, 41-551.

Kemper T, Sommer S. 2002. Estimate of heavy metal contamination in soils after a mining Accident using Reflectance Spectroscopy. Environmental Science and Technology. 36 (12) : 27-47.

Koch C, Ullman S. 1985. Shifts in selective visual-attention: towards the underlying neural circuitry. Human Neurobiology, 4 (4): 219-227.

Laliberte A S, Rango A, Havstad K M, et al. 2004. Object- oriented image analysis for mapping shrub encroachment from 1937 to 2003 in southern New Mexico. Remote Sensing of Environment, 93 (1): 198-210.

Lallberte S A, Fredrickson E L, Albert R. 2007. Combining decision trees with hierarchical object-oriented image analysis for mapping arid rangelands. Photogrammetric Engineering and Remote Sensing, 73 (2): 197-207.

Li H, Manjunath B S, Mitra S K. 1995. Multisensor image fusion using the wavelet transform. Graphical Models and Image Processing, 57 (3): 235-245.

Luenberger D G. 1984. Linear and Nonlinear Programming. USA: Addison-wesley Pubishing Company.

Mansor S B, Cracknell A P, Shilin B V, et al. 1994. Monitoring of underground coal fires using thermal infrared data. International Journal of Remote Sensing, 15 (8): 1675-1685.

McFeeters S K. 1996. The use of the Normalized Difference Water Index (NDWI) in the delineation of open water features. International Journal of Remote Sensing, 17 (7): 1425-1432.

Navalpakkam V, Itti L. 2003. Sharing Resources: Buy Attention, Get Recognition, In: Proc. International Workshop on Attention and Performance in Computer Vision (WAPCV' 03) . Graz, Austria.

Navalpakkam V, Itti L. 2006. An integrated model of top- down and bottom- up attention for optimal object detection. //Proc. IEEE Conference on Computer Vision and Pattern Recognition (CVPR), 2049-2056.

Navalpakkam V, Itti L. Sharing Resources: Buy Attention, Get Object Recognition. In: Proc. International Workshop on Attention and Performance in Computer Vision (WAPCV'03). Graz, Austria, 2003.

Navalakkam V, Itti L. 2005. Modeling the influence of task on attention. Vision Research, 45 (2): 205-231.

Pellemans A H J M, Jordans R W L, Allwijn R. 1993. Merging multispectral and panchromatic SPOT images with respect to the radiometric properties. Sensor Photogrammetric Engineering and Remote Sensing, 59 (1): 81-87.

Peng Y, He G J, Zhang Z M. 2016. The south ion-absorbed rare earth mine area remote sensing monitoring in south of Jiangxi Province, China. International Journal of Engineering and Technology, 8 (6): 428-433.

Prakash A, Gens R, Vekerdy Z. 1999. Monitoring coal fires using multi-temporal night time thermal images in a coalfield in north-west China. International Journal of Remote Sensing, 20 (14): 2883-2888.

Qi Y, Wu J. 1996. Effects of changing spatial resolution on the results of landscape pattern analysis using autocorreation indices. Landscape Ecology, (11): 39-50.

Raucoules D, Maisons C, Carnec C, et al. 2003. Monitoring of slow ground deformation by ERS radar interferometry on the Vauvert salt mine (France): Comparison with ground-based measurement, Remote Sensing of Environment, 88 (12): 468-478.

Reinhaeckel G, Zhukov B, Oertel D, et al. 1998. Unmixing of Simulated ASTER Data with Applications for the Assessment of Mining Impacts in Central Germany. Imaging Spectrometry IV Proceedings of SPIE, (3438): 345-354.

Riaza A, Buzzi J, García-Meléndez E, et al. 2011. Monitoring the extent of contamination from acid mine drainage in the Iberian Pyrite Belt (SW Spain) using hyperspectral imagery. Remote Sensing, 3 (10): 2166-2186.

Robbins E I. 1999. Microbial and spectral reflectance techniques to distinguish neutral and acidic drainage. USGS Fact Sheet FS, 118-199.

Roils E T, Deco G. 2006. Attention in natural scenes: neurophysiological and computational bases. Neural Networks, 19 (9): 1383-1394.

Slavecki R J. 1964. Detection and location of subsurface coal fires. Proc. 3rd Symposium on Remote Sensing of Environment, University of Michigan Press, Michigan: 537-547.

Sonter L J, Moran C J, Barrett D J, et al. 2014. Processes of land use change in mining regions. Journal of Cleaner Production, 84 (1): 494-501.

Treisman A M, Gelade G. 1980. A feature-integration theory of attention. Cognition. Psychol, 12 (1): 97-136.

Treisman A, Sato S. 1990. Conjunction search revisited. Journal of Experimental Psychology: Human Perception & Performance, 16: 459-478.

Trimble. 2011. ECognition Developer 8.7 Reference Book. Germany: Trimble Germany GmbH, 319-328.

Wang G Z, Liu J B, He G J. 2013a. Object-based land cover classification for ALOS image combining TM Spectral information, International Archives of the Photogrammetry, Remote Sensing and Spatial Information Sciences. Antalya, Turkey, V XL-7/W2.

Wang G Z, Liu J B, He G J. 2013b. A method of spatial mapping and reclassification for high-spatial-resolution remote sensing image classification. The Scientific World Journal 2013: 1-7.

Wu Q Y, Pang J W, Qi S Z, et al. 2009. Impacts of coal mining subsidence on the surface landscape in Longkou City, Shandong Province of China. Environmental Earth Sciences, 59 (4): 783-791.

Yuan J Y, He G J. 2008. A new classification algorithm for high spatial resolution remote sensing data. In Proc. ICEODPA, Wuhan, China, v 7285.

Zabcic N, Rivard B, Ong C, et al. 2014. Using airborne hyperspectral data to characterize the surface pH and mineralogy of pyrite mine tailings. International Journal of Applied Earth Observation and Geoinformation, 32:

152-162.

Zhang Z M, He G J, Wang M M, et al. 2015. Detecting decadal land cover changes in mining regions based on satellite remotely sensed imagery: A case study of the stone mining area in Luoyuan county, SE China. Photogrammetric Engineering & Remote Sensing, 81 (9): 745-751.

Zhang Z, Blum R S A. 1999. Categorization of multiscale-decomposition-based image fusion schemes with a performance study for a digital camera application. Proceeding of IEEE, 87 (8): 1315-1326.

索　引

A

鞍山铁矿　　32

B

变化分析　　54

C

层次分析法　　55
城镇扩展　　95

D

大冶多金属矿　　142
地表覆盖分类　　22

G

赣南稀土矿　　61
高分辨率　　72
GIS　　102

H

缓冲区分析　　205
混淆矩阵　　214

J

精度验证　　125
景观指数　　137

K

矿产开发区　　27

矿区复垦　　105
矿山信息提取　　262

L

罗源石材矿　　114

P

平朔煤矿　　210
PSR 模型　　56

R

人类视觉感知　　255

S

生态环境影响　　131
生态系统质量评价　　127
生态系统转移矩阵　　163
时间回溯　　51

W

卫星遥感　　116

Y

影像融合　　155

Z

植被覆盖度　　59